트랜시스 컴포넌트 설명

TRNSYS 16 사용자 가이드북

서승직 · 최원기 공저

일진사

머 리 말

환경과 에너지 문제는 우리나라 사회 경제 전반에 걸친 구조적 변화를 요구하고 있으며, 최근 정부에서도 '저탄소, 녹색성장'을 표방하고 이에 맞춘 정책을 펴고 있다. 또한 건축 분야에 있어서도 친환경 건축물, 건물 에너지 효율 등급 인증 제도에 대한 정부 및 지자체를 중심으로 다양한 인센티브를 부여해 보급을 장려하고 있으며, 국가 전체 에너지 소비의 약 24%를 차지하는 건물 부분의 에너지 소비를 줄이기 위해 기존의 단열 규제가 아닌 총량 베이스에 기초한 정책을 시범 운영할 계획이다.

여기에 발맞춰 건축 디자인을 전공하는 학생들을 위해 보다 쉽게 자신이 설계한 건물의 에너지 성능을 종합적으로 평가할 수 있는 방법을 제공하고, 또한 건축 환경과 설비 분야를 전공하거나 기타 관련 분야의 학생들에게 건물 에너지 해석 프로그램의 하나인 TRNSYS 16에 대한 전반적인 이해의 폭을 넓히고자 본 교재를 집필하였다.

본 교재는 총 4권으로 구성되어 있다. 제1권은 건축물 에너지 해석에 기초가 되는 제반 이론과 유한 차분법 그리고 표준 기상 데이터에 대하여 소개하고 있으며, 이를 통해 정량적 해석을 위해 제반 지식을 습득할 수 있도록 하였다. 제2권은 이전 버전과 비교해 달라진 TRNSYS 16 Simulation Studio 전반에 걸친 상세한 내용과 TRNBuild 사용법을 자세히 소개하고 있어, 디자인을 전공하는 학생들에게 초점을 맞춰 기술되었다. 제3권은 TRNSYS 응용 프로그램인 TRNEdit, TRNFlow, TRNOpt, PREP 그리고 프로그래머 가이드에 대하여 소개하고 있으며, 이를 통해 프로그램 개발자로까지 발전할 수 있도록 구성하였다. 끝으로 제4권은 건축 분야에 많이 사용되는 TRNSYS 컴포넌트에 대하여 소개하고 있다.

아직 완전한 프로그램 안내서로서의 부족한 점은 많이 있지만 단계적으로 수정·보완해 나갈 것이며, 특히 실무 중심의 안내서가 될 수 있도록 노력해 나갈 것이다.

끝으로 본 교재 편집에 도움을 준 인하대학교 환경설비 연구실 대학원생들과 출판을 위해 수고를 아끼지 않으신 일진사 사장님과 편집부 여러분께 진심으로 감사를 드린다.

저자 씀

차 례

part 1 트랜시스 컴포넌트(TRNSYS Components)

1

트랜시스 컴포넌트
(TRNSYS Components)

TRNSYS는 기본적으로 각 장과 같은 컴포넌트를 포함하고 있으며, 이들은 Assembly panel 우측의 Direct Access tree를 통해 확인할 수 있다. 그러나 이들 모두에 대한 설명을 한다는 것은 사실상 불가능할 것이며, 여기서는 건물관련 컴포넌트들을 중심으로 소개하고자 한다. 그 외 각 컴포넌트들에 대한 자세한 설명은 TRNSYS 사용자 매뉴얼을 이용해 참고하기 바란다.

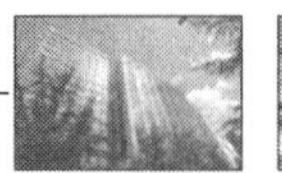

1. Controllers

태양 에너지 시스템이나 구성 요소의 비정상 제어에는 두 가지 기본적인 방법이 있다. 그것은 Energy Rate Control(이하 ERC)과 Temperature Level Control(이하 TLC)이다. 이 두 가지 방법은 매뉴얼 "Building Loads and Structures"에서 상세히 다루고 있다. 본 장에서는 TLC를 중심으로 다루고 있다. Type 2는 두 개의 유입온도에 기초하여 태양열 집열기 순환 전반에 걸쳐 유체의 유량 제어에 가장 많이 이용되고 있다. 그러나 이력현상(hysteresis)[1]이 있는 차동제어기(differential controller)를 채택한 어떤 시스템에서도 Type 2의 사용이 가능하다. Type 8의 사용은 자기 설명(self-explanatory) 이다. Type 40은 상당한 유동성을 가지고 있으며, 여러 가지 상대적으로 복잡한 제어 방식을 이행하는 데 이용될 수 있다.

TRNSYS에서 TLC는 $0 \leq \gamma \leq 1$인 제어 함수(control function, γ)에 의존한다. TLC 에는 두 가지 유형이 일반적으로 사용되며, 비례 제어(proportional control)와 On/Off 제어(On/Off control)가 그것이다. 비례 제어에서는 γ는 0부터 1까지의 어떤 값도 가질

---

1) 이력현상(hysteresis) : 철과 같은 강자성체에서 자화의 변화가 외부 자기장의 변화에 의해 지연되는 현상. 히스테리시스라고 통칭하기도 한다. 강자성체를 전류가 흐르는 코일 안에 두면,

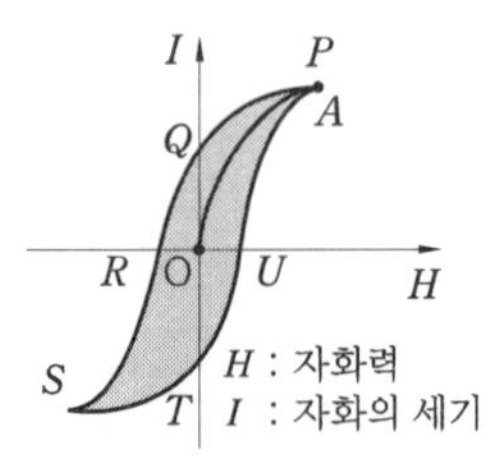

전류에 의한 자기장의 세기(H)는 물질 내의 원자자석들을 자기장과 평행하도록 정렬시키려 한다. 이 정렬 과정의 순수 효과는 물질 내의 자기유도, 즉 자속밀도(B)를 증가시키는 것이다. 정렬 과정은 외부 자기장의 변화와 동시에 일어나지 않고 지연되어 일어난다. 외부 자기장의 크기가 증가하면 자속밀도(B)는 모든 원자자석들이 같은 방향으로 정렬되었을 때 나타나는 최대값인 포화값에 다다른다. 자기장의 세기가 감소하면 자속밀도는 H의 변화에 지연되면서 감소한다.

따라서, H가 0으로 되었을 때도 H는 잔류자기, 잔류유도자기 또는 보자기(保磁氣)라고 하는 양의 값을 갖는데 영구자석일 때는 이 값이 크다. B자체는 H가 어떤 음의 값을 가질 때까지 0이 되지 않는다. B를 0으로 만드는 H의 값을 보자력(保磁力)이라고 한다. 음의 방향으로 H를 더욱 증가시키면 자속밀도 B의 방향은 역전되고 결국에는 포화값에 다시 도달하는데, 이때 모든 원자자석들은 반대 방향으로 완전히 정렬된다. 위의 순환을 계속하여 자기력 H의 변화에 지연되는 자속밀도를 나타낸 그래프가 이력 곡선이라고 알려진 폐곡선이다. 물질 내 자화의 방향이 바뀔 때 열로 방출되는 에너지는 이력 손실이라고 하며 이력 곡선의 면적에 비례한다. 그러므로 변압기의 철심은 열로 낭비되는 에너지를 최소화하기 위해 좁은 이력 곡선을 가지는 물질로 만든다.

수 있다. 비례 제어 신호는 Type 15 Algebraic Operator(대수 연산자), EQUATION 또는 사용자 정의 컴포넌트(User-written component)에 의해 생성될 수 있다. On/Off 제어에서는 $\gamma = 0$ 또는 $\gamma = 1$이다. 본 장에서의 제어기는 On/Off 제어 신호를 만든다.

실제 제어기처럼 이러한 제어기 모델들은 안정성을 향상시키기 위해 조작상의 이력현상(operational hysteresis)을 이용한다. 예를 들면, 난방 시스템은 19℃의 실내온도에서 자동온도조절기(thermostat)에 의해 작동($\gamma = 1$)되어, 실내온도가 21℃가 되면 작동을 정지($\gamma = 0$)할 수 있다. 이 경우 제어기는 온도차가 2℃인 'dead band'을 갖는다. 설정온도 19℃와 실내온도 사이의 차(difference)가 이 범위 안에 위치하게 되면, 제어기는 이전 상태($\gamma = 0$ 또는 $\gamma = 1$)를 유지한다. 종종 제어 결정을 할 때 이용되는 조건들(conditions)은 제어 결정(control decision)에 의해 변화한다. 일례로 유체를 태양열 집열기로 공급하는 펌프의 가동(turn on)은 펌프를 기준으로 한 작동의 결정으로 인해 그 온도(공급 유체온도)가 변화할 것이다. 따라서, 상한 온도차의 신중한 선택은 제어기의 On과 Off 상태 사이에서의 변동에 따른 제어기의 성향을 최소화하는 데 도움을 줄 수 있을 것이다.

Beckman & Thornton은 태양열 집열기 순환에서 다음과 같은 부등식을 만족해야만 하는 제어기의 안정적인 운전을 제시하였다.

$$\Delta T_1 \geq \frac{\varepsilon\, C_{\min}}{A\, F_R\, U_L}\, \Delta T_2 \tag{a}$$

ΔT_1 : 펌프가 On일 때의 온도차 ΔT_2 : 펌프가 Off일 때의 온도차

태양열 집열기 순환에서 열교환기가 없다면, 위의 방정식은 Duffie & Beckmann이 정의한 식 (b)로 간단히 나타낼 수 있다.

$$\Delta T_1 \geq \frac{\dot{m}\, C_p}{A\, F_R\, U_L}\, \Delta T_2 \tag{b}$$

그러나, 특히 이 부등식을 만족하고 일반적으로 이력현상의 이용은 유한 반복(finite number of iteration)에 따른 출력 상태(output state)의 수렴을 보장하지 않는다. 이것은 제어 결정이 단지 시뮬레이션의 시간 간격에 따라 결정될 수 있기 때문이다. 그래서 실제 시스템과는 달리 TRNSYS 시뮬레이션은 온도는 물론 시간에 대한 상한선을 포함하고 있다. 시뮬레이션 에러를 방지하기 위해 구 버전의 TRNSYS에서는 종종 제어기에 "고정(stick)"할 필요가 있다. 이것은 펌프 그리고/또는 다른 제어된 하부 시스템들

이 NSTK 변동 후 결과 변화 단계를 방지한다. 그래서 시스템의 수치 수렴을 가속화시킨다. 주어진 시간 간격에서 제어기는 잘못된 상태에서 고정될 수 있으나, 이러한 오류들은 많은 시간 간격에 있어서 취소하는 경향을 보일 것이다. 이러한 오류들을 취소하기 위해 NSTK는 홀수 정수, 전형적으로 5나 7로 정의할 필요가 있다. NSTK를 홀수 정수로 정의함으로써 제어기는 NSTK가 짝수값을 가질 때의 On-On-On(summation of errors)과는 반대로써 해를 갖지 않는 세 개의 연속적인 시간 간격인 Off-On-Off (cancellation of errors)로 될 것이다. 제어기 고정에 관한 보다 상세한 내용은 매뉴얼의 Reference (3)을 참고하기 바란다. 만약 제어기가 시뮬레이션이 진행되는 동안 시간 간격의 10% 이상에서 고정된다면 경고 메시지가 뜬다.

1-1 Type 2 : Differential Controller

이 제어기는 '0' 또는 '1'의 값을 갖는 제어 함수 γ_o를 생성한다. γ_o의 값은 [그림 1-1]과 같이 두 개의 'dead band' 온도차인 ΔT_H와 ΔT_L와 비교해 상·하한 온도(T_H와 T_L)의 차의 함수로써 선택된다. γ_o의 새 값은 $\gamma_i = 0$ 또는 $\gamma_i = 1$에 의존한다.

제어기는 정상적으로 γ_i의 주어진 이력현상과 연결된 γ_o와 함께 사용된다. 안전한 고려를 위해 Type 2 제어기는 high limit cut-out을 포함한다. Dead band 조건들에도 불구하고, 만약 high limit 조건을 초과하면 제어 함수는 0이 될 것이다.

이러한 제어기는 비록 온도 표기법이 사용된다 할지라도 온도 판독을 제한하지는 않는다는 것을 명심하기 바란다.

1. 기호 설명

ΔT_H : [℃] 상위 dead band 온도차(upper dead band temperature difference)

ΔT_L : [℃] 하위 dead band 온도차(lower dead band temperature difference)

T_H : [℃] 상위 입력온도(upper Input temperature)

T_{IN} : [℃] 상한 모니터링에 대한 온도(temperature for high limit monitoring)

T_L : [℃] 최소 입력온도

T_{MAX} : [℃] 최대 입력온도

γ_i : (0~1) 입력 제어 신호

γ_o : (0~1) 출력 제어 신호

2. 수학적 설명

수학적으로 제어 함수는 다음과 같이 표현되며 〈표 1-1〉과 같이 요약된다.

(1) 만약 제어기가 가동 상태였다면,

$$\text{if} \quad \gamma_i = 1 \ \text{and} \quad \Delta T_L \leq (T_H - T_L), \ \gamma_o = 1 \tag{1-1}$$

$$\text{if} \quad \gamma_i = 1 \ \text{and} \quad \Delta T_L > (T_H - T_L), \ \gamma_o = 0 \tag{1-2}$$

(2) 만약 제어기가 정지(off) 상태였다면,

$$\text{if} \quad \gamma_i = 0 \ \text{and} \quad \Delta T_H \leq (T_H - T_L), \ \gamma_o = 1 \tag{1-3}$$

$$\text{if} \quad \gamma_i = 0 \ \text{and} \quad \Delta T_H > (T_H - T_L), \ \gamma_o = 0 \tag{1-4}$$

〈표 1-1〉 이전 제어기 조건에 따른 새로운 제어 함수값

제어 함수	γ_i		γ_o
조 건	1	$\Delta T_L \leq (T_H - T_L)$	1
	1	$\Delta T_L \geq (T_H - T_L)$	0
	0	$\Delta T_H \leq (T_H - T_L)$	1
	0	$\Delta T_H \geq (T_H - T_L)$	0

그러나, 상·하한 한계 조건에 상관없이 만약 $T_{IN} > T_{MAX}$, 제어 함수는 0이 된다. 이러한 상황은 주택의 난방 시스템에서 자주 접하게 되는데, 이는 탱크의 온도가 어떤 상한 범위를 넘을 경우, 펌프는 가동을 정지하게 되는 것이다. [그림 1-1]은 이 제어기 함수를 도식화하여 나타낸 것이다.

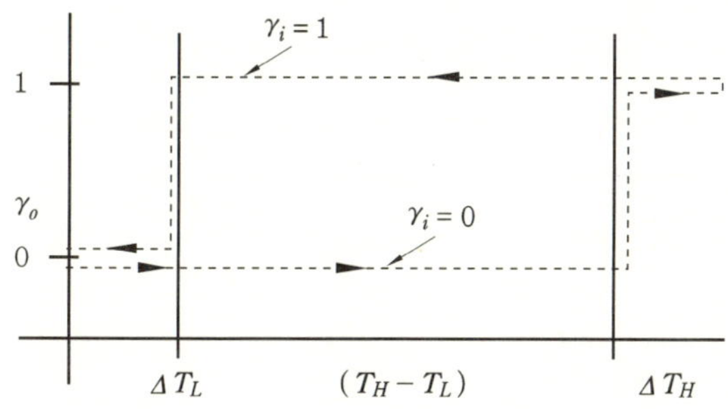

[그림 1-1] 제어기 함수(controller function)

3. 특이 사항

(1) TRNSYS Solver와의 Type 2 상호 작용

기본 TRNSYS Solver(Solver 0, successive substitution)인 경우, $(T_H - T_L)$ 이 정상적인 운전 모드에서 상한 또는 하한 dead band 근처이면, γ_o는 종종 주어진 시간 간격에서 잇따른 반복 계산을 위해 '0'과 '1' 사이에서 진동할 수 있다. 이러한 현상은 T_H와 T_L이 매 반복 계산동안 제어기를 On/Off하는 조건들의 경계에서 매우 미미하게 변경되기 때문에 발생한다. PARAMETER 1 NSTK의 값은 제어 함수 γ_o가 변경되는 것을 멈추기 이전에 해당 시간 간격(time step) 내에 허용되는 진동의 개수이다. 일반적으로 NSTK는 홀수로 설정될 것을 권장하고 있으며, 이전 시간 간격에서와 다른 상태로 제어기를 조종하기 위해 5의 값을 갖는다.

TRNSYS 버전 14.1의 경우 추가적인 제어기 모드가 Powell' Method Solver와 함께 사용될 수 있도록 추가되었다. Powell' Method control strategy는 반복 계산 과정동안 제어변수가 변경되는 것을 허용하지 않음으로써 방정식들을 해석하는 이전의 제어 전략(control strategy)보다 특정 상황에서는 보다 안정적이다. 수렴을 위해 제어기 상태는 필요할 경우, 계산을 반복하고 수렴된 해에서 원하는 제어기 상태와 비교되었다. 이 Powell' Method control strategy에 관한 보다 상세한 정보는 (TRNEdit – Editing the Input File and Creating TRNSED Applications)을 참고하기 바란다. 그리고 만약 사용자가 Powell' Method control strategy를 사용한다면, 사용자는 시스템에서 Solver 1을 사용해야 함을 명심해야 한다.

대부분 시뮬레이션의 경우 두 개의 제어 전략의 사용은 비슷한 결과를 산출할 것이다. 그러나 불안정한 제어 거동을 갖는 단기간 시뮬레이션의 경우, NSTK의 홀수 값을 갖는 Successive Substitution(Solver 0) control strategy은 Powell' Method control strategy으로부터의 결과와 매우 다른 결과를 산출할 것이다.

4. Component 구성

<표 1-2> Type 2의 Parameters 종류 및 설명

매개변수 번호	기 호	설　　　　명
1	NSTK	γ_o가 변화한 후 시간 간격에서의 제어기의 진동수 전형적으로 5나 7, 만약 NSTK = 0, 새로운 제어 방법이 사용됨.
2	ΔT_H	상한 한계 온도차(℃)

3	ΔT_L	하한 한계 온도차(℃)
4	T_{MAX}	상한 한계 정지 온도(℃)
$PAR(1) = 0$ 5	T_{MIN}	상한 한계 정지에서 초기화되는 온도

〈표 1-3〉 Type 2의 Inputs 종류 및 설명

입력값 번호	기 호	설　　　　명
1	T_H	상한 입력온도(℃)
2	T_L	하한 입력온도(℃)
3	T_{IN}	상한 한계 정지 감시를 위한 온도(℃)
4	γ_i	입력 제어 함수

〈표 1-4〉 Type 2의 Outputs 종류 및 설명

출력값 번호	기 호	설　　　　명
1	γ_o	출력 제어 함수

5. Flow Diagram 정보

Flow Diagram이란 해당 컴포넌트의 정보의 흐름을 한눈에 파악할 수 있도록 Inputs
과 Outputs을 도식화한 것으로, Type 2의 경우 [그림 1-2]와 같이 나타낼 수 있다.

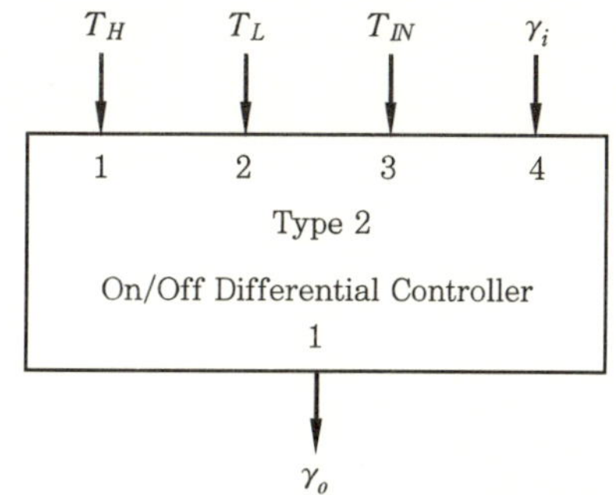

[그림 1-2] Type 2의 Flow Diagram 정보

1-2 Type 8 : Three Stage Room Thermostat

Type 8은 태양열 취득, 보조 난방기기, 냉방 시스템을 갖는 시스템 제어에 이용될 수 있도록 세 개의 출력 On/Off 제어 함수로 되어 있다. 이 제어기는 온도로 시스템을 제어하는데 이용되며, Type 12 mode 4와 Type 19 mode 2 부하(load)에 적합하다. 이 제어기는 높은 실내온도에서는 냉방을 명령(지시)하며, 낮은 실내온도에서는 1단계 태양열을 이용한 난방을, 매우 낮은 실내온도에서는 2단계 보조 난방을 명령(지시)한다. 사용자는 parameter ISTG에 의해, 2단계 난방을 하는 동안 1단계 난방을 이용하지 않을 수 있으며, 매개변수 $T_{\min}$에 의해 source 온도가 매우 낮을 때에는 1단계 난방을 이용하지 않을 수 있다.

비록 태양열을 이용한 난방이 태양열 난방 컴포넌트에 의해 지정되었을지라도, 3단계 난방 시스템은 Type 8 경로를 이용하여 제어할 수 있다.

많은 난방기기들에서는 바람직한 실내온도는 주간대비 하루 또는 일일대비 시간에 의존한다. Type 8에서는 이러한 난방 On/Off 온도의 변화를 선택적인 "set-back" 제어 함수 γ_{set}과 "set-back" 온도차 ΔT_{set}를 이용하여 모델화하였다. 이러한 선택 사항(option)이 이용되면 1, 2단계 난방의 일반적인 온도는 $\gamma_{set} \cdot \Delta T_{set}$에 의해 모두 감소되도록 지시된다. 전형적으로 γ_{set}은 Type 14 time-dependent function generator(시간 의존 함수 생성기)에 의해 계산된다.

Parameter 1 NSTK는 제어기가 고정된 출력 상태 이전의 시간 간격에서 허용된 진동의 횟수로 정해진다. 따라서, NSTK는 홀수값인 3이나 5로 권장된다.

1. 수학적 설명

만약 이력 작용이 사용되지 않는다면, ΔT_{db}는 0이 된다. 이와 유사하게 set back option이 사용되지 않는다면, γ_{set}, $\Delta T_{set} = 0$이 된다. 난방과 냉방 On/Off 온도들은 다음과 같이 지정된다.

First Heat Source(Solar) :
$$T_{H1}' = T_{H1} + \gamma_1 \cdot \Delta T_{db} - \gamma_{set} \cdot \Delta T_{set} \tag{1-5}$$

Second Heat Source(Auxiliary) :
$$T_{H2}' = T_{H2} + \gamma_2 \cdot \Delta T_{db} - \gamma_{set} \cdot \Delta T_{set} \tag{1-6}$$

Cooling Source :

$$T_C{}' = T_C - \gamma_3 \cdot \Delta T_{db} \tag{1-7}$$

1단계 온도원(source temperature) T_h가 $T_{\min}$과 같거나 클 때, 1단계 불능 함수 (enable function) γ_e는 1로 설정된다. 그렇지 않은 경우 γ_e는 0이 된다. 그리고 제어기 는 [그림 1-3]과 같이 작용한다.

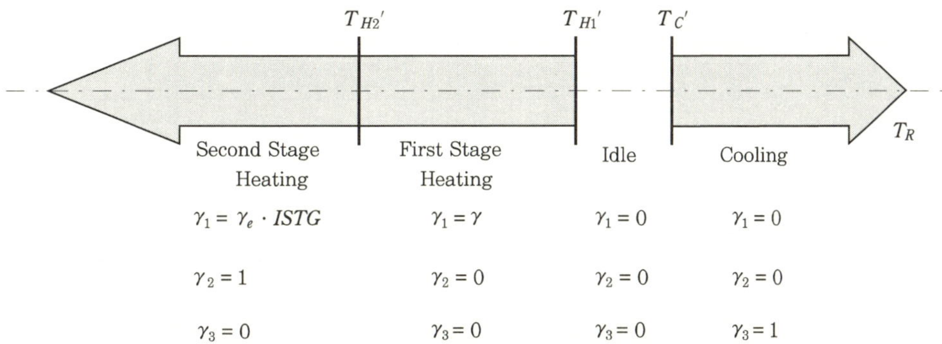

[그림 1-3] 제어기 함수(controller function)

2. Component 구성

〈표 1-5〉 Type 8의 Parameters의 종류 및 설명

매개변수 번호	기 호	설 명
1	NSTCK	출력이 고정되기 이전 시간에서의 Type 8 진동의 수
2	ISTG	1은 2단계 난방에서 1단계 난방 이용이 가능 0은 2단계 난방에서 1단계 난방 이용이 불가능
3	$T_{\min}$	태양열원에 의한 최소온도(℃)
4	T_C	실내가 냉방되어야 하는 상한 실내온도(℃)
5	T_{H1}	1단계 난방 설정 이하의 실내온도(℃)
6	T_{H2}	2단계 난방 설정 이하의 실내온도(℃)
7(optional)	ΔT_{set}	난방 set back 온도차(℃)
last(optional)	ΔT_{db}	한계온도 차(℃)

〈표 1-6〉 Type 8의 Inputs의 종류 및 설명

입력값 번호	기 호	설 명
1	T_R	실내온도(℃)
2	T_h	1단계 온도원(℃)
3(optional)	γ_{set}	난방 set back 제어 함수

〈표 1-7〉 Type 8의 Outputs의 종류 및 설명

출력값 번호	기 호	설 명
1	γ_1	1단계 난방을 위한 제어 신호
2	γ_2	2단계 난방을 위한 제어 신호
3(optional)	γ_3	냉방을 위한 제어 신호

3. Flow Diagram 정보

Type 8의 Flow Diagram은 [그림 1-4]와 같다.

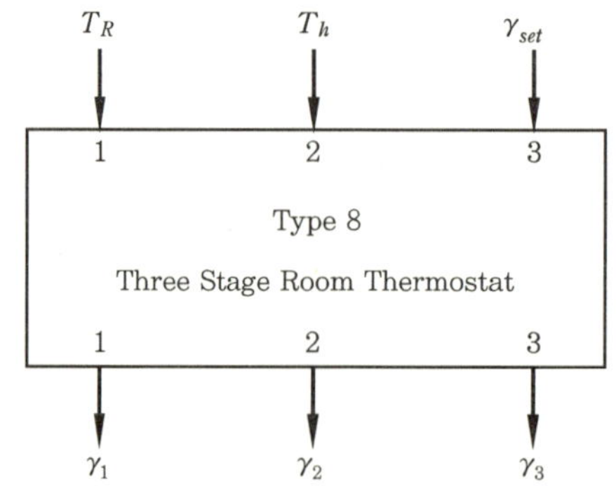

[그림 1-4] Type 8의 Flow Diagram 정보

1-3 Type 22 : Iterative Feedback Controller

반복 피드백 제어기는 설정점(set-point ; y_{Set})에서 제어되는 변수(y)를 유지하기 위

해 필요한 제어 신호(u)를 계산한다. 이것은 TRNSYS 반복 과정이 정확한 설정점을 추적하는 데 이용된다. 이 제어기는 연속적으로 제어 신호에 적응하거나 TRNSYS 시뮬레이션 분석 시간보다 훨씬 짧은 분리된 시간 간격(discrete time step)에 사용되는 실제 피드백 제어기(즉, PID)를 모델화하는 데 사용될 수 있다. 그리고 On/Off 신호와 범위를 갖는 제어기는 제어 신호에 대해 고정될 수 있다.

1. 기호 설명

y_{Set} : (-) 제어되는 변수에 대한 설정점

y : (-) 설정점을 추적하는 제어된 변수

u : (-) 제어 신호(controller's output)

u_{min} : (-) 제어 신호의 최소값

u_{max} : (-) 제어 신호의 최대값

$u_{threshold}$: (-) 0이 아닌 출력에 대한 경계값(threshold value)

tol : (-) 추적 오류에 대한 오차

e : (-) 추적 오류

2. 수학적 설명

반복 피드백 제어기는 추적 오류 $e(e = y_{Set} - y)$를 0 또는 최소화하는 제어 신호를 계산하기 위해 할선법(secant method)을 사용하며, 기본 운용 원리는 다음과 같다.

- 한 시간 간격에서 첫 번째 2회 반복에서 제어기는 할선법 탐색을 위한 적절한 출발점을 제공하기 위해 선택된 제어 신호를 출력한다. 사용된 값은 TRNSYS가 시뮬레이션이 수렴되었다고 고려하는 것을 방지하기 위해 이전에 호출한 값과는 다르지만 시스템이 안정적인 상태를 유지하기 위해 이전 값과 너무 큰 차이를 나타내지는 않는다.
- 제어기는 u의 값들을 출력으로 저장하고, 제어 신호가 적용될 때 측정된 e값을 기록한다. 제어기 운용은 해가 e값이 0인 u값인 (u, e) 평면에서 해석될 수 있다. 일단 두 초기점이 얻어지면, 제어기는 해를 찾기 위해 할선법을 이용한다. 할선법은 [그림 1-5]의 예제에 잘 묘사되어 있다. (u, e) 평면에서 이 시스템의 궤적은 굵은 점선이다. 제어기의 제어 신호 u_1을 첫 번째로 출력한다. 그리고 시스템은 이 값을 이용하여 시뮬레이션되며 점 1에 제공한다. 그리고 제어기는 제어 신호 u_2를 출력

하지만, u_1과 큰 차이가 없도록 다른 방법으로 선택된다. 현재 시스템은 점 2에 대응하는 오류 신호 (e)를 출력한다. 점 1과 2 사이의 선을 추정하고(extrapolate), e가 0인 u값을 계산한다. 이 예제의 경우 이 값은 허용된 범위 밖에 위치하므로, $u_{\min}$이 사용된다. 이것이 점 3에 제공된다. 점 2와 3 사이의 선형 보간(linear interpolation)이 점 4에 제공된다. 점 5와 점 6은 유사한 방법으로 얻어지며, 제어기는 오차 tol에 도달하거나 제어기의 출력에서의 변화가 TRNSYS 전체에 걸쳐 사용되는 오차(global tolerance)의 범위 내에 있으면, TRNSYS의 반복 계산이 멈추고 제어기의 이러한 반복 과정도 멈춘다.

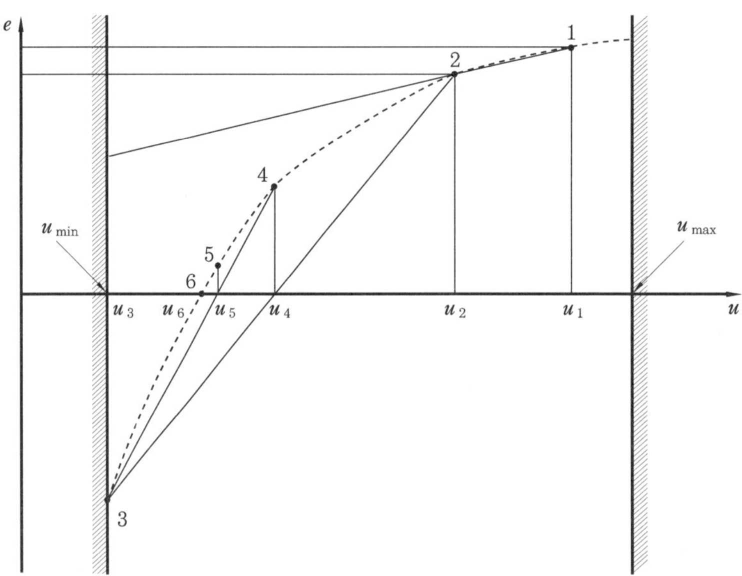

[그림 1-5] Type 22에 시용된 할선법(secant method)

또한, 제어기는 주어진 시간 간격에서의 반복 횟수가 nStick 매개변수에 의해 설정된 최대값에 도달해도 멈추게 된다. 만약 사용자가 이 매개변수를 0으로 설정하면, 제어기는 전체에 공통되는 시뮬레이션 매개변수에서 설정된 최대 반복 횟수 이전에 몇 번의 반복 과정만으로 끝나게 될 것이므로, TRNSYS는 현 시간 간격에서 수렴할 기회를 얻는다.

(1) 제어 신호에 대한 구속

사용자는 제어 신호에 관한 서로 다른 제약을 가할 수 있다.

$u_{\min}$: minimum value([그림 1-5] 참조)

$u_{\max}$: maximum value([그림 1-5] 참조)

$u_{threshold}$: '0'이 아닌 출력에 대한 경계값(threshold value). 이 입력은 제어기에게 '0'으로 강제되는 경계값보다 작은 모든 계산된 값들을 제어기로 알린다. 이것은 u_{min} 과는 다르다. 이것은 최소 운전 유량을 갖는 펌프를 모델링하는 사례에서 사용될 수 있다. 즉, 이러한 경우 경계값은 최소 유량으로 설정될 수 있으며, u_{min} 은 0으로 설정될 수 있다. 또 다른 예로 $u_{min} = -100$, $u_{max} = 100$ 그리고 $u_{threshold} = 10$ 인 제어 신호가 그것이다. 이것은 -100에서 100 사이의 값들이 수용될 수 있으나 10보다 작은 출력은 0으로 설정될 것임을 의미한다.

3. 특이 사항

Type 22는 제어 신호를 조정하기 위해 TRNSYS 반복법을 사용하지만, 이것의 성능은 다른 인자들에 의해 영향을 받는다.

- Time step : Type 22는 추적 오류가 '0'이 되도록 시도함으로써 제어 문제를 해석한다. 이것은 진동 또는 진폭을 이끌 수 있는 동적인 프로세스에 대한 어떠한 지식도 지니지 않는다.
- 시간 간격의 변화는 그러한 진폭에 매우 강한 영향을 가져올 수 있으므로, 만약 사용자가 불충분한 설정점 추적을 갖는 'On/Off' 거동을 인지할 경우, 사용자는 시뮬레이션 시간 간격의 조정을 시도할 수 있다.
- **입력 파일에서의 컴포넌트들의 순서** : 컴포넌트들을 Logical 순서에 맞게 유지하고 제어기가 컴포넌트를 제어하기 이전에 제어기를 시작할 것을 권장한다. 이것은 시뮬레이션이 수렴되고 있는 것을 나타내고 있기 때문에 TRNSYS가 시간 간격을 건너뛰는 위험을 최소화할 것이다.
- 일반적으로 사용자는 수렴을 손쉽게 할 수 있고, 모든 제어되는 컴포넌트들을 그룹화함으로써 시뮬레이션 시간을 최소화할 수 있으며, 그들을 제어기 다음에 위치시킬 수 있다. 이것은 절대 법칙이 아니며, 특히 제어기가 반응이 늦게 나타날 때 사용자가 다른 컴포넌트 순서를 시도할 것을 권장하고 있다.
- 시뮬레이션 오차(simulation tolerances) : 종종 제어 신호의 작은 변화가 제어되는 시스템에 매우 작은 영향을 가져온다. 그러나 사용자는 정확한 설정점에 추종하는 제어되는 변수를 기대하게 된다. Type 22를 이용한 시뮬레이션에서의 일반적인 기본값보다 엄격한 오차를 사용할 것을 권장한다. 일반적으로 감소된 오차는 컴포넌트 순서에 따른 충격 또는 영향력을 최소화한다.
- TRNSYS Solver : 수치 이완법(numerical relaxation)을 갖는 Solver 0을 사용할 때, 수렴 증진 알고리즘은 Type 22에 의한 변동과 상호 작용할 수 있다. Type 22

와 함께 수치 이완법이 없는 Slover 0을 사용할 것을 권장한다. 즉, 최소 · 최대 이완 인자가 모두 1로 지정하는 것이다.

● Equation Solver : Equation Solver 1과 그 이상은 불필요한 방정식들의 호출을 제거함으로써 시뮬레이션의 속도를 높이도록 디자인되었다. 만약 방정식들이 반복 제어기를 포함하는 정보 루프에 사용되면, 그러한 방정식들은 그들의 입력값들이 변경되자마자 항상 호출될 것이다. 이것은 Equation Solver 0에 의해 사용되는 해석 모드이며 Type 22는 Equation Solver와 함께 사용되어야 한다. 위에서 언급한 인자들은 반응이 느린 반복 제어기들의 가장 빈번한 원인이다. 위에서 개략적으로 설명된 훌륭한 실용적인 규칙들이 어떻게 충실히 이행되었는지에 관한 추가적인 정보를 위해 Type 22를 사용한 예제들에서 검토하길 바란다.

1-4　Type 23 : PID Controller

Type 23은 PID(Proportional, Integral & Derivative) 제어기를 도구화한 것이다. Type 23은 설정점에서 제어되는 변수를 유지하기 위해 필요한 제어 신호를 계산한다. 이 제어 신호는 추적 오류의 미분과 적분뿐만 아니라 추적 오류에 비례한다.

Type 23은 'anti windup'을 갖는 최첨단 이산 알고리즘(discrete algorithm)을 충족한다.

1. 기호 설명

y_{Set} : (-) 제어변수의 설정점

y : (-) 제어된 변수(tracks the setpoint)

u : (-) 제어변수(controller's output)

v : (-) Unsaturated 제어변수(before applying constraints)

u_{min} : (-) 제어변수의 최소값

u_{max} : (-) 제어변수의 최대값

$u_{threshold}$: (-) 0이 아닌 출력값에 대한 경계값

e : (-) 추적 오차(tracking error)

K : (-) controller gain

T_i : [h] 적분 시간 [또한, 재설정 시간(reset time)이라 불림]

T_d : [h] 미분 시간

b : (−) 비례 동작의 설정점 가중 인자

c : (−) 미분 동작의 설정점 가중 인자

N : (−) 미분 동작에 대한 상한 빈도수 한계

T_t : [h] Tracking time for integrator de-saturation(anti wind-up)

h : [h] TRNSYS 시간 간격

2. 수학적 설명

여기에서는 Type 23에 도입된 알고리즘에 대한 간단한 설명만이 제공된다. 이 알고리즘은 (Aström & Wittenmark, 1990)와 (Aström & Hägglund, 1994)에 소개되어 있다. 여기에 나타난 PID 알고리즘은 다음과 같다.

$$v(t) = K\left(e(t) + \frac{1}{T_i}\int_0^t e(\tau)\,d\tau + T_d\frac{de(t)}{dt}\right) = P + I + D \tag{1-8}$$

방정식 (1-8)에는 세 개의 항이 있으며, 이것은 P항(proportional to the error), I항(proportional to the integral of the error) 그리고 D항(proportional to the derivative of the error)으로 쉽게 확인할 수 있다.

방정식 (1-8)은 때때로 서로 영향을 미치지 않는 PID 알고리즘 또는 연속적인 PID 알고리즘으로써 관련된다.

몇 가지 수정 사항이 제어기의 성능과 운전성의 향상을 위해 본래의 알고리즘에 행해졌다.

(1) Setpoint Weighting

때때로 추적 오류 e를 P항과 D항 모두에서 보다 일반적인 표현으로 대체할 것을 권장한다.

$$v(t) = K\left(e_p(t) + \frac{1}{T_i}\int_0^t e(\tau)\,d\tau + T_d\frac{de_d(t)}{dt}\right) \tag{1-9}$$

여기서,

$$e_p = b\,y_{set} - y \qquad (0 \le b \le 1) \tag{1-10}$$

$$e_d = c\,y_{set} - y \qquad (0 \le c \le 1) \tag{1-11}$$

$b < 1$의 사용은 빠르게 설정점이 변경되는 동안의 overshoot를 감소시키고, 유사한 방법으로 $c < 1$의 사용은 설정점의 갑작스런 변경에 따른 제어변수에서의 광범위한 과도현상(transient)들을 피할 수 있을 것이다.

자동 귀환 제어(servo control ; where the controller is supposed to respond quickly to changes in setpoint)에 있어, b와 c는 일반적으로 닫히거나 1이 된다. 관리 제어(regulatory control ; where one is more interested in responding to Input variations to bring the system back to a steady state)의 경우, b와 c는 대개 매우 작다(닫히거나 0과 같다).

(2) Limitation of the Derivative Gain

도함수 기능은 제어변수에 매우 큰 변화를 가져올 수 있으며, 도함수 항의 높은 빈도 증가를 제한하기 위하여 매우 자주 권장된다. 이것은 방정식 (1-8)의 D항을 다음과 같이 대체함으로써 처리될 수 있다.

$$D = KT_d \frac{de_d(t)}{dt} - \frac{T_d}{N} \frac{dD}{dt} \tag{1-12}$$

이것은 시간 상수 T_d/N을 갖는 1차 시스템에 의해 걸러진 이상적인 도함수항으로써 해석될 수 있다. N은 대개 3에서 20 사이로 일반적으로 값 10은 매우 훌륭한 절충점이다.

(3) Integrator Windup

제어변수들은 대개 물리적 actuator 한계를 나타내기 위한 상·하한 경계에 의해 제한된다. 제어변수가 이들 값의 하나에 도달하면, 피드백 루프는 actuator가 시스템의 출력에 무관하게 이 범위에서 남아있게 될 것이므로 깨어진다. 통합 기능을 갖는 제어기는 오류를 계속해서 조정할 것이다. 이러한 상황에서 적분항은 크게 증가하게 된다(it "winds-up"). 그리고 추적 오류는 제어기가 정상적인 상태로 되돌아가기까지 오랜 시간동안 반대 신호를 갖게 될 필요가 있다.

Integrator wind-up은 saturation limit에서 정확한 제어변수를 제공하는 적분값을 역으로 계산(back-calculate)함으로써 예방될 수 있다. 또한, 순간적인 아닌 주어진 시간 상수(T_t)에서 역계산되는 값에 대하여 적분기를 재설정하는 이점이 있다.

$$v(t) = P + I + D \tag{1-13}$$

$$u(t) = saturate\,[v(t)]$$

$$I = I - \frac{1}{T_t} \int_0^t [u(\tau) - v(\tau)]\, d\tau \tag{1-14}$$

여기서, saturate(   ) 함수는 최소·최대값 그리고 다른 제한들을 적용한다. 이것은 일반적으로 $T_t \in [0.1\, T_i \,;\, T_i]$를 갖도록 권장된다.

(4) Discretization

비례항은 다음과 같이 간단하다.

$$P(t_k) = Ke_p(t_k) = K[b\,y_{set}(t_k) - y(t_k)] \tag{1-15}$$

적분항은 backward difference approximation를 이용하여 계산되며, TRNSYS 변수 지정과 일치한다(시간 t에서 보고된 어떤 변수는 t_{k-1}과 t_k 사이의 평균이다).

$$I(t_k) = I(t_{k-1}) + \frac{Kh}{T_i}\,e(t_k) \tag{1-16}$$

미분항은 backwards difference에 의해 근사된다.

$$D(t_k) = \frac{T_d}{T_d + Nh}D(t_{k-1}) + \frac{KT_dN}{T_d + Nh}[e_d(t_k) - e_d(t_{k-1})] \tag{1-17}$$

끝으로 anti-windup de-saturation은 다음과 같이 적분항을 수정함으로써 포화된 제어변수(saturated control variable)를 계산한 후에 적용된다.

$$I(t_k) = I(t_k) - \frac{h}{T_t}[u(t_k) - v(t_k)] \tag{1-18}$$

3. 특이 사항

(1) Type 23 모드

PID 제어기는 두 가지 모드로 운용할 수 있다. Mode 0은 'real life(non-iterative)' 제어기를 모델화한 것이며, Mode 1은 반복 제어기를 모델화한 것이다.

Mode 0의 경우 Type 23은 다른 TRNSYS 컴포넌트들이 수렴된 후에 단지 호출된다[INFO(9) = 2]. 그런 후, 다음 시뮬레이션 시간 간격에서 적용되는 수렴된 출력값들에 기초하여 제어변수를 계산한다. 이것은 다음 시간 간격동안 적용되는 제어변수를 계산하고, 제때에 측정된 출력값을 이용하는 'real-life' 제어기의 거동을 흉내낸 것이다. Mode 0은 일반적으로 매우 짧은 시간 간격을 요구한다(usually less than 1/10th of the dominant time constant in the system, although this is certainly not an absolute rule).

Mode 1은 제어 신호를 조종하기 위해 TRNSYS 반복법을 사용한다. 이것은 짧은 시간 간격을 요구함 없이 빠른 응답을 이끌 수 있다. 그러나 이 모드는 덜 안정적이며 TRNSYS 반복 계산을 증가시키는 원인이 된다.

Type 22는 포괄적인 피드백 제어기를 모델화한 것으로 Type 23 Mode 1을 대체할 수 있다는 점도 기억해야 한다.

(2) Type 23 성능에 영향을 미칠 시간 간격과 그 밖의 설정

Type 23의 성능은 시뮬레이션 시간 간격에 의존한다. 이것은 일반적으로 프로세스의 지배적인 시간 상수의 10% 이내로 샘플링 시간(sampling time)을 유지하도록 권장된다. 전형적으로 실제 상황에서 제어기들은 매우 짧은 시간 간격을 사용하지만, 시뮬레이션 연구에서는 항상 실제 상황을 고려하지는 않는다.

이러한 이유로 PID의 최선의 매개변수들을 실제 응용으로 가져가는 것이 항상 가능한 것은 아니다. Type 23의 Mode 1의 사용은 상대적으로 긴 시간 간격에 대한 성능을 향상시킬 수 있다.

Mode 1의 경우 Type 23은 TRNSYS 반복법을 사용하여 제어 신호를 조종한다. 이것의 성능은 다른 인자들에 의해 영향을 받을 수 있으므로 보다 상세한 정보는 Type 22 참고 문헌을 검토하여 참고하길 바란다.

(3) PID 매개변수의 선택

PID 매개변수들 조율에 관한 것은 이 책의 범위를 벗어난 것이다. 이에 대한 정보는 다음의 참고 문헌을 통해 얻을 수 있을 것이다.

TRNSYS 시뮬레이션에 사용되는 정상적인 시간 간격은 전형적으로 상업적인 디지털 제어기들의 샘플링 시간보다 훨씬 크다는 점을 명심해야 한다. 이것은 전형적인 TRNSYS 시간 간격으로 만족할만한 피드백 제어를 달성하기에 여전히 가능성이 있어 보이지만, 매개변수 조율을 위한 약간의 시행착오를 요구할 수 있다. 또한, 최적의 제어기 설정은 시뮬레이션 시간 간격에 의존하게 되기 쉽다.

실제 사용되는 제어기들의 매개변수 조율을 통한 치환에 관한 것으로 만약 사용자의 시뮬레이션이 매우 짧은 시간 간격을 채택하고, Mode 0을 사용한다 하더라도 조율된 매개변수들은 시뮬레이션되는 시스템에 적용된 실제 제어기에서 사용할 것을 요구받는 것과는 다를 수 있다.

최적의 매개변수들은 서로 다른 성취(목적)로 이용될 수 있는 PID에 사용된 알고리즘에 의존한다.

4. 참고 문헌

1. Aström, K.J. and Wittenmark, B., 『Computer controlled Systems, 2nd Edition』, Prentice Hall, Englewood Cliffs, NJ, 1990. ISBN 0-13-168600-3.

2. Aström, K.J. and H gglund, T., 『PID Controllers : Theory, Design and Tuning, 2nd Edition』, International Society for Measurement and Control, 1994. ISBN 1-55617-516-7.

1-5 Type 40 : Microprocessor Controller

이 제어기는 태양열 냉·난방 시스템에 사용된 프로그램된 제어기들의 특정 유형들의 시뮬레이션이 가능하도록 논리 배열(logic array)을 갖는 5개의 미분 비교 연산자(comparator)로 구성된다.

1. 기호 설명

NC : 비교 연산자의 수($1 < NC \leq 5$)

C_i : 비교 연산자 i의 출력값

C_{i-1} : 컴포넌트로 이전 값에서 불러들였던 비교 연산자 i의 출력값

NMODE : 제어기 유형의 번호($1 < NMODE \leq 12$)

NOUTPUT : 컴포넌트의 출력값 개수($1 < NOUTPUT \leq 18$)

NPARS(A) : 비교 연산자 함수에 사용된 매개변수의 개수

$$[NPARS(A) = NC \times 2 + 1]$$

NPARS(B) : 유형 배열 설명을 위해 사용된 매개변수의 개수

$$[NPARS(B) = NMODES \times NC + 1]$$

NPARS(C) : 출력 배열 설명을 위해 사용된 매개변수의 개수

$$[NPARS(C) = NMODES \times NOUTPUT + 1]$$

NSTK : 다음 제어 결정을 하기 이전에 Mode K에서 제어기가 머무르게 될 시간 간격의 개수

MODE PRINT : number of times in a time step controller mode may change before diagnostic mode trace is printed

2. 수학적 설명

제어기는 논리적으로 네 부분으로 나뉘어져 있다. 첫 번째 부분은 2진법의 논리 회로 내부의 입력 신호들의 전환과 관련이 있으며, 최대 5개의 비교 연산자로 구성된다. 각 비교 연산자는 사용자가 지정한 On/Off 한계값(on and off dead-band)에 기초한 작동상의 이력현상들을 통합한다. 시간 t에서 비교 연산자 i의 상태는 다음 방정식에 의해 설명된다.

$$C_{i,\,t} = \text{On} \quad \text{if } (IN_{hi} - IN_{low}) > \Delta T_{on} \text{ and } C_{i,\,t-1} = \text{Off} \tag{1-19a}$$

$$C_{i,\,t} = \text{Off} \quad \text{if}\; (IN_{hi} - IN_{low}) \leq \Delta T_{off}\; \text{and}\; C_{i,\,t-1} = \text{On} \qquad (1\text{-}19b)$$

컴포넌트 이 부분의 출력값은 각 비트는 첫 번째 비교 측정기(comparator)에 대응하는 LSB를 갖는 비교 측정기의 상태(1이면 On, 0이면 Off)에 대응한다는 점에서 2진수의 NC 비트(bits)만큼 길다.

제어기의 두 번째 부분은 모드 배열이다. 이 배열은 NMODE 열(column)들에 의해 NC 행(row)으로 구성된다. 배열의 각 요소는 '0, 1 또는 -1'의 값으로 가정할 수 있다. 현재의 운용 모드(operating mode)는 비교 측정기 구역에 의한 출력값(word output)과 각 열의 기입 내용들을 비교함으로써 결정된다. 이 비교는 비트 대 비트(bit-by-bit)에 기초하여 수행되며, 만약 모드 배열 입력이 '-1'이면 어떠한 비교도 행하지 않는다.

모드 배열 출력값은 비교 측정기 출력값과 일치하는 배열에서의 열을 갖는 한 자리 십진수(single decimal number)이다. 만약 어떠한 일치도 없으면 출력값 모드는 '-1'로 설정된다. 이것은 기본 모드를 호출하고 모든 출력값들을 '0'으로 설정하는 결과를 가져올 것이다. 시뮬레이션의 끝에 실행 시 발생된 기본 모드의 시간 횟수를 가리키는 메시지가 출력된다.

제어기의 세 번째 부분은 출력값 배열이다. 이 배열은 NMODE열의 NOUTPUT 행으로 구성된다. 모드 배열에 의한 출력값 개수는 출력값 배열의 특정 열을 가리키는 데 사용된다. 이 열에 포함된 값들은 제어기의 출력값으로 전달되며, 첫 번째 값은 첫 번째 출력값으로써 설정되고, 두 번째 값은 두 번째 출력값 등과 같이 설정된다.

이 컴포넌트의 네 번째 부분은 제어 유닛(control unit)이다. 이 유닛은 컴포넌트의 다른 부분에서 검출되는 에러를 조작함은 물론 아래에 설명되는 제어기 옵션들(NSTCK, HOLD 그리고 MODE PRINT)을 수행한다.

(1) 제어기 옵션들 : NSTCK, HOLD 그리고 MODE PRINT

㉮ NSTCK

TRNSYS 시뮬레이션이 온도는 물론 시간까지 dead bands에 포함하기 때문에 연속적으로 두 개 또는 그 이상의 다른 모드들 사이에서 제어기 사이클링은 불안정성에 직면할 가능성이 있다. 사이클링의 이러한 유형을 제한하기 위해 TRNSYS 제어 컴포넌트는 'stickiness'를 포함한다. 이 sticky 제어기는 현 상태에서 출력값을 고정하기 이전에 주어진 시간 간격에서 NSTCK번까지 상태를 변경시킬 수 있다. NSTCK에 대한 권장값은 대부분의 장기간 시뮬레이션의 경우 4 또는 5이다. 이 'stickiness'에 대한 상세한 정보는 참고 문헌 1을 참고하기 바란다.

㉯ HOLD

이 옵션은 시뮬레이션에 제어 결정 사이의 시간 지연을 허용하는 것이 포함된다. 제어기에는 NMODE와 HOLD 매개변수들이 있다. 특정 모드와 관련된 HOLD 매개변수의 값은 제어기가 또 다른 제어 결정을 행하기 이전에 이 모드에 머무르게 될 시간 간격의 횟수를 지정한다.

㉰ MODE PRINT

이 옵션은 지정된 반복 계산의 횟수가 발생된 직후의 시간 간격에서 연속적인 제어기 모드들의 목록을 허락한다. 이것은 연속적인 제어기 사이클링이 발생되는 상황에서 유용하다. MODE PRINT는 반드시 40보다 같거나 작아야 한다.

3. TRNSYS 컴포넌트 구성

(1) Parameters

이 매개변수들은 제어기 내부의 4개의 부분에서 나열되는 함수들을 묘사하는 데 사용된다. 이 컴포넌트는 200개 이상의 매개변수들을 사용할 수 있기 때문에 매우 주의해 사용되어야 한다.

목적한 섹션 A인 첫 번째 매개변수 모음은 사용되는 비교 측정기(comparator)의 개수와 이들의 On/Off dead band와 관련된다. 이 섹션은 3~11개까지의 매개변수들을 포함할 수 있다. 이 개수는 NPARS(A)에 의해 다음 섹션에서 기술된다.

<표 1-8> 첫 번째 매개변수 목록

매개변수 번호		설 명
1	NC	비교 측정기의 개수(최대 5개)
2	ΔT_{ON}	비교 측정기 1의 On dead-band($^\circ$C)
3	ΔT_{OFF}	비교 측정기 1의 Off dead-band($^\circ$C)
$i \times 2$	ΔT_{ON}	비교 측정기 i의 On dead-band($^\circ$C)
$i \times 2 + 1$	ΔT_{OFF}	비교 측정기 i의 Off dead-band($^\circ$C)

섹션 B인 두 번째 매개변수 목록은 제어기 모드를 결정하는 것과 관련된 매개변수들을 포함한다. 이 섹션은 매개변수 $(NC \times 2 + 2)$부터 $(NMODES \times NC + 2NC + 2)$까지를 포함할 것이다. 이 섹션에 포함되는 매개변수의 개수는 NPARS(B)이다. NMODES인 첫 번째를 제외한 이 섹션의 모든 매개변수들은 '0, 1 또는 -1'이 되어야 한다.

<표 1-9> 두 번째 매개변수 목록

매개변수 번호	설 명
$NPARS(A) + 1$	제어기 모드의 개수, NMODES
$NPARS(A) + 2$	모드 1일 때 비교 측정기 1의 상태
$NPARS(A) + 3$	모드 1일 때 비교 측정기 2의 상태
$NPARS(A) + (k-1) \times NC + i$	모드 k일 때 비교 측정기 i의 상태

목적한 섹션 C인 세 번째 매개변수 목록은 특정 모드에 의해 설정되는 특수한 출력값들과 관련된다. 이 섹션은 $NPARS(C)$ 매개변수들을 포함한다.

<표 1-10> 세 번째 매개변수 목록

매개변수 번호	설 명
$NPARS(A) + NPARS(B) + 1$	출력의 개수, NOUTPUT
$NPARS(A) + NPARS(B) + 2$	모드 1일 때 비교 측정기의 출력 1
$NPARS(A) + NPARS(B) + (k-1) \times NOUTS + i$	모드 k일 때 비교 측정기의 출력 k

매개변수 목록의 마지막 섹션은 전체적인 제어기 운전과 관련된 매개변수들을 포함한다. 이들은 NSTICK, HOLD 그리고 MODE PRINT의 값을 포함한다. 그리고 NMODES HOLD는 각 모드에 대하여 하나씩 지정되어야 한다.

<표 1-11> 마지막 매개변수 목록

매개변수 번호	설 명
$NPARS(A) + NPARS(B) + NPARS(C) + 1$	NSTICK
$NPARS(A) + NPARS(B) + NPARS(C) + 2$	HOLD1
$NPARS(A) + NPARS(B) + NPARS(C) + 2 + k$	HOLDk
$NPARS(A) + NPARS(B) + NPARS(C) + NMODES + 3$	MODE PRINT

(2) Inputs

<표 1-12> 입력 목록

입력값 번호	설 명
1	비교 분석기 1의 high input
2	비교 분석기 1의 low input
$2 \times (i-1) + 1$	비교 분석기 i의 high input
$2 \times (i-1) + 2$	비교 분석기 i의 low input

(3) Outputs

〈표 1-13〉 출력 목록

출력값 번호	설 명
1	제어 함수 출력 1
...	...
N	제어 함수 출력 N
...	...
19	제어기 상태(0 = free, 1 = stick, 2 = hold)
20	현재 모드

4. Example

[그림 1-6]은 본 예제의 시스템 개념도를 나타내며, 3개의 비교 분석기가 요구됨을 알 수 있다. 첫 번째는 집열기–축열 탱크 루프(I)에서의 펌프를 On/Off하는 것이며, 두 번째는 축열 탱크의 유용한 에너지가 이용 가능한지를 결정하는 것이고, 마지막은 건물에 의해 보조 난방이 필요한지를 결정하는 것이다.

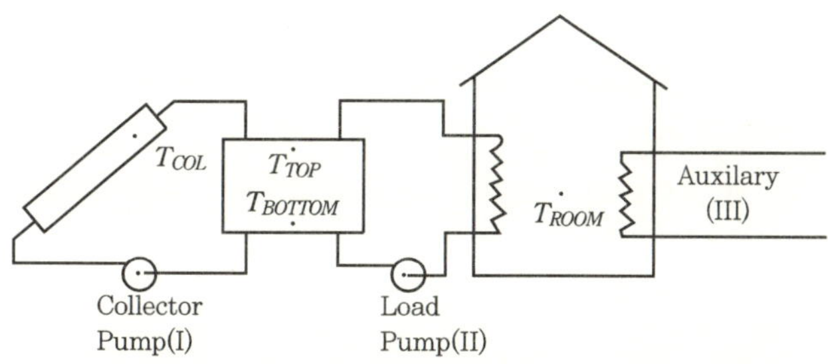

[그림 1-6] Type 40에 대한 예제 시스템 개념도

이들 비교 분석기들의 개념도는 [그림 1-7]과 같다. 각각의 비교 분석기에 대하여 2개의 입력값이 요구되어 전체 6개의 입력값이 필요하다. 7개의 매개변수의 첫 번째 그룹은 사용되는 3개의 비교 분석기를 지정하고, 각 비교 분석기에 대한 On/Off deadband를 제공한다.

3개의 출력 또한 요구되며, 첫 번째는 집열기–축열 탱크 루프(I)의 펌프를 제어하기 위한 출력값이며, 두 번째는 축열 탱크–부하 루프(II)의 펌프를 제어하기 위한 출력값이고, 마지막은 보조 난방기기(III)를 제어하기 위한 출력값이다. 출력값들은 3개의 비교 분석기에 의해 생성된 제어 함수의 값(γ_1, γ_2 그리고 γ_3)에 의존할 것이다.

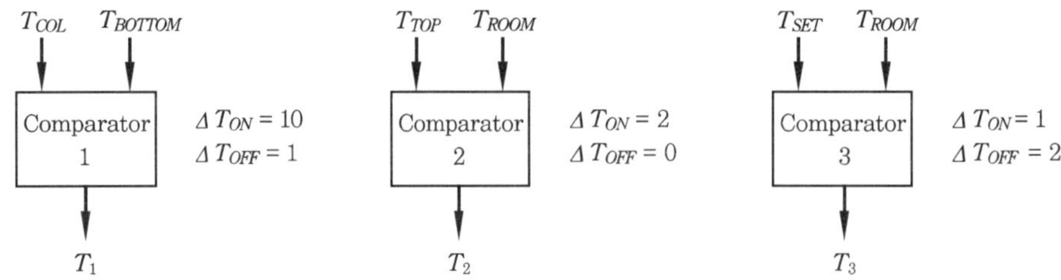

[그림 1-7] 예제에 사용된 Type 40 비교 분석기 종류

〈표 1-14〉 비교 분석기의 가능한 출력 상태와 이에 대응하는 Type 40의 출력값

	비교 분석기 출력값			Type 40 출력값		
NMODE	γ_1	γ_2	γ_3	I	II	III
1	0	0 또는 1	0	0	0	0
2	0	0	1	0	0	1
3	0	1	1	0	1	0
4	1	0 또는 1	0	1	0	0
5	1	0	1	1	0	1
6	1	1	1	1	1	0

〈표 1-14〉는 비교 분석기의 가능한 출력 상태와 이에 대응하는 Type 40의 출력값 2
을 제공한다. 매개변수의 두 번째 그룹은 중요한 6개의 가능한 출력 상태를 지정하고 위
의 도표의 좌측 부분을 재생성한다. 매개변수의 세 번째 그룹은 요구되는 3개의 출력값
을 지정하고, 〈표 1-14〉 우측 부분을 재생성한다.

매개변수들의 첫 번째 그룹은 NSTK = 3, HOLDk − 0(for k = 1, 6) 그리고 MODE
PRINT = 4를 설정하는 데 사용된다. 그리고 다음 행들이 Type 40 컴포넌트 묘사에 사
용될 것이다.

```
PARAMETERS 53
3    10 1     2 0      1 2
6    0 -1 0    0 0 1     0 1 1     0 -1 0    1 0 1     1 1 1
3    0 0 0     0 0 1     0 1 0     1 0 0     1 0 1     1 1 0
3    0 0 0 0 0 0        4
```

5. 참고 문헌

1. L. P. Piessens, 『A Microprocessor Control Component for TRNSYS, M.S. Thesis』,
   University of Wisconsin—Madison, 1980.

1-6 Type 108 : Five Stage Room Thermostat

이 On/Off 차동 장치(differential device)는 3단계의 열원과 2단계의 냉원을 갖는 HVAC 시스템을 제어하기 위해 사용될 수 있는 5개의 제어 신호를 출력하는 5단계 실내 온도 조절 장치(room thermostat)를 모델화한 것이다. 이 제어기는 이력현상 효과를 포함하며, 출력값이 표시되기 바로 전의 시간 간격에서 허용되는 제어기 진동(controller oscillation)의 횟수를 설정할 수 있도록 하는 매개변수가 포함된다.

1. 수학적 설명

(1) 제어기 안정성(stability)

제어기는 하나의 기기에 대한 수학적 모델을 지정할 때 불가피하게 많은 단순화 가정들이 포함되기 때문에 시뮬레이션에서 종종 많은 어려움에 직면한다. 그리고 이러한 단순화 가정들은 종종 시스템 컴포넌트들이 실질적으로 해석될 수 있도록 하기 위해 물리적 현상들을 무시하기 때문에 제어기는 자주 어려움에 직면한다. 이러한 측면 효과(side effect)는 입력값 변경에 컴포넌트의 건전성(robustness) 또는 무감각(insensitivity)의 몇 가지가 사라지는 것이다.

난방 장치와 온도 조절기가 장치된 건물에서 하나의 실을 모델링하는 예제를 가정해보자. 이러한 시스템 모델링의 일반적인 방법은 실내온도와 설정온도의 차이를 검지하는 온도 조절기에 대한 것이 될 것이다. 만약 실내온도가 설정온도 이하로 내려가면 난방 장치는 가동되고, 에너지가 이 실에 추가된다. 그리고 실 모델은 이 실에 추가된 에너지에 대한 새로운 정보에 기초하여 실내온도를 재계산한다. 그럼 온도 조절기는 공기온도가 높아진 것을 검지하고 제어 결정을 재계산한다.

종종 난방기기가 실내에 위치되고 공간에 대등한 에너지가 추가되지 않는다는 사실이 무시된다(이것은 즉시 주변의 공기온도를 상승시킨다).

실내에서는 대류가 활발히 발생하고 난방기기가 이 공간에 에너지를 공급하기 시작한 시점과 공간의 공기가 충분히 따뜻해질 때 사이에는 시간 지연 효과가 발생한다. 그리고 온도 조절기는 새로운 운도를 기록할 것이다.

실내 모델들은 의심할 여지없이 존재하는 대류 계산이 수행되는 반면에, 건물의 에너지 시뮬레이션의 목적을 위해 요구되는 것 이상의 상세한 모델이 필요하다. 시뮬레이션되는 시스템의 반응 시간을 늦추기 위한 노력으로 제어기 컴포넌트에 종종 'stickiness'를 추가할 필요가 있다.

이 모델과 TRNSYS의 많은 다른 제어기의 경우 이 'stickiness'는 매개변수의 형태로 제공되며, 제어기가 새롭게 계산된 값을 하나 또는 그 외의 설정에 달라붙기 (stick to) 전에 하나의 시간 간격의 반복 계산 범위 내에서 얼마나 많이 상태를 변경하는지를 조절한다. 제어기가 달라붙는 한 시스템은 반복 계산 과정이 무엇이든지 해를 수렴하여 벗어나야 한다. 매우 자주 하나의 기수(odd number)가 허용 가능한 상태 변경(NSTK)의 수치로 선택되어 제어기는 변경된 결정을 하고, 이 시스템을 비수렴 상태(non convergent state)로부터 벗어나게 하는 방법으로 기기를 On/Off한다.

Type 108의 두 번째 매개변수는 NSTK 값으로 시뮬레이션 전반에 걸쳐 사용될 것이다. 만약 제어기가 주어진 시뮬레이션 내의 시간 간격의 10% 이상에 대하여 달라붙게 되면, 달라붙은 시간 간격(stuck time steps)의 실제 퍼센티지가 시뮬레이션 log file과 TRNSYS list file에 보고될 것이다.

(2) 다단계 냉·난방

Type 108은 최대 3개의 난방기기의 상태와 2개의 냉방기기의 상태를 제어하기 위해 고안되었다. 하나의 상태는 난방기기의 특정 출력 설정으로 구성되거나 전체적인 고유한 기기의 일부분으로 구성된다. 예를 들어, 어떤 난방기기들은 최저 또는 최고 버너 설정에 대하여 디자인되었다. 만약 측정된 온도가 특정 포인트로 떨어지면, 최저 설정 버너와 팬이 가동된다. 만약 온도가 두 번째 설정점을 지나 하락을 계속하면, 이 공간에 보다 많은 에너지를 공급하기 위해 난방기기는 최고 버너 설정으로 전환하고 팬 속력을 높일 것이다. 이러한 난방기기가 2개의 상태에 대하여 조절되는 난방기기로써 이 모델에 관련되는 것이다.

그러나 만약 최고 버너 설정으로도 존의 온도를 충분히 상승시키지 못한다면, 이 난방기기와 완전히 분리된 전기 히터가 3번째 난방기기 상태로써 사용되는 방법과 같이 동일한 난방기기가 사용될 수 있다. 이와 같이 Type 108은 최대 3개의 난방기기의 상태와 2개의 냉방기기의 상태를 제어할 수 있다. 그러므로 사용자는 입력값으로써 3개의 난방 설정점과 2개의 냉방 설정점을 지정해야 한다. Type 108은 설정점 온도가 모두 현실적인지를 보장하기 위한 검토를 한다. 이것은 2단계 냉방 설정점이 1단계 냉방 설정점보다 훨씬 높고, 2단계 난방 설정점보다 높게 되어야 하며, 3단계 난방 설정점 온도보다도 훨씬 높게 되어야 한다는 것을 의미한다. 다양한 설정점의 상대적인 위치는 [그림 1-8]의 그래프를 통한 온도 스케일에 잘 표현되어 있다.

 만약 존 온도가 2단계 냉방 설정점보다 높게 상승하면, 1, 2단계와 관련된 모든 냉방기기가 동시에 가동되는 것이 바람직할 것이다. 대신에 1단계 냉방기기의 가동을 정지하고 단지 2단계 냉방기기만을 운전하는 것도 바람직할 수 있다. 난방의 경우에도 이와 유사하게 2단계에서 1단계 난방기기는 정지하고 3단계 난방기기만 가동한다.

 이러한 목적을 위해 Type 108은 하나의 단계가 능력이 부여될 때와 그렇지 않을 때를 정확하게 가리키기 위한 사용자 지정 일련의 매개변수값들을 요구한다. 〈표 1-15〉는 매개변수와 그들의 값 그리고 대응하는 기기 가동 여부에 대한 내용을 요약한 것이다.

〈표 1-15〉 제어기 단계별 가동 여부

Parameter Number	Parameter Value	Interpretation
3	0	Stage 1 Heating will be DISABLED when Stage 2 Heating is ON
3	1	Stage 1 Heating will be ENABLED when Stage 2 Heating is ON
4	0	Stage 2 Heating will be DISABLED when Stage 3 Heating is ON
4	1	Stage 2 Heating will be ENABLED when Stage 3 Heating is ON
5	0	Stage 1 Heating will be DISABLED when Stage 3 Heating is ON
5	1	Stage 1 Heating will be ENABLED when Stage 3 Heating is ON
6	0	Stage 1 Cooling will be DISABLED when Stage 2 Cooling is ON
6	1	Stage 1 Cooling will be ENABLED when Stage 2 Cooling is ON

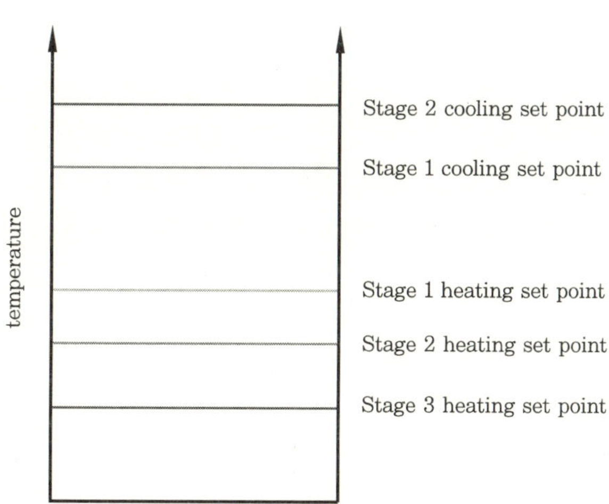

[그림 1-8] 설정온도 지정

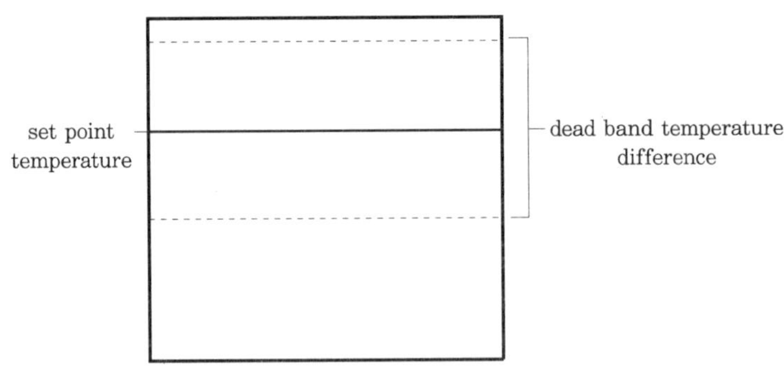

[그림 1-9] Type 108의 Dead Band 온도차

(3) Dead Bands와 Hysteresis

측정되는 온도와 설정온도가 서로 매우 근접한 경우 매우 빈번하게 연속적으로 기기가 On/Off되는 것을 방지하기 위한 'dead band'를 갖도록 제어기들은 고안되었다.

dead band는 하나의 설정온도를 설정온도의 한계가 정해진 범위로 본질적으로 대체한다. 난방 모드의 경우 측정된 온도가 지정된 설정온도에서 하한 dead band 온도차(lower dead band temperature difference)를 뺀 값 이하로 내려갈 때까지 Off 상태로 남아 있게 된다. 일단 On이 되면 기기는 측정된 온도가 지정된 설정온도에 상한 dead band 온도차를 더한 값을 초과할 때까지 On 상태로 남아 있게 된다.

어떤 제어기들은 상·하한 dead band 모두 지정되기도 하지만, Type 108은 간단하게 각각의 설정온도를 지정된 냉난방 dead band 온도차의 중간값으로 취한다. [그림 1-9]는 난방 설정온도와 이것의 dead band 온도차에 대한 기본 개념을 간단히 보여주고 있다.

(4) 컴포넌트 운용

어느 주어진 반복 계산에서 Type 108은 허용된 횟수 이상 상태가 변경되었는지를 주의하기 위해 검토한다. 만약 그렇다면 이 상태는 이 시간 간격에서 남겨진 모든 반복 계산을 멈추고 새로운 시간 간격이 시작될 때에만 다시 풀린 상태가 될 것이다. 매 반복 계산의 마지막에서 각 제어기의 상태가 다음 반복 계산 과정과 비교하기 위해 저장된다.

2. Electrical

Direct Access의 이 범주는 Solar Photovoltaic(PV) Systems, Wind Energy Conversion Systems(WECS 또는 wind turbines), Diesel Engines, Power Conversion Systems, Batteries 등과 같은 전기를 생산하거나 저장하고 이에 부속되는 컴포넌트들을 포함한다.

Type 90은 Wind Energy Conversion System(WECS)을 모델화한 것이다. 발전을 파일에서 읽는 풍속 데이터에 따른다. 고도에 따른 풍속의 증가와 공기 밀도 변화에 대한 영향을 고려한다.

Type 94와 Type 180은 '5-parameter' 모델로써 알려진 'one diode' 모델을 이용한 PV arrays를 모델화한 것이다. 이들은 amorphous cells은 물론 crystalline PV cells을 모델화할 수 있다. 이들의 주요한 차이점은 Type 94 parameters는 입력 파일로써 제공되는 반면에 Type 180은 데이터 파일 내의 PV array의 parameters를 읽는다는 것이다. Type 48은 PV array와 battery를 연결하는 데 사용되는 power regulator와 inverter를 시뮬레이션한다.

Type 47은 lead-acid battery model을 제공한다. 이것의 운용 모드들은 Hyman과 Shepherd 방정식을 포함한 서로 다른 모델링 가정에 따라 구분된다. Type 185는 가스 효과를 모델링하고 또 다른 대안을 제공한다. 또한, 이 컴포넌트는 데이터 파일로부터 battery parameters를 읽으며, Type 47은 트랜시스 입력 파일로부터 battery parameters를 읽는다.

Type 120은 Diesel Engine Generator Set를 모델화한 것으로 몇 가지 특징적인 유닛들이 시뮬레이션될 수 있다. Type 102(Diesel Engine Dispatch Controller)는 주어진 electrical load에 대응한 출력과 DEGS 운용에 대한 대수를 채택하는 데 사용될 수 있다. 개수와 Type 175는 Power Conversion 장치(AC/DC, DC/DC 등)를 시뮬레이션하며, Type 188은 electric grid를 갖는 Renewable Energy Systems을 접속하는 컴포넌트를 제공한다.

그 외 각 컴포넌트에 대한 자세한 설명은 TRNSYS 사용자 매뉴얼을 참고하기 바란다.

3. Heat Exchangers

여기에는 몇 가지 열교환기 모델들이 포함되어 있다.

Type 5는 정상 상태 열교환기 모델로 다양한 유동 특성(counterflow[→ ←], cross flow[→↑, →↓], parallel flow[→ →], shell 그리고 tube)을 시뮬레이션할 수 있다. 열교환기의 총합 UA값이 입력(input)값으로 주어진다.

Type 17 모델은 몇 가지 열교환기를 포함한 계단형 열회수 시스템(cascaded heat recovery system)이며, 이들 각각은 Type 5와 동일한 가정들(hypotheses)을 사용하여 시뮬레이션된다.

Type 91은 매개변수에 의해 주어지는 일정한 효과의 열교환기 모델이다.

3-1 Type 5 : Heat Exchanger

제로 용량 현열 열교환기(zero capacitance sensible heat exchanger)는 parallel, counter, 다양한 cross flow 형태들과 shell과 tube 모드를 모델화한 것이다. 모든 모드의 경우, 고온과 저온 측 입구온도와 유량은 주어지며, 효과(효율)는 총합 열전달 계수의 주어진 값에 의해 계산된다. cross flow 모드는 다음의 한 가지를 가정한다.

- 저온 측 유체는 완전히 혼합되는 반면에 고온 측 유체는 혼합되지 않는다.
- 고온 측 유체는 완전히 혼합되는 반면에 저온 측 유체는 혼합되지 않는다.
- 저온 측이나 고온 측의 어떠한 유체도 혼합되지 않거나
- 저온 측이나 고온 측의 모든 유체가 혼합된다.

수학적 설명은 참고 문헌 Kays & London (1)에서 상세히 다루고 있다. Shell & Tube 모델 그리고 두 유체의 비혼합에 대한 상황은 참고 문헌 DeWitt & Incropera (2)에서 다루고 있다. 그리고 Type 91은 UA값이 입력값으로 제공되는 대신에 계산에 의해 구해지며 일정 효율의 열교환기 모델을 나타낸다.

1. 기호 설명

C_c : 저온 측 유체의 열용량, $\dot{m}_c \cdot C_{pc}$

C_h : 고온 측 유체의 열용량, $\dot{m}_h \cdot C_{ph}$

$C_{\max}$: 최대 열용량

$C_{\min}$: 최소 열용량

C_{pc} : 저온 측 유체의 비열

C_{ph} : 고온 측 유체의 비열

ε : 열교환기 유효도(effectiveness)

$\dot{m}_c$: 저온 측 유체의 질량 유량

$\dot{m}_h$: 고온 측 유체의 질량 유량

Q_T : 열교환기를 통한 전체 열전달량

$Q_{\max}$: 열교환기를 통한 최대 열전달량

T_{ci} : 저온 측 입구온도

T_{co} : 저온 측 출구온도

T_{hi} : 고온 측 입구온도

T_{ho} : 고온 측 출구온도

UA : 열교환기의 총합 열전달 계수

N : number of shell passes

2. 수학적 설명

Type 5는 열교환기 모델링의 효율 최소 용량 접근법(effectiveness minimum capacitance approach)에 의존한다. 이러한 가정에 의해 사용자는 열교환기의 UA값과 입구 조건들을 제공하기를 요청받는다. 그럼 모델은 저온 또는 고온 측이 최소 용량인지를 결정하고 지정된 유동 특성과 UA값에 기초한 효율을 계산한다. 그리고 방정식 (3-19)와 방정식 (3-20)을 이용하여 모든 유동 특성에 대한 열교환기 출구 조건들이 계산된다. 열교환기의 각 측에 용량은 다음 4개의 방정식에 따라 계산된다.

$$C_c = \dot{m}_c \cdot C_{pc} \tag{3-1}$$

$$C_h = \dot{m}_h \cdot C_{ph} \tag{3-2}$$

$$C_{\max} = C_h \text{와 } C_c \text{의 최대값} \tag{3-3}$$

$$C_{\min} = C_h \text{와 } C_c \text{의 최소값} \tag{3-4}$$

그리고 다음 [그림 3-1]은 열교환기의 개념도를 나타낸 것이다.

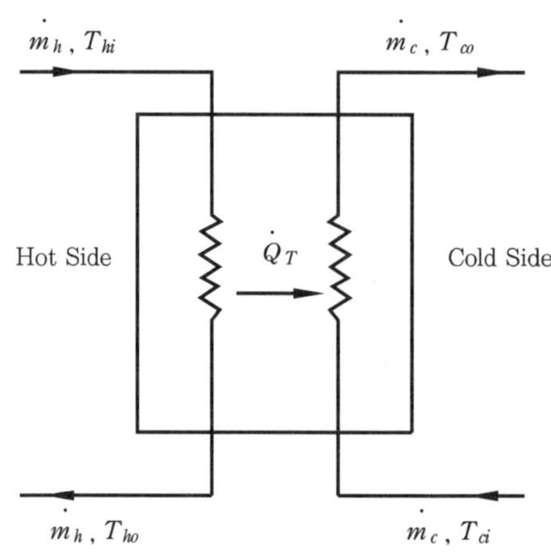

[그림 3-1] 열교환기 개념도

열교환기 형상에 따른 각 시간 간격에서의 열교환기 효율 계산을 위해 사용되는 표현은 다음과 같다.

(1) Mode 1 – Parallel Flow

$$\varepsilon = \frac{1 - \exp\left(-\dfrac{UA}{C_{\min}}\left(1 + \dfrac{C_{\min}}{C_{\max}}\right)\right)}{1 + \dfrac{C_{\min}}{C_{\max}}} \tag{3-5}$$

(2) Mode 2 – Counter Flow

$$\varepsilon = \frac{1 - \exp\left(-\dfrac{UA}{C_{\min}}\left(1 - \dfrac{C_{\min}}{C_{\max}}\right)\right)}{1 - \dfrac{C_{\min}}{C_{\max}}\exp\left(-\dfrac{UA}{C_{\min}}\left(1 - \dfrac{C_{\min}}{C_{\max}}\right)\right)} \tag{3-6}$$

(3) Mode 3 – Cross Flow[Hot(Source) Side Unmixed, Cold(Load) Side Mixed]

만약 $C_{\max} = C_h$ 이면,

$$\gamma = 1 - \exp\left(\frac{UA}{C_{\min}}\frac{C_{\min}}{C_{\max}}\right) \tag{3-7}$$

$$\varepsilon = 1 - \exp\left(- \gamma \frac{C_{\max}}{C_{\min}}\right) \tag{3-8}$$

만약 $C_{\min} = C_h$ 이면,

$$\gamma = 1 - \exp\left(- \frac{UA}{C_{\min}}\right) \tag{3-9}$$

$$\varepsilon = \frac{C_{\max}}{C_{\min}}\left(1 - \exp\left(- \gamma \frac{C_{\min}}{C_{\max}}\right)\right) \tag{3-10}$$

(4) Mode 4 – Cross Flow[Cold(Load) Side Unmixed, Hot(source) Side Mixed]

만약 $C_{\max} = C_c$이면,

$$\gamma = 1 - \exp\left(- \frac{UA}{C_{\min}}\right) \tag{3-11}$$

$$\varepsilon = \frac{C_{\max}}{C_{\min}}\left(1 - \exp\left(- \gamma \frac{C_{\min}}{C_{\max}}\right)\right) \tag{3-12}$$

만약 $C_{\min} = C_c$이면,

$$\gamma = 1 - \exp\left(\frac{UA}{C_{\min}} \frac{C_{\min}}{C_{\max}}\right) \tag{3-13}$$

$$\varepsilon = 1 - \exp\left(- \gamma \frac{C_{\max}}{C_{\min}}\right) \tag{3-14}$$

(5) Mode 5 – Cross Flow : Both Sides Unmixed

$$\varepsilon = 1 - \exp\left[\left(\frac{C_{\max}}{C_{\min}}\right)\left(\frac{UA}{C_{\min}}\right)^{0.22}\left\{\exp\left[- \frac{C_{\min}}{C_{\max}}\left(\frac{UA}{C_{\min}}\right)^{0.78}\right] - 1\right\}\right] \tag{3-15}$$

(6) Mode 6 – Cross Flow : Both Sides Mixed

$$\varepsilon = \frac{\dfrac{UA}{C_{\min}}}{\dfrac{\dfrac{UA}{C_{\min}}}{1 - e^{-(UA/C_{\min})}} + \dfrac{(C_{\min}/C_{\max})\dfrac{UA}{C_{\min}}}{1 - e^{-(UA/C_{\min})(C_{\min}/C_{\max})}} - 1} \tag{3-16}$$

(7) Mode 7 – Shell and Tube

$$\varepsilon_1 = 2\left\{1 + \frac{C_{\min}}{C_{\max}} + \left(1 + \left(\frac{C_{\min}}{C_{\max}}\right)^2\right)^{0.5} \times \frac{1 + \exp\left[-\dfrac{UA}{C_{\min}}\left(1 + \left(\dfrac{C_{\min}}{C_{\max}}\right)^2\right)^{0.5}\right]}{1 - \exp\left[-\dfrac{UA}{C_{\min}}\left(1 + \left(\dfrac{C_{\min}}{C_{\max}}\right)^2\right)^{0.5}\right]}\right\}^{-1}$$

$$(3-17)$$

$$\varepsilon = \left[\left(\frac{1 - \varepsilon_1 \dfrac{C_{\min}}{C_{\max}}}{1 - \varepsilon_1}\right)^N - 1\right]\left[\left(\frac{1 - \varepsilon_1 \dfrac{C_{\min}}{C_{\max}}}{1 - \varepsilon_1}\right)^N - \frac{C_{\min}}{C_{\max}}\right]^{-1} \qquad (3-18)$$

(8) All Modes

$$T_{ho} = T_{hi} - \varepsilon\left(\frac{C_{\min}}{C_h}\right)(T_{hi} - T_{ci}) \qquad (3-19)$$

$$\dot{Q}_T = \varepsilon\, C_{\min}(T_{hi} - T_{ci}) \qquad (3-20)$$

(9) Special Cases

만약 Mode 3이

$$\left|\frac{C_{\min}}{C_{\max}} - 1.0\right| < 0.01\,\text{이면,} \qquad (3-21)$$

$$\varepsilon = \frac{\dfrac{UA}{C_{\min}}}{\dfrac{UA}{C_{\min}} + 1.0} \qquad (3-22)$$

(10) 만약 모든 Modes에서

$$\frac{C_{\min}}{C_{\max}} \leq 0.01\,\text{이면,} \qquad (3-23)$$

$$\varepsilon = 1.0 - \exp\left(-\frac{UA}{C_{\min}}\right) \qquad (3-24)$$

이 된다.

3-2 Type 17 : Waste Heat Recovery

이 컴포넌트는 [그림 3-2]에서 보이는 것과 같이 계단형 폐열 회수 시스템(cascaded waste heat recovery system ; WHR)을 모델화한 것이다. 에너지 회수는 5개까지의 2차 열교환기(secondary heat exchanger)를 통해 발생할 것이며, 단일 1차 열교환기 (primary heat exchanger)를 통해 전달되는 것이다. 선택적으로 몇 개의 2차 열교환기 는 에너지 회수보다는 전달을 할 수 있다. 각 열교환기에 사용되는 해석은 Type 5의 해석 방법과 동일하다. 사용자는 4가지 가능한 열교환기 모드와 수학적 해석에 대한 설명을 Type 5 문서들을 통해 얻을 수 있다.

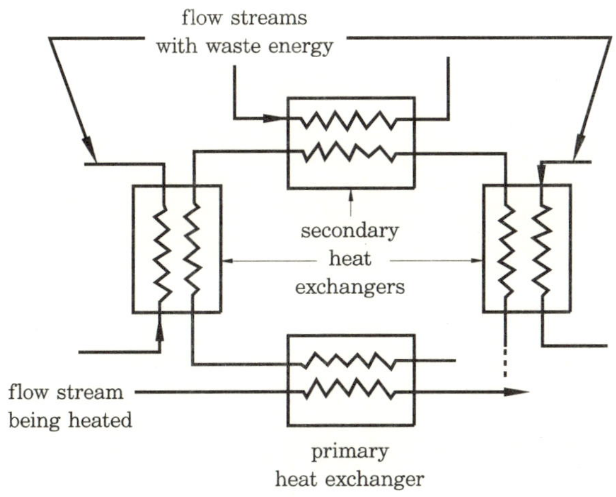

[그림 3-2] Cascaded 폐열 회수 시스템

1. 수학적 설명

Type 17은 열교환기로 대표되는 방정식 체계를 반복적으로 해석한다. 수렴은 1차 열교환기의 고온 측의 출구온도가 반복 계산을 통해 사용자가 지정한 값 TOL보다 작아졌을 때로 가정된다. 만약 $NSTICK$ 반복되는 동안 수렴에 도달하지 못하면, 특정 진동 제어되는 펌프들은 꺼지게 된다. 그리고 다음과 같은 1차와 2차 열교환기에 대한 가능한 세 가지 제어 전략이 있다.

- No Control : 에너지는 열교환기 양측 모두에 유동이 있으면, WHR 루프 밖이나 안에서 전달된다. 이 경우 $\Delta T_{\min}$ 은 무시된다. 독립된 펌프와 제어기 사용을 통해 외부 제어가 가능하다.

- Energy Recovery : 에너지는 WHR 측 입구온도보다 열회수 흐름 입구온도 $\Delta T_{\min}$ 이 큰 경우에는 WHR 루프 내에 전달된다. 그렇지 않으면, 열회수 흐름 출구의 조건들은 입구 측과 동일하게 설정되어 열전달이 발생하지 않게 된다. 이것은 1차 열교환기의 선택사항이 아니다.

- Energy Delivery : 에너지는 열교환기의 WHR 루프 측의 입구온도 $\Delta T_{\min}$ 이 외부 흐름의 입구 측보다 큰 경우에는 WHR 루프로부터 전달된다. 그렇지 않으면 외부 흐름의 출구 조건들은 입구 조건과 동일하게 설정되어 열전달이 발생하지 않게 된다.

시뮬레이션이 끝나면 $NSTIC$이 초과된 시간 간격에 대한 백분율과 $NSTICK+5$의 반복 과정에서 수렴이 되지 않은 시간 간격에 대한 백분율에 대한 내용이 출력된다.

3-3 Type 91 : Constant Effectiveness Heat Exchanger

제로 용량 현열 열교환기(zero capacitance sensible heat exchanger)는 시스템의 형상에 의존하지 않는 일정한 효율을 갖는 장치로써 모델화된다. 최대 가능한 열전달률은 고온과 저온 측 유체의 입구온도와 minimum capacity rate fluid에 의존하여 계산된다.

이 모드의 경우 열교환기의 효율은 매개변수로써 입력되며, 열교환기의 총합 열전달 계수는 사용되지 않는다. 수학적 설명은 참고 문헌 Kays & London (1)에 상세히 다루고 있는 것을 따른다.

1. 기호 설명

3-1절의 기호 설명 참고

2. 수학적 설명

Type 91은 열교환기 모델링을 위해 효율 최소 용량 접근법(effectiveness minimum capacitance approach)에 의존한다. 이러한 가정하에 사용자는 열교환기의 효율과 입구 조건들을 제공해야 한다. 그럼 모델은 저온 측 또는 고온 측이 최소 용량 측(minimum capacitance side)인지를 결정하고 방정식 (3-31)에 기초하여 열전달을 계산한다. 그리고 이 열교환기의 출구 조건들은 방정식 (3-32)와 방정식 (3-33)을 이용하여 계산된다. 열교환기 각 측의 용량은 다음의 방정식 4개에 의해 계산된다.

$$C_c = \dot{m}_c \cdot C_{pc} \tag{3-25}$$

$$C_h = \dot{m}_h \cdot C_{ph} \tag{3-26}$$

$$C_{\max} = C_h \text{와 } C_c \text{의 최대값} \tag{3-27}$$

$$C_{\min} = C_h \text{와 } C_c \text{의 최소값} \tag{3-28}$$

다음 [그림 3-3]은 이 열교환기의 개념도를 보여준다.

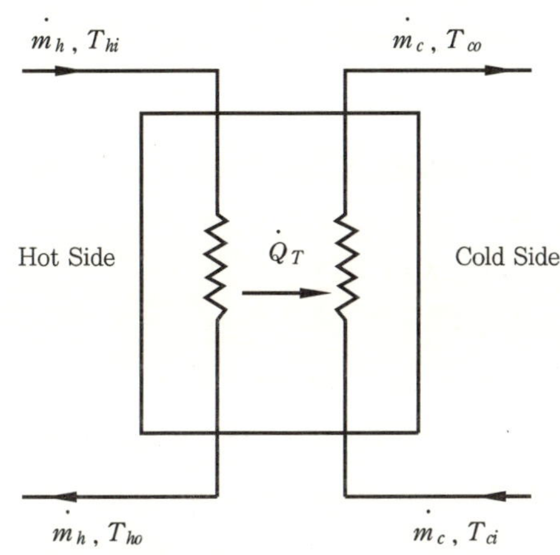

[그림 3-3] 열교환기 개념도

다음의 표현들은 주어진 시간 간격에서 가능한 최대 열전달량을 결정하는 데 사용된다.

$$If \ C_{\min} = C_h , \quad \dot{Q}_{\max} = C_h \cdot (T_{hi} - T_{ci}) \tag{3-29}$$

$$If \ C_{\min} = C_c , \quad \dot{Q}_{\max} = C_c \cdot (T_{hi} - T_{ci}) \tag{3-30}$$

그리고 실제 열전달은 사용자가 지정한 효율에 의존한다.

$$\dot{Q}_T = \varepsilon \cdot \dot{Q}_{\max} \tag{3-31}$$

끝으로 열교환기 출구조건들은 두 유동흐름(flow stream)에 대하여 계산된다.

$$T_{ho} = T_{hi} - \left(\frac{\dot{Q}_T}{C_h} \right) \tag{3-32}$$

$$T_{co} = T_{ci} + \left(\frac{\dot{Q}_T}{C_c} \right) \tag{3-33}$$

4. HVAC

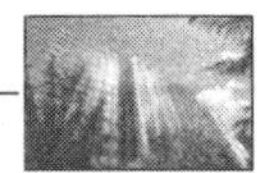

본 장에서의 Types은 HVAC 컴포넌트와 시스템 모델이다.

4-1 Type 6 : Auxiliary Heater

보조 히터는 내부 제어, 외부 제어나 이 둘을 동시에 제어하는 방법을 통해 유동흐름의 온도를 올리기 위해 모델화되었다. 히터는 제어 함수 γ가 1이고, 출구온도가 설정온도인 T_{set}보다 작은 경우에 사용자에 의해 결정된 양인 $\dot{Q}_{\max}$와 같거나 작은 양에서의 flowstream에 열을 추가하기 위해 디자인되었다.

γ의 상수값을 1로 지정하고 $\dot{Q}_{\max}$를 충분히 큰 값으로 지정함으로써, Type 6은 출구온도 T_{set}을 조절하기 위한 내부 제어기를 갖는 가정용 온수 보조 히터와 같이 기능할 것이다.

0 또는 1의 제어 함수를 제공하고 $\dot{Q}_{\max}$의 합리적인 작은 값을 갖는 범위에서 T_{set}을 매우 큰 값으로 설정함으로써 Type 6은 외부에서 제어되는 On/Off 난방기기와 같이 기

능할 것이다.

  사용자는 flow-stream에 최대 열에너지 전달은 $\dot{Q}_{max}$가 아니라 $\eta_{htr} \times \dot{Q}_{max}$ 임을 인식하게 될 것이다.

1. 기호 설명

C_{pf} [kJ/kg·°K] : 유체의 비열

$\dot{m}_i$ [kg/hr] : 유입 유체의 질량 유량

$\dot{m}_o$ [kg/hr] : 유출 유체의 질량 유량

$\dot{Q}_{aux}$ [kJ/hr] : 효율의 영향을 포함한 요구되는 난방 용량

$\dot{Q}_{fluid}$ [kJ/hr] : 유체 흐름에 추가되는 열량

$\dot{Q}_{loss}$ [kJ/hr] : 히터에서 외부 환경으로의 열손실량

$\dot{Q}_{max}$ [kJ/hr] : 히터의 최대 난방 용량

T_{env} [℃] : 손실 계산을 위한 히터 주변 환경의 온도

T_i [℃] : 유체의 입구온도

T_o [℃] : 유체의 출구온도

T_{set} [℃] : 히터의 내부 thermostat 설정온도

UA [kJ/hr] : 운전 중 주변 환경과 히터 사이의 총합 열손실 계수

γ (−) : 외부 제어 함수로 0 또는 1의 값을 갖음.

η_{htr} (0~1) : 보조 히터의 효율

2. 수학적 설명

만약 $T_i \geq T_{set}$, $\dot{m}_i \leq 0$, 즉 $\gamma = 0$이면,

$T_o = T_i$, $\dot{m}_o = \dot{m}_i$, $\dot{Q}_{loss} = 0$, $\dot{Q}_{fluid} = 0$ 그리고 $\dot{Q}_{aux} = 0$이다.

그렇지 않으면 정상 상태에서 히터(난방기)의 에너지 평형에 의해 다음과 같다.

$$T_o = \frac{\dot{Q}_{max} \cdot \eta_{htr} + \dot{m} \cdot C_{pf} \cdot T_i + UA \cdot T_{env} - \dfrac{UA \cdot T_i}{2}}{\dot{m} \cdot C_{pf} + \dfrac{UA}{2}} \qquad (4-1)$$

$$\dot{m}_o = \dot{m}_i$$

$$\dot{Q}_{aux} = \dot{Q}_{\max}$$

$$\dot{Q}_{fluid} = \dot{m}_o \cdot C_{pf} \cdot (T_o - T_i)$$

$$\overline{T} = \frac{(T_o + T_i)}{2}$$

$$\dot{Q}_{loss} = UA \cdot (\overline{T} - T_{env}) + (1 - \eta_{htr}) \cdot \dot{Q}_{\max} \tag{4-2}$$

만약 $T_o > T_{set}$ 않다면,

$$T_o = T_{set}$$

$$\dot{m}_o = \dot{m}_i$$

$$\dot{Q}_{fluid} = \dot{m}_o \cdot C_{pf} \cdot (T_{set} - T_i)$$

$$\overline{T} = \frac{(T_{set} + T_i)}{2}$$

$$\dot{Q}_{aux} = \frac{\dot{m} \cdot C_{pf} \cdot (T_{set} - T_i) + UA \cdot (\overline{T} - T_{env})}{\eta_{htr}} \tag{4-3}$$

여기서,

$$\dot{Q}_{aux} = \dot{Q}_{loss} + \dot{Q}_{fluid} \tag{4-4}$$

4-2 Type 20 : Dual Source Heat Pump

이 컴포넌트는 2개의 증발기(evaporator)를 갖는 히트 펌프의 성능을 모델화한 것이다. 태양열 시스템이나 다른 처리 과정으로부터 열을 이용하기 위한 liquid source와 외기온도가 liquid source를 초과할 때 또는 만약 liquid source의 온도가 빙점에 접근할 때 사용되는 외기의 air source가 그것이다. 또한, 모델은 히트 펌프를 그냥 통과하고 열교환기의 온도가 사용자가 지정한 최소온도 T_{dh}를 초과할 때 열교환기를 가로질러 에너지가 전달되는 온도의 liquid source에서의 직접 난방 모드가 가능하다.

이 컴포넌트에 의해 고려된 이중 열원 히트 펌프의 개념도는 [그림 4-1]과 같다.

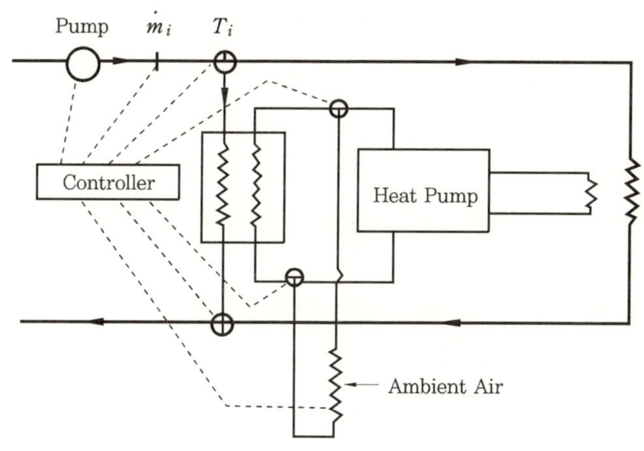

[그림 4-1] 히트 펌프 모델 개념도

　전체 시스템은 단일 제어 입력 γ_{htr}에 의해 조절된다. 만약 이 제어 함수의 값이 0이면 어떠한 난방도 요구되지 않으며 히트 펌프는 어떠한 에너지도 전달하지 않는다. 반대로 γ_{htr}이 1이면 내부 제어기는 난방 모드를 결정한다. 만약 열원의 온도가 T_{dh}보다 크면 곧장 liquid source 난방이 발생한다. 그렇지 않으면 liquid 또는 ambient source 중 온도가 높은 쪽을 이용한 히트 펌프 난방이 발생한다.

　그러나 사용자가 지정한 최소값 이하로 이들 source 온도가 내려가면 난방은 어떠한 모드에서도 운전을 허락하지 않는다.

　히트 펌프의 성능은 단지 증발기의 입구 측 유체온도의 함수로써 사용자 제공 정상 상태 성능 데이터(user-supplied steady-state performance data)에 의해 결정된다. 콘덴서 측 조건은 아무 것도 고려되지 않는다. Type 42 Conditioning Equipment는 하나 이상의 독립변수의 함수로써 단일 열원 히트 펌프의 성능을 모델링을 포함할 수 있다. 또한, Type 20은 주기 사이클과 관련된 과도 현상을 고려하지 않는다. 기기의 일부에서의 효율에 대한 사이클의 영향은 Type 43 Part Load Performance 컴포넌트 사용을 통해 고려될 수 있다.

　히트 펌프 성능 데이터는 서브루틴 data를 이용하여 삽입되고 읽혀진다. 이것은 Fortran logical unit을 통해 접근된 파일로 제공되어야 한다. 각 증발기에 대한 일련의 데이터 모음이 요구된다. 데이터는 2~10개 사이의 증발기 입구온도들로 구성된다. 각 온도에 대하여 대응하는 히트 펌프 용량, 증발기에 의해 흡수되는 에너지 그리고 소용 전기 에너지가 제공되어야 한다.

　성능 데이터는 자유로운 형식으로 읽힌다. 이 데이터 파일의 첫 번째 값은 오름차순에 의한 증발기 온도이어야 한다. 다음은 가장 낮은 증발기 온도에서의 용량, 흡수된 에너지, 전력량이며, 그 다음은 두 번째로 낮은 증발기 온도에서의 용량, 흡수된 에너지, 전력량으로 입력한 증발기의 모든 온도값과 같은 수만큼 동일한 방법으로 입력되어야 한다.

1. 기호 설명

C_{pf} [kJ/kg·°K] : 유동원으로부터의 유체 비열

COP (−) : 히트 펌프의 성적 계수

$\dot{m}_i$ [kg/hr] : 유동원으로부터의 유체 질량 유량

$\dot{m}_o$ [kg/hr] : 유동원으로의 유체 질량 유량

$\dot{Q}_{abs}$ [kJ/hr] : 히트 펌프 증발기에 의해 흡수되는 에너지량

$\dot{Q}_{dn}$ [kJ/hr] : 직접적인 유동원 난방에 의해 실로 전달되는 에너지량

$\dot{Q}_{ei}$ [kJ/hr] : 히트 펌프에 필요한 전기 에너지량

$\dot{Q}_{hp}$ [kJ/hr] : 히트 펌프에 의해 전달되는 에너지량

T_a [°C] : 외기온도

T_{dh} [°C] : 직접적인 유동원 난방을 위해 필요한 최소 유체온도

T_i [°C] : 유동원으로부터의 유체온도

$T_{\min, a}$ [°C] : 공기열원 히트 펌프 운전에 필요한 최소 외기온도

$T_{\min, l}$ [°C] : 유동원을 이용한 히트 펌프 운전에 필요한 최소 유체온도

T_o [°C] : 유동원으로의 유체온도

T_R [°C] : 히트 펌프 또는 liquid source에 의한 직접적으로 난방되는 실내 공기온도

$C_{\min}$ [kJ/hr·°K] : 직접 유동원 난방을 위한 열교환기의 질량 유량과 비열의 곱

γ_{htr} (−) : 히트 펌프 시스템 운전을 위한 제어 함수(0 : Off, 1 : On)

2. 수학적 설명

만약 $\gamma_{htr} = 0$이거나 $T_i < T_{dh}$, $T_i < T_{\min, l}$ 그리고 $T_a < T_{\min, a}$이면,

$$T_o = T_i$$

$$\dot{m}_o = 0$$

$$\dot{Q}_{hp} = \dot{Q}_{dh} = \dot{Q}_{abs} = \dot{Q}_{ei} = COP = 0$$

만약 $\gamma_{htr} = 1$ 이고, $T_i > T_{dh}$ 이면,

$$\dot{Q}_{dh} = \varepsilon \cdot C_{\min} \cdot (T_i - T_R) \tag{4-5}$$

$$T_o = T_i - \dot{Q}_{dh} / \dot{m}_i \cdot C_{pf} \tag{4-6}$$

$$\dot{m}_o = \dot{m}_i$$

$$\dot{Q}_{hp} = \dot{Q}_{abs} = \dot{Q}_{ei} = COP = 0$$

만약 $T_i < T_{dh}$, $T_i \geq T_{\min, 1}$ 그리고 $(T_i \geq T_a$ 또는 $T_a < T_{\min, a})$ 이면, $\dot{Q}_{hp}, \dot{Q}_{abs}, \dot{Q}_{ei}$ 는 온도 T에서 liquid source performance이다.

$$COP = \dot{Q}_{hp} / \dot{Q}_{ei} \tag{4-7}$$

$$T_o = T_i - \dot{Q}_{abs} / \dot{m}_i \cdot C_{pf} \tag{4-8}$$

$$\dot{m}_o = \dot{m}_i$$

$$\dot{Q}_{dh} = 0$$

만약 $T_i < T_{dh}$, $T_a \geq T_{\min, a}$ 그리고 $(T_a > T_i$ 또는 $T_i < T_{\min, 1})$ 이면, $\dot{Q}_{hp}, \dot{Q}_{abs}, \dot{Q}_{ei}$ 는 온도 T_a에서 ambient source 성능이다.

$$COP = \dot{Q}_{hp} / \dot{Q}_{ei}$$

$$T_o = T_i$$

$$\dot{m}_o = 0$$

$$\dot{Q}_{dh} = 0$$

4-3 Type 32 : Simplified Cooling Coil

이 컴포넌트는 냉각수 냉각 코일의 성능을 모델화한다. 이것은 Type 42 Conditioning Equipment와 같은 총 냉방 용량을 계산하는 컴포넌트와 Type 19 Single Zone 또

는 Type 56 Multi-Zone Building과 같은 냉방되는 공간을 모델화하는 컴포넌트와 함께 사용될 수 있다. 이것의 목적은 냉방 입력(cooling input)을 현열과 잠열에 따른 영향으로 구분하기 위함이다. 이 해석은 ASHRAE publication (1)에 주어진 실험적 상관관계에 기초한다. 끝으로 Type 52는 보다 정밀한 냉각 코일모델임을 명심해야 한다.

1. 기호 설명

A_f : 코일 전면 면적

$BRCW$: 전열 계수

$C_{p,a}$: 공기의 비열

d_i : 튜브의 안지름

$\dot{H}_{a,i}$: 코일로 유입되는 공기흐름의 엔탈피

$\dot{H}_{a,o}$: 유출 공기의 엔탈피

$LMTD$: 공기와 물 유동 사이의 대수 평균 온도차(log mean temperature difference)

$\dot{m}_a$: 공기의 질량 유량

$\dot{m}_w$: 물의 질량 유량

N_{coil} : 평행 물 유동 순환의 개수

N_{row} : 코일 튜브의 열의 개수

$\dot{Q}_L$: 잠열 전달률

$\dot{Q}_S$: 현열 전달률

$\dot{Q}_T$: 총에너지 전달률

$T_{db,i}$: 공기흐름 유입 측 건구온도

$T_{db,o}$: 공기흐름 유출 측 건구온도

$T_{dp,i}$: 공기 유동의 출구 측 노점온도

$T_{w,i}$: 입구 측 냉각수 온도

$T_{w,o}$: 출구 측 냉각수 온도

$T_{wb,i}$: 공기 유동의 입구 측 습구온도

$T_{wb,o}$: 공기 유동의 출구 측 습구온도

V_a : 코일을 통과하는 공기 속도

V_w : 코일 튜브 내의 냉각수 속도

WSF : 습윤면 계수(wetted surface factor)

ρ_a : 공기의 밀도

ρ_w : 물의 밀도

2. 수학적 설명

냉각수 코일을 통과하는 총열전달률은 다음과 같다.

$$\dot{Q}_T = \dot{m}_w \cdot C_{pw} \cdot (T_{w,\,o} - T_{w,\,i}) \tag{4-9}$$

$$\dot{Q}_T = \dot{H}_{a,\,i} - \dot{H}_{a,\,o} \tag{4-10}$$

참고 문헌 1에 주어진 총열전달에 대한 세 번째 실험적 상관 관계는 다음과 같다.

$$\dot{Q}_T = N_{row} \times A_f \times BRCW \times WSF \times LMTD \tag{4-11}$$

전열 계수 $BRCW$는 입구 측 공기 유동의 노점온도와 같은 유입수 온도에 대한 $LMTD$당 단위 코일 전면 면적의 열전달률이다. $BRCW$에 대한 실험적 상관 관계와 습윤면 계수 또한, 참고 문헌 (1)에 의하면 다음과 같다.

$$\frac{1}{BRCW} = C_1 + \frac{C_2}{V_a} + \frac{C_3}{V_w} + \frac{C_4}{V_w^2} + \frac{C_5}{V_a^3} + \frac{C_6}{V_w^2 V_a^4} \tag{4-12}$$

$$WSF = k_1 + k_2 \cdot \Delta T_1 + k_3 \cdot \Delta T_1 \cdot \Delta T_2 + k_4 \cdot \Delta T_1^2 + k_5 \cdot \Delta T_1 \cdot \Delta T_2^2 + k_6 \cdot \Delta T_1^2 \cdot \Delta T_2$$

$$+ k_7 \cdot \Delta T_1 \cdot \Delta T_2^3 + k_8 \cdot \Delta T_1^2 \cdot \Delta T_2^3 + k_9 \cdot \Delta T_1^3 \cdot \Delta T_2^3 \tag{4-13}$$

여기서, $C_1 \sim C_6$와 $k_1 \sim k_9$은 실험 상수(empirical constant)이고,

$$\Delta T_1 = T_{dp,\,i} - T_{w,\,i}$$

$$\Delta T_2 = T_{db,\,i} - T_{w,\,i}$$

방정식 (4-12)와 방정식 (4-13)은 200~800 ft/min 범위에서의 전면부 공기 속도와 1~8 ft/sec의 코일 유속에 대하여 전개된 것이다. 그리고 ΔT_1은 0~30°F, ΔT_2은 10~60°F의 범위에서 적합하다. 만약 이들 값 중 어느 하나가 실험으로부터 얻어진 상수의 범위를 벗어나게 되면 이 범위의 양측 끝의 값이 사용된다.

공기와 물의 유속은

$$V_a = \frac{\dot{m}_a}{\rho_a \cdot A_f} \tag{4-14}$$

$$V_w = \frac{4\,\dot{m}_w}{\rho_w \cdot \pi \cdot d_i^2 \cdot N_{COIL}} \tag{4-15}$$

이들 방정식들은 열전달률과 출구 측 공기와 물의 조건을 결정하기 위한 반복 과정을 수행함으로써 해석된다. 습공기선도 곡선 적합도(curve fit)는 입구와 출구 측에서의 공기 유동의 관련된 다른 물성에 대하여 사용된다. 주어진 출구 조건들의 경우 현열과 잠열 전달률은 다음과 같다.

$$\dot{Q}_S = m_a \cdot C_{p,\,a} \cdot (T_{db,\,o} - T_{db,\,i}) \tag{4-16}$$

$$\dot{Q}_L = Q_T - Q_S \tag{4-17}$$

3. 코일 선정 방법

본 절의 내용은 참고 문헌 (2)의 내용을 간추려 정리한 것으로 코일 선정 방법에 대하여 자세히 다루고 있다. 앞에서 TRNSYS 매뉴얼의 내용보다는 쉽게 이해할 수 있을 것이다. 또한, 4-7절의 내용을 이해하는 데 도움이 될 것이다.

(1) 냉각 코일과 가열 코일

공기 냉각기와 가열기는 겸용으로 사용되는 경우가 많으며, 열매체의 온도에 따라 냉각기가 되기도 하고 가열기가 되기도 한다. 또한, 공조기 가운데 냉각 코일과 가열 코일은 열원이 물일 때에는 냉수 코일이나 온수 코일이라 불리는 경우가 많다. 특히 냉각용 열매체에는 물, 냉매(프레온 기체 등), 브라인(부동액)이나 셔벗(sherbet) 상의 빙수 등이 사용되고, 가열용에는 온수, 냉매, 고온수, 증기 등이 사용된다.

[그림 4-2]는 대표적인 핀 튜브형 냉각·가열 코일이다.

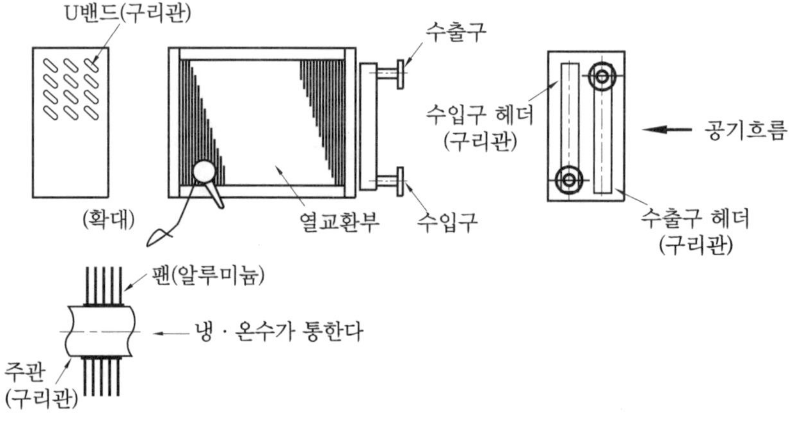

[그림 4-2] 냉각·가열 코일

(2) 코일의 선정

코일의 설계와 선정은 부하 계산 결과에 기초한다. 설계 시 열전달 데이터도 취급해야 하지만 선정하기 쉽도록 제조 회사의 카탈로그를 이용하는 것이 일반적이며, 최근에는 컴퓨터를 이용한 계산이 이용되는 경우가 많다.

코일의 선정은 코일 통과 풍속으로 정해지는 코일 정면 면적과 소요되는 열수를 결정하는 것이다. [그림 4-3]은 코일의 선정 순서를 간략히 나타낸 것이다.

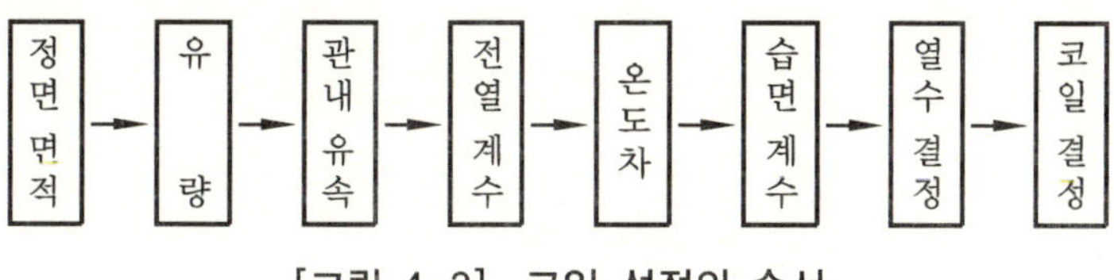

[그림 4-3] 코일 선정의 순서

이상의 코일 선정 방법을 간단한 예제를 통해 단계별로 살펴보고자 한다.

(3) 코일 선정 예제

코일 선정을 위한 예제의 기본 조건은 〈표 4-1〉과 같다.

〈표 4-1〉 코일 선정의 위한 예제의 기본 조건

• 냉각 전 열량 : $Q_T = 120\,\text{kW}$
• 외기(OA) 조건
  건구온도 : 34.0℃
  상대습도 : 60%
• 반송 공기(RA) 조건
  건구온도 : 26.0℃
  상대습도 : 50%
	• 풍량 : 15000 m³/h
	  (외기 30%, 반송 공기 70%)
	• 입구 수온 : 7℃
	• 출구 수온 : 12℃
	• 코일 풍속 : 2.6 m/s 이하
	• 코일 유효길이 : 2000 mm

㉮ 코일 정면 면적 $A_f\,[\text{m}^2]$의 산출

코일 풍속이 2.6 m/s 이하이므로, 본 예제에서는 2.5 m/s로 하면,

$$A_f = \frac{\text{풍량}}{3600 \cdot V_a} = \frac{15000}{3600 \cdot 2.5} ≒ 1.67\,\text{m}^2$$

㉯ 코일 유량[L/min]의 산출

$$\text{코일 유량} = \frac{60 \cdot Q_T}{4.186 \cdot (\text{코일 출구 수온} - \text{코일 입구 수온})}$$

$$= \frac{60 \cdot 120}{4.186 \cdot (12 - 7)} = 344 \, \text{L/min}$$

㉡ 관내 유속의 산출

　　관 한 개당 물의 양을 관의 단면적으로 나누어 구한다. 헤더의 분배관수(단수)가 22개로 1개당 물의 양은 $344/22 \fallingdotseq 15.3 \, \text{L/min} = 0.2605 \times 10^{-3} \, \text{m}^3/\text{s}$, 단면적은 관의 안지름 $15 \, \text{mm} \phi$ 코일로 하면,

$$\pi \cdot r^2 = \pi \times 7.5^2 = 176.6 \, \text{mm}^2 = 176.6 \times 10^{-6} \, \text{m}^2$$

따라서, 관내 유속은

$$0.2605 \times 10^{-3}/176 \times 10^{-6} \fallingdotseq 1.48 \, \text{m/s}$$

㉣ 전열 계수 $BRCW \, [\text{W/m}^2 \cdot \text{℃} \cdot \text{Row}]$의 산출

　　전열 계수는 코일 성능을 나타내는 가장 중요한 값으로서, 핀의 형상, 재질이나 유속, 풍속 등에 의해 결정된다. 코일 1열(Row)당, 공기 통과 면적(정면 면적) $1 \, \text{m}^2$ 당, 물과 공기의 평균 온도차 1℃당의 전열량으로 표현한다.

　　[그림 4-4]는 전열 계수의 예를 나타낸다. [그림 4-4]를 이용해 유속 $1.48 \, \text{m/s}$, 코일 정면 풍속 $2.5 \, \text{m/s}$일 때의 $BRCW = 850 \, \text{W/m}^2 \cdot \text{℃} \cdot \text{Row}$를 얻을 수 있다.

㉤ 대수 평균 온도차 $LMTD$의 산출

　　[그림 4-5]와 같이 공기선도를 작성하여 공기 입구온도와 공기 출구온도를 구한다. 입구온도는 외기와 환기의 혼합 공기온도로 공기선도에서 선분하여 구해도 되지만 다음과 같은 식으로 계산할 수 있다.

$$입구 \ 측 \ 공기온도 = \frac{\{\text{OA 온도} \times \text{OA량}\} + \{\text{RA 온도} \times \text{RA량}\}}{\text{OA량} + \text{RA량}}$$

$$= \frac{34 \times 4500 + 26 \times 10500}{4500 + 10500} = 28.4 \, \text{℃}$$

　　출구 공기온도는 코일 바이패스 팩터로 구하는 방법도 있지만, 감습 냉각 시의 출구 공기 특성에서 설명한 것과 같이 일반적인 냉각 코일의 출구 공기는 상대습도 95%의 선상에서 변화한다고 가정하고, 다음 식에 의해 출구 공기의 엔탈피 $[\text{kJ/kg(DA)}]$를 구하여 상대습도 95%의 교점에서 출구 공기온도를 구한다.

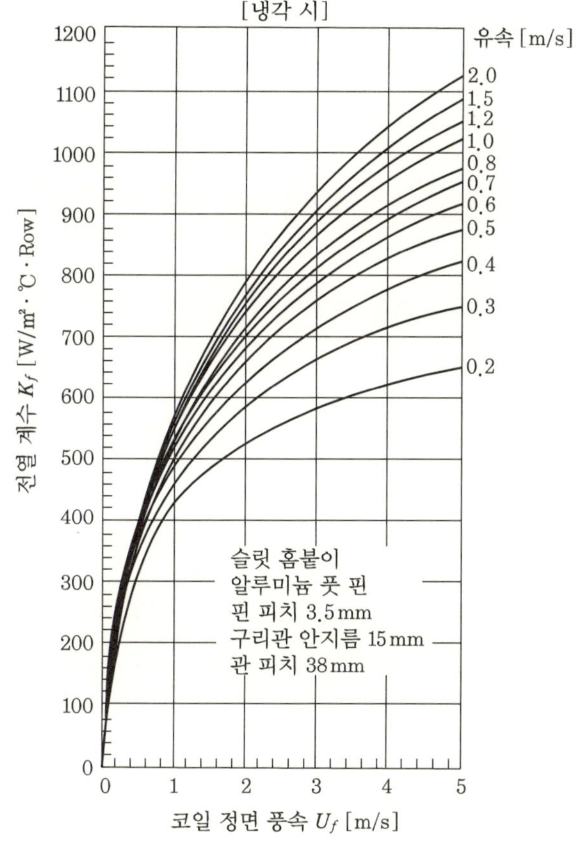

[그림 4-4] 전열 계수 카탈로그 예

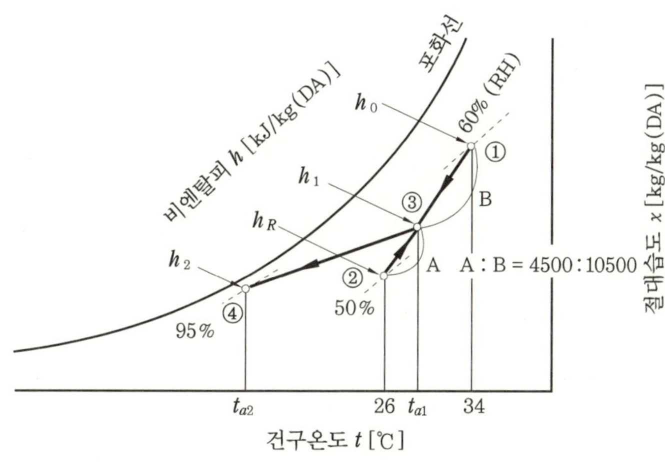

[그림 4-5] 공기선도 상의 입·출구 공기온도

$$\dot{H}_{a,\,o} = \dot{H}_{a,\,i} - \frac{3600 \times Q_T}{\rho_a \times 풍량}$$

따라서, $\dot{H}_{a,\,o}$는 다음과 같다.

$$\dot{H}_{a,\,o} = 62.6 - \frac{3600 \times 120}{1.2 \times 15000} = 38.6\,\mathrm{kJ/kg(DA)}$$

출구 공기온도 14.3℃를 공기선도로 판독할 수 있다.

$$LMTD = \frac{\Delta_1 - \Delta_2}{\ln(\Delta_1/\Delta_2)}$$

$$\Delta_1 = t_{a1} - t_{w2}$$

$$\Delta_2 = t_{a2} - t_{w1}$$

$$LMTD = \frac{(28.4 - 12) - (14.3 - 7)}{2.30\,\log_{10}[(28.4 - 12)/(14.3 - 7)]} = 11.25\,℃$$

㉺ 습윤면 계수 *WSF*의 산출

　　습윤면 계수는 결로수에 의한 열전달값의 보정값으로 *SHF*가 0.4~1.0의 범위에
서는 다음과 같은 실험식이 이용된다.

$$WSF = 1.04 \times SHF^2 - 2.63 \times SHF + 2.59$$

$$SHF = \frac{28.4 - 14.3}{62.6 - 38.6} \fallingdotseq 0.59$$

따라서, *WSF*는 다음과 같다.

$$WSF = 1.04 \times 0.59^2 - 2.63 \times 0.59 + 2.59 \fallingdotseq 1.40$$

㉻ 코일 열수 N_{row}의 산출

$$N_{row} = \frac{1000 \times Q_T}{BRCW \cdot LMTD \cdot A_f \cdot WSF}$$

$$N_{row} = \frac{1000 \times 120}{850 \times 11.25 \times 1.67 \times 1.40} \fallingdotseq 5.36\,열$$

계산 결과에 여유율 10%를 두면 $5.36 \times 1.1 = 5.89$ 따라서, 6열로 한다.

결정 코일의 형상과 온도의 상태는 [그림 4-6]과 같이 표현할 수 있다.

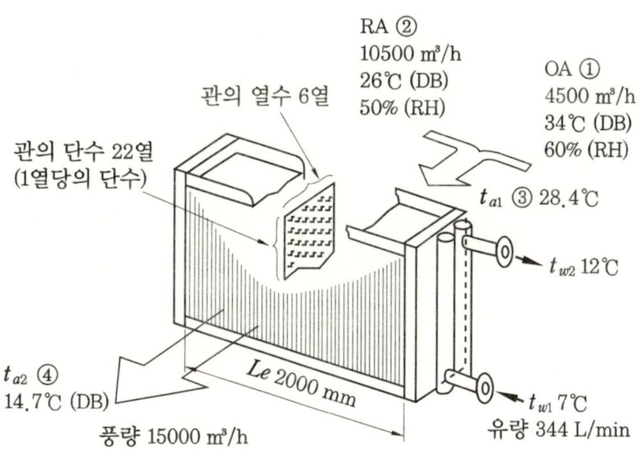

[그림 4-6] 예제의 결정된 코일 개념도

4. 참고 문헌

1. 『Procedures For Simulating the Performance of Components and Systems for Energy Calculations』, Third Edition, ASHRAE, 1975.
2. 정광섭, 홍희기 공역, 『공기선도 읽는 법 · 사용법』, 공기 조화 · 위생공학회 편, 성안당, 2001.

4-4 Type 42 : Conditioning Equipment

이 컴포넌트는 1~3개 사이의 의존변수들과 1~5개 사이의 의존성능변수들 항에 의해 특징짓는 성능을 갖는 기기를 모델화한다.

일례로 다음을 포함한다.
(1) 난방 용량과 COP가 단지 외기온도에 의존하는 공기 열원(ambient source) 히트 펌프
(2) 냉방 용량과 COP가 외기온도와 습도에 의존하는 공조기기(air conditioner)
(3) 성능이 재생기(generator), 증발기(evaporator) 그리고 응축기(condenser) 조건들에 의해 특징짓는 chemical 히트 펌프

기기 성능은 사용자 제공 정상 상태 데이터로부터 결정된다. 성능 저하는 빈번한 사이

클링 또는 제어 능력의 또 다른 수단이 고려되지 않은 것과 관련된다. 이들의 영향은 Type 43 Part Load Performance 컴포넌트의 사용을 통해 고려될 수 있다.

1. 수학적 설명

기기는 단일 제어 입력 γ에 의해 조절된다. 이 컴포넌트에 의해 출력되는 의존변수들의 값들은 현 조건과 제어 함수에서 평가되는 각 성능변수들의 결과물이다. 만약 $\gamma = 0$ 이면 모든 출력값은 '0'이다. 만약 $\gamma = 1$이면 출력값들은 사용자 제공 데이터로부터 보간된 값들이다.

기기 성능 데이터는 서브루틴 data에 의해 읽히고 보간된다. 이것은 Fortran logical unit, LU를 통해 접근되는 파일로 제공되어야 한다. 각 의존성능변수들의 데이터값들은 지정된 독립변수값들의 조합에 대하여 요구된다. 다음은 이것에 대한 예제를 설명하고 있다.

(1) Residential Heat Pump

Ambient source 히트 펌프의 성능은 우선적으로 외기온도의 함수이다. 사용자는 외기온도의 함수로서 COP, 증발기에 의해 흡수된 에너지 그리고 난방 용량을 결정하기 위해 Type 42를 사용하기를 원한다고 가정하자. 이 경우 하나의 독립변수(외기온도)와 3개의 의존변수(용량, 흡수된 에너지, COP)가 있다. 데이터 파일의 첫 번째 NX1 숫자는 외기온도의 값이 되어야 한다. 다음은 가장 낮은 외기온도에서 용량, 흡수된 에너지 그리고 COP의 값이다.

현재의 외기온도는 두 번째 입력값으로써 제공되어야 한다. 만약 제어 함수 $\gamma = 1$이면 처음 3개의 출력값은 현재의 외기온도에서의 용량, 흡수된 에너지 그리고 COP의 값이 될 것이다.

(2) Air Conditioner

이 예제는 외기온도와 상대습도에 따라 공조기의 COP와 냉방용량을 결정하기 위하여 Type 42를 활용하는 방법에 대하여 설명한다. 의존변수와 독립변수들 모두 2개이다. 최우선 독립변수가 될 수 있는 외기온도를 고려해보자. 이것은 상대습도의 다른 값들에 대하여 외기온도 데이터별 용량과 COP를 제공할 필요가 있다. 데이터 파일에서 첫 번째 NX2 개수는 온도별 용량과 COP가 제공되기 때문에 상대습도의 증가하는 값이다. 그 다음의 NX1 값은 주어진 외기온도에서 용량과 COP 데이터가 평가되므로 증가한다. 상대습도가 가장 낮은 값일 때의 온도에 대한 용량 및 COP 값이 그 다음이다. 그 다음 낮은 상대습도와 이 동일한 온도에서 용량과

COP 값이 뒤따른다. 이 컴포넌트의 두 번째와 세 번째 입력값들은 이 외기온도와 상대습도의 현재값들이 되어야 한다. 처음 2개의 출력값들은 현 조건들에서 제어 함수 γ를 곱한 용량과 COP 값들이다.

(3) Chemical(Absorption) Heat Pump

흡수식 히트 펌프의 정상상태 용량 및 COP는 재생기(generator)로의 에너지 유입량과 증발기(evaporator) 유체의 입구온도 그리고 응축기(condenser) 유체의 입구온도에 의해 특징지운다. 이 경우 3개의 독립변수와 2개의 의존변수가 있다.

최우선적인 독립변수로써 재생기 에너지와 두 번째와 세 번째 독립변수로써 증발기와 응축기 입구온도를 고려하자. 재생기 입력 에너지별 용량과 COP의 NX3과 NX2 세트가 제공될 필요가 있다.

데이터 파일에서 첫 번째 NX3 개수는 응축기 입구온도의 증가하는 값이다. 이들 다음에 증가하는 증발기온도의 NX2 값들과 증가하는 재생기 입력 에너지의 NX1 값들이 뒤따른다. 가장 낮은 증발기와 응축기온도에서 재생기 입력 에너지 각각에 대한 용량과 COP 값들이 그 다음에 온다.

이들 성능 세트 개수는 가장 낮은 응축기온도에서 각 증발기온도에 대하여 요구된다. 데이터 입력(entry)의 이 순서는 응축기온도의 각 값에 의해 반복된다. 재생기, 증발기 입구온도 그리고 응축기 입구온도로의 현 에너지 입력은 이 컴포넌트의 2, 3, 4번째 입력값으로 제공되어야 한다. 처음 2개의 출력값은 용량과 COP에 제어 함수 γ를 곱한 값이다.

4-5 Type 43 : Part Load Performance

이 컴포넌트는 최대 용량(full capacity)에 미치지 못하는 상태에서 운전되는 냉·난방 기기에 대한 평균 운전 효율(또는 full capacity)과 구매(구입) 에너지 요구량을 결정한다. 일반적으로 이 조건은 에너지 요구량이나 어떠한 처리 과정에서의 부하에 맞추기 위한 방법으로 조절되는 기기의 용량으로부터 결정된다. 부하 또는 부분 부하 용량에 따른 최대 부하 용량 및 효율은 이 컴포넌트의 입력값으로써 요구된다. 건물의 에너지 부하는 'energy rate control'을 이용한 'Building Loads and Structures' 섹션에서 계산될 수 있다. 또한, 사용자는 부분 부하 인자(PLF)와 *Duty Cycle* 역수(reciprocal) 사이의 관계를 제공해야 한다.

1. 기호 설명

Duty Cycle : 최대 부하 용량에 대한 부분 부하 용량의 비

PLF : 부분 부하 인자 ; 최대 부하 효율에 대한 부분 부하 효율의 비

$\dot{Q}_{eq}$: 실제 용량 ; 최소값 $[\dot{Q}_{load}, \dot{Q}_{\max}]$

$\dot{Q}_{load}$: 부분 부하에 대처하기 위해 필요한 에너지

$\dot{Q}_{\max}$: 최대 부하 용량

$\dot{Q}_{pur}$: 기기 운용을 위해 요구되는 구매한 에너지

$\eta_{\max}$: 최대 부하 효율

η_{op} : 부분 부하 효율

2. 수학적 설명

부분 부하에서 운전되는 어떠한 기기의 평균 운전 효율은 최대 부하 효율과 부분 부하 인자에 의해 다음과 같이 주어진다.

$$\eta_{op} = PLF \cdot \eta_{\max} \tag{4-18}$$

부분 부하 인자 *PLF*는 [그림 4-7]에 설명된 것같이 *Duty Cycle*의 역수에 대한 고유한 함수로써 편리하게 표현된다. *Duty Cycle*은 방정식 (4-19)와 같이 최대 부하 용량에 대한 부분 부하 용량의 비로써 정의된다.

$$Duty\ Cycle = \frac{\dot{Q}_{load}}{\dot{Q}_{\max}} \tag{4-19}$$

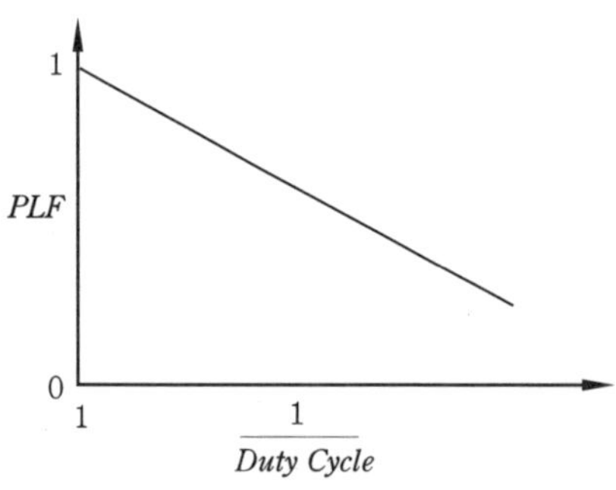

[그림 4-7] 부분 부하 인자의 정의

사용자는 *PLF*와 1/*Duty Cycle* 사이의 선형적 관계의 기울기로 입력하는 옵션을 갖는다. 그렇지 않으면 *PLF* 대 1/*Duty Cycle* 데이터는 logical unit, LU를 통한 서브루

틴 data에 의해 접근되는 파일로 제공될 수 있다. 이 경우 파일에서 첫 번째 Ndata 개수는 증가하는 순서대로 $1/Duty\ Cycle$의 값이다. 이들은 대응하는 PLF 데이터 다음에 위치한다.

냉·난방기기의 실제 운반되거나 제거되는 에너지는 다음과 같다.

$$\dot{Q}_{eq} = \min\left(\dot{Q}_{\max},\ \dot{Q}_{load}\right) \tag{4-20}$$

구매한 에너지(purchased energy)는 다음과 같다.

$$\dot{Q}_{pur} = \frac{\dot{Q}_{eq}}{\eta_{op}} \tag{4-21}$$

4-6 Type 51 : Cooling Tower

냉각탑의 경우 온수흐름은 직접적으로 공기 흐름과 접촉하고, 공기의 증발로부터 에너지 전달(mass transfer)과 공기와의 온도차에 의한 현열 전달에 의해 냉각된다.

공기와 물의 흐름은 counterflow[→ ←] 또는 crossflow[→↑, →↓] 배치로 구성될 수 있다. [그림 4-8]은 대향류 강제 통풍(counterflow forced-draft) 냉각탑의 개념도를 보여준다. 외기는 낙하수를 통해 위로 배출된다. 대부분의 냉각탑들은 공기와 접촉하는 물의 표면적을 증가시키는 'fill material(충진재)'를 포함한다.

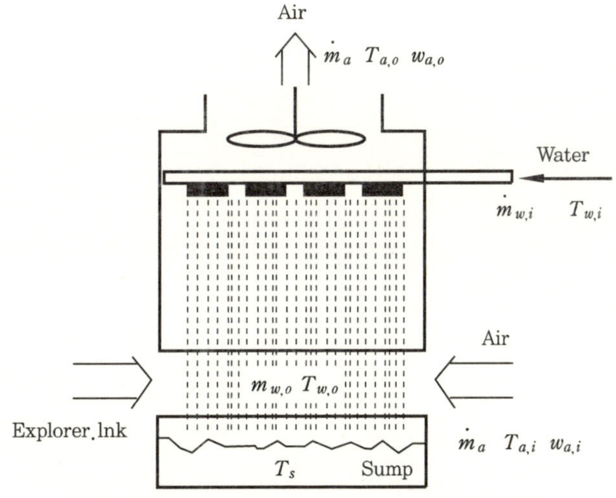

[그림 4-8] 단일 셀 대향류형 냉각탑의 개념도

냉각탑은 일반적으로 병렬식의 몇 개의 타워 셀들로 평행으로 구성되며, 공동의 'sump(하부 수조)'를 공유한다. 타워 셀들로부터의 물의 손실은 이 sump의 채워진 물로 대체된다.

이 컴포넌트는 다수의 셀을 갖는 대향류 또는 직교류형 냉각탑과 하부 수조의 성능을 모델화한다. 여기에는 이 모델에 대한 2개의 기본적인 모드가 있다. 첫 번째 모드의 경우 사용자는 에너지 전달 상호 관계에 대한 계수인 c와 n을 입력한다. 비록 이 데이터는 얻기가 어렵지만, ASHRAE Equipment Guide (1)와 Simpson & Sherwood (2)에서 몇 가지 전형적인 데이터를 제공한다.

두 번째 모드의 경우 사용자는 냉각탑의 전체 성능 데이터를 입력하고, 이 모델은 'least-squares sense'의 데이터에 최상의 적합성을 제공하는 매개변수 c와 n을 결정한다. c와 n의 값들은 출력값이며, 프로그램이 이들을 재계산하는 대신에 차후의 시뮬레이션에서 사용될 수 있다.

모드 2의 경우 사용자는 데이터 파일과 관련된 Fortran logical unit과 제공될 데이터의 장소(point)에 대한 매개변수를 지정한다. 데이터 파일의 각 입력 행은 다음 〈표 4-2〉에 요약된 6개의 항목들을 갖는다.

〈표 4-2〉 냉각탑 성능 데이터 입력값

데이터 항목	변 수	설　　　명	단 위
1	$\dot{V}_a$	공기의 체적 유량	m^3/h
2	$T_{a,\,i}$	공기의 건구온도	℃
3	T_{wb}	공기의 습구온도	℃
4	$\dot{m}_{w,\,i}$	물의 질량 유량	kg/h
5	$T_{w,\,i}$	물의 입구온도	℃
6	$T_{w,\,o}$	물의 출구온도	℃

최소 2개에서 최대 50개의 데이터 장소가 요구된다. 이 프로그램에 사용된 상호 관계는 공기와 물의 질량 유량 비율에 의한다.

데이터는 프로그램에서 이 데이터를 서로 관련시키기 위해 적어도 2개의 다른 질량 유량 비를 포함해야 한다. 최상의 결과를 위해 이 성능 데이터는 냉각탑의 예상되는 운전에 대한 일반적인 조건들 범위를 모두 감당해야 한다.

다음은 영국식 단위계를 갖는 M-1 냉각탑에 대한 Simpson & Sherwood (2)에 나타난 데이터로부터 생성된 예제 데이터 파일을 보여준다.

```
line 1>      130600      86.0      75      6087      108.4      85.1
line 2>      71370       104.4     80      6087      120.0      96.1
line 3>      130700      85.9      75      8130      103.7      85.9
line 4>      71345       103.4     80      8130      115.8      98.0
line 5>      130600      85.6      75      10166     100.1      86.6
line 6>      71244       102.6     80      10166     114.5      100.7
```

1. 기호 설명

A_V : 타워 셀 교환 체적 당 작은 물방울의 표면적(m^2)

C_{pw} : 물의 정압 비열

C_s : 온도에 관한 포화 공기 엔탈피의 평균 도함수

h_a : 건조 공기 단위 질량당 습공기의 엔탈피

h_D : 에너지 전달(mass transfer) 계수

h_s : 포화된 공기의 엔탈피

$\dot{m}_a$: 건조 공기의 질량 유량

$\dot{m}_w$: 물의 질량 유량

N_{cell} : 운전되는 타워 셀의 개수

Ntu : mass transfer number of transfer units

Q_{cell} : 전체 타워 셀의 열전달률

T_a : 공기온도

T_{main} : 하부 수조에 채워진 물의 온도

T_s : 완전 혼합된 하부 수조의 온도

T_w : 물온도

T_{wb} : 외부 공기의 습구온도

T_{ref} : 물의 기준온도(reference temperature)($0\,℃$)

V_{cell} : 전체 타워 셀의 교환 체적(exchange volume)

V_s : 하부 수조에서 물의 총체적

ω_a : 공기의 절대습도

ω_s : 포화 공기의 절대습도

ε_a : 공기 측 열교환 유효도

ρ_w : 물의 밀도

하첨자 $-\,a$: 공기 흐름 조건들

$\qquad e$: effective

$\qquad i$: 입구 조건들

o : 출구 조건들
w : 물흐름 조건들
$exit$: 혼합 출구 공기 조건들

2. 수학적 설명

(1) Tower Cell Heat Rejection

[그림 4-9]는 냉각탑에 공급되는 공기의 습공기 선도 상에서의 처리 과정을 보여준다. 온도 $T_{a,i}$와 절대습도 $\omega_{a,i}$에 의해 특징지우는 알려진 상태에서 공기가 유입되어 $T_{a,o}, \omega_{a,o}$로 빠져나간다. 만약 공기가 유입되는 물흐름의 온도와 같은 온도에서 포화된다면 공기의 제한 출구 상태가 된다. 이것은 출구 공기의 최대 가능 엔탈피에 상응한다. 엔탈피 일정선은 입·출구 공기와 물의 입구온도에 상응하는 포화상태에 대하여 나타난다. 이들 엔탈피에 의해 공기 측 열전달 유효도(effectiveness)가 [그림 4-9]에 표시된 것과 같이 결정된다. 이 알려진 유효도에 의해 개별 타워 셀에 대한 heat rejection은 다음과 같다.

$$\dot{Q}_{cell} = \varepsilon_a \cdot \dot{m}_a \cdot (h_{a,w,i} - h_{a,i}) \tag{4-22}$$

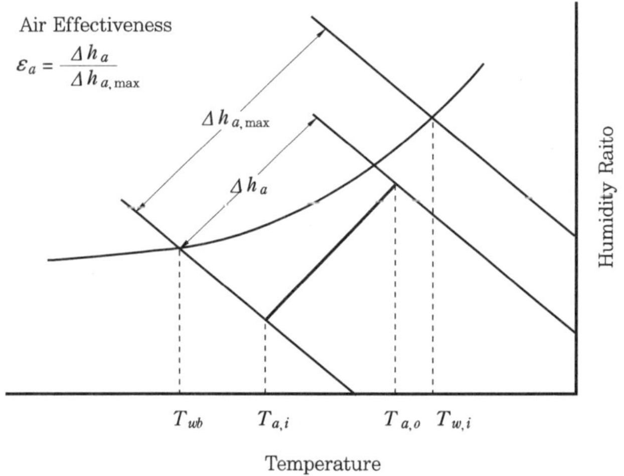

[그림 4-9] 냉각탑의 공기 상태에 대한 습공기 선도상의 표현

Lewis number가 같다는 가정을 이용하여 Braun (3)은 공기 유효도는 전달 유닛의 개수와 용량 비(capacitance rate ratio)에 대한 수정된 정의들을 통해 현열 교환기에 대한 상관 관계를 이용하여 결정될 수 있음을 증명하였다.

$$\varepsilon_a = \frac{1 - \exp(-Ntu(1 - m^*))}{1 - m^* \exp(-Ntu(1 - m^*))} \qquad (4-23)$$

그리고 대향류형 냉각탑의 경우

$$\varepsilon_a = \frac{1}{m^*}(1 - \exp(-m^*(1 - \exp(-Ntu)))) \qquad (4-24)$$

여기서,

$$Ntu = \frac{h_D \cdot A_v \cdot V_{cell}}{\dot{m}_a} \qquad (4-25)$$

$$m^* = \frac{\dot{m}_a \cdot C_s}{\dot{m}_{w,i} \cdot C_{pw}} \qquad (4-26)$$

포화된 공기의 비열 C_s는 온도 곡선에 관하여 포화 엔탈피 평균 기울기로써 지정된다. 이것은 물의 입·출구 조건과 다음 식을 이용한 습공기선도 데이터로부터 결정된다.

$$C_s = \frac{h_{s,w,i} - h_{s,w,o}}{T_{w,i} - T_{w,o}} \qquad (4-27)$$

(2) Tower Cell Performance Data

타워의 유효도를 결정하기 위해 전달 유닛의 개수에 대한 상관 관계가 필요하다. 물리적 타워 특징들에 의한 냉각탑에서의 열과 물질 전달에 대한 일반적인 상관 관계는 쉽게 이용 가능하지는 않다. ASHRAE Equipment Guide (1)에서 소개된 것 같이 물질 전달 데이터는 일반적으로 다음 형식으로 상호 관계된다.

$$\frac{h_D \cdot A_v \cdot V_{cell}}{\dot{m}_w} = c \cdot \left(\frac{\dot{m}_w}{\dot{m}_a}\right)^n \qquad (4-28)$$

위의 방정식의 양측에 $\left(\dfrac{\dot{m}_w}{\dot{m}_a}\right)$를 곱하고, Ntu에 대한 정의를 이용하여 정리하면 다음과 같다.

$$Ntu = c \cdot \left(\frac{\dot{m}_w}{\dot{m}_a}\right)^{1+n} \qquad (4-29)$$

지수 n은 일반적으로 $(-0.35 \sim -1.1)$의 범위이며, 반면에 c는 $(0.5 \sim 5)$의 범위가 될 것이다.

Simpson & Sherwood (2)는 상당수의 냉각탑 디자인들에 대한 이들 데이터를 제공한다. 이것은 특정 냉각탑에 대한 매개변수들을 결정하기 위하여 명확한 데이터와 관련시킬 필요가 있다.

이 컴포넌트는 모드가 2일 때 성능 데이터와 관련된다.

(3) Tower Cell Exit Conditions

전체 에너지 평형으로부터 하부 수조로 유입되는 타워 셀의 출구온도는 다음과 같이 결정된다.

$$T_{w, o} = \frac{\dot{m}_{w, i} \cdot C_{pw} \cdot (T_{w, i} - T_{ref}) - \dot{Q}_{cell}}{\dot{m}_{w, o} \cdot C_{pw}} + T_{ref} \tag{4-30}$$

대부분의 분석들은 물의 손실을 무시하고 $\dot{m}_{w, o} = \dot{m}_{w, i}$로 가정한다. 일반적으로 손실되는 물의 양은 유입 수량의 1~4% 정도이다. 이 손실을 무시하면 출구 수온의 약 1℃ 정도의 오차를 가져올 수 있다. 또한, 물 보충의 영향을 혼합하기 위한 냉각탑 하부 수조의 성능 분석을 위해 손실 수량을 알 필요가 있다. 이 컴포넌트 모델은 물 손실의 영향을 포함한다. 전체 질량 평형(mass balance)으로부터 출구수 질량 유량은 다음과 같다.

$$\dot{m}_{w, o} = \dot{m}_{w, i} - \dot{m}_a \cdot (\omega_{a, o} - \omega_{a, i}) \tag{4-31}$$

출구 절대습도는 유효 물표면 조건과 유닛의 Lewis number (3)를 가정하여 질량 전달에 대한 방정식으로부터 해석적인 해를 얻을 수 있다.

$$\omega_{a, o} = \omega_{s, w, e} + (\omega_{a, i} - \omega_{s, w, e}) \exp(- Ntu) \tag{4-32}$$

유효 포화 절대습도 $\omega_{s, w, e}$는 열전달 방정식으로부터 얻어진 해를 계산한 유효 포화 엔탈피(effective saturation enthalpy)를 이용한 습공기선도 데이터에서 찾아진다.

$$h_{s, w, e} = h_{a, i} + \frac{h_{a, o} - h_{a, i}}{1 - \exp(- Ntu)} \tag{4-33}$$

여기서,

$$h_{a, o} = h_{a, i} + \varepsilon_a \cdot (h_{s, w, i} - h_{a, i}) \tag{4-34}$$

냉각탑을 빠져나가는 공기 조건들을 결정하기 위해 각 셀로부터의 출구 공기는 'bulk' 공기 조건들을 찾기 위해 혼합된다. 전체 출구 공기 유량은 각 셀을 빠져나가는 공기 유량의 합과 같다.

$$\dot{m}_{a, exit} = \sum_{k=1}^{N_{cell}} \dot{m}_{a, k} \tag{4-35}$$

출구 엔탈피는 전체 공기의 질량 유량으로 각 셀을 빠져나가는 에너지량의 합을
나눈 값이 된다.

$$h_{a,\,exit} = \frac{\displaystyle\sum_{k=1}^{N_{cell}} (\dot{m}_a \cdot h_{a,\,0})_k}{\dot{m}_{a,\,exit}} \tag{4-36}$$

습공기의 물질 평형으로부터 전체 출구 공기의 절대습도는 다음 식에 의해 계산
될 수 있다.

$$\omega_{a,\,exit} = \frac{\displaystyle\sum_{k=1}^{N_{cell}} (\dot{m}_{w,\,i} - \dot{m}_{w,\,o})_k}{\dot{m}_{a,\,exit}} + \omega_{a,\,i} \tag{4-37}$$

$h_{a,\,exit}$, $\omega_{a,\,exit}$를 이용하고, 습공기선도 데이터가 출구 공기온도 $T_{a,\,exit}$와 출구
습구온도를 찾는 데 이용된다.

(4) Natural Convection Mode

특정 조건의 경우 냉각탑은 팬이 정지된 상태로 운전된다. 이 경우 탑 내부의 공
기 유동은 자연 대류이다. 이 컴포넌트는 일정한 대류 열전달률을 매개변수로 지정
한다. 이 모델의 자연 대류 모드는 '-1'이 팬 속도 제어 신호(fan speed control
signal)에 대한 입력값일 때 사용된다.

(5) Sump와 Fan Power Analyses

물은 각 타워 셀 운전과 재순환 수원으로써 하부 수조로 유입된다.

하부 수조의 수위(level)는 일정한 것으로 가정되므로, 재순환수의 흐름은 셀들
로부터의 전체 손실 수량과 같다. 하부 수조의 물의 체적은 완전 혼합되는 것으로
가정되므로 에너지 평형식은 다음과 같다.

$$\rho_w \frac{dT_s}{dt} = \left[\sum_{k=1}^{N_{cell}} (\dot{m}_{w,\,0} \cdot (T_{w,\,o} - T_s))_k \right] + \left[\left(\dot{m}_{w,\,i} - \sum_{k=1}^{N_{cell}} (\dot{m}_{w,\,o})_k \right) - (T_{main} - T_s) \right] \tag{4-38}$$

만약 사용자가 '0'이나 그보다 작은 값으로 하부 수조의 체적을 지정하면, 에너지
평형 방정식의 좌변은 '0'이 되고 정상 상태 하부 수조 온도가 계산된다.

냉각탑 팬들은 팬 법칙에 종속된다고 가정된다. 최대 팬 속도에서의 동력이 주
어지면, N_{cell} 타워 셀들로 구성되는 냉각탑의 동력 소비량은 다음 식에 의해 계산
된다.

$$P_{tower} = \sum_{k=1}^{N_{cell}} \gamma_k^{\ 3} \cdot P_{\max, k}$$

여기서,

γ_k와 $P_{\max,k}$는 k번째 타워 셀에 대한 상대적인 팬 속도와 최대 동력값이 된다.

3. 참고 문헌

1. ASHRAE Equipment Guide, 『American Society of Heating, Refrigerating, and Air Conditioning Engineers』, Atlanta, 1983.
2. Simpson, W. M. and Sherwood, T. K., 『Performance of Small Mechanical Draft Cooling Towers』, Refrigerating Engineering, December, 1946.
3. Braun, J. E., 『Methodologies for the Design and Control of Chilled Water Systems』, Ph. D. Thesis, University of Wisconsin-Madison, 1988.

4-7   Type 52 : Detailed Cooling Coil

이 컴포넌트는 [그림 4-10]과 같은 제습 냉각 코일의 성능을 모델화한 것으로 Braun (1)에 의해 밑그림이 그려진 유효도 모델을 이용한다. 사용자는 냉각 코일과 공기 덕트의 형상을 지정해야 한다. 환상 핀 또는 연속적인 평판 핀이 지정되어야 한다.

이 모델은 냉각 조건에시 코일에 형성되는 얼음은 고려하지 않는다.

한편, 사용자는 단수 또는 상세 해석 모델을 선택할 수 있다. 상세 모델은 부분적으로 건조하고 습한 조건에서의 코일 운전을 모델링할 때 사용된 방법을 결정한다. 상세 해석의 경우 코일의 건조하고 습한 부분 각각에 대하여 독립된 해석법이 사용된다. 그러나 단순 해석법의 경우 부분적으로 건조하고 습한 코일은 완전 건조 또는 완전 습한 것으로 가정된다.

이것에 관한 보다 상세한 설명은 4-7-2절 수학적 설명에 소개된다. 단순 해석법은 코일 성능에 대한 빠른 계산을 제공하고 일반적으로 정확도 측면에서 아주 조금 증가하게 된다.

1. 기호 설명

C_{pm} : 습공기의 정압 비열

C_{pw} : 액체 물의 정압 비열

C_s : [포화 공기 엔탈피/온도]의 평균 기울기

C^* : dry analysis의 물의 용량에 대한 공기 용량의 비율($\dot{m}_a \cdot C_{pm} / \dot{m}_w \cdot C_{pw}$)

h_a : 건조 공기 단위 질량에 대한 습공기의 엔탈피

h_s : 건조 공기 단위 질량에 대한 포화 공기의 엔탈피

$\dot{m}_a$: 건조 공기의 질량 유량

$\dot{m}_w$: 물의 질량 유량

m^* : wet analysis의 물의 유효 용량에 대한 공기의 유효 용량의 비율($\dot{m}_a \cdot C_s / \dot{m}_w \cdot C_{pw}$)

Ntu : 전달 유닛의 총 개수

$\dot{Q}$: 총합 열전달률

T_a : 공기온도

T_{dp} : 공기의 노점온도

T_s : 표면온도

T_w : 물의 온도

UA : 총합 열 컨덕턴스

ω_a : 공기의 절대습도

ω_s : 포화 공기의 절대습도

하첨자 $-\, a$: 공기흐름 조건

  dry : 건조 표면

  e : effective

  i : 입구 또는 내부 조건들

  o : 출구 또는 외부 조건들

  s : 표면 조건들

  w : 물흐름 조건들

  wet : 습한 표면

  x : 응축이 시작되는 코일 지점(point)

2. 수학적 설명

만약 공기가 유입수의 온도와 같은 온도로 포화되면 냉각 코일에 의해 냉각 제습되는

공기의 출구 상태는 제한적이 된다. 이것은 출구 공기의 최소 가능 엔탈피에 상응한다. 공기 측 열전달 유효도(heat transfer effectiveness)는 출구 공기가 최소 가능 엔탈피 상태라면 최대 가능 공기 엔탈피 차에 대한 공기 엔탈피 차의 비율로써 지정된다.

Lewis number가 '1'과 같다고 가정하면 Braun (1)은 공기의 유효도는 전달 유닛의 개수와 용량 비율에 대한 수정된 정의를 갖는 현열 교환기 또는 상관 관계를 이용하여 결정될 수 있음을 발견하였다. 이 컴포넌트는 대향류형에 대한 이 유효도 모델을 이용하여 냉각 코일의 성능을 모델화한다. 여러 통로의 직교류형 열교환기의 성능은 열(row)의 수가 '4'보다 클 경우 대향류형 장치의 성능에 근접한다.

핀 효율(fin efficiency)은 공기흐름과 코일 사이의 열전달 계수를 계산하기 위해 필요하다. Threlkeld (2)는 일정한 두께를 갖는 사각 평판 핀의 성능은 상당 환상 핀(equivalent annular fin)을 지정함으로써 근사화될 수 있음에 주목하였다. 효율은 끝단 효과(end effect)를 무시한 일정한 두께의 환상 핀에 대하여 계산된다(3). 다항식 근사법이 효율 계산에 사용된 Bessel 함수들을 평가하기 위해 사용된다.

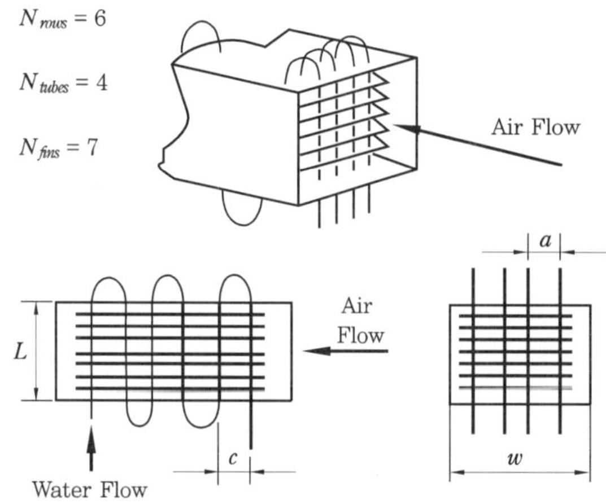

[그림 4-10] 냉각 코일의 개념도와 단면도

(1) Dry Coil Effectiveness

만약 공기의 출구에서 코일의 표면온도가 유입된 공기의 노점온도보다 높다면, 코일은 완전하게 건조되며 표준 열교환기 유효도 상관 관계를 적용한다.

공기 측 열전달 유효도에 의해 건조 코일의 열전달은 다음과 같다.

$$\dot{Q}_{dry} = \varepsilon_{dry,\,a} \cdot \dot{m}_a \cdot C_{pm} \cdot (T_{a,\,i} - T_{w,\,i}) \tag{4-39}$$

여기서,

$$\varepsilon_{dry} = \frac{1 - \exp(-Ntu_{dry} \cdot (1 - C^*))}{1 - C^* \cdot \exp(-Ntu_{dry} \cdot (1 - C^*))} \tag{4-40}$$

$$C^* = \frac{\dot{m}_a \cdot C_{pm}}{\dot{m}_w \cdot C_{pw}} \tag{4-41}$$

$$Ntu_{dry} = \frac{UA_{dry}}{\dot{m}_a \cdot C_{pm}} \tag{4-42}$$

건조 열교환기에 대한 총합 열전달 컨덕턴스는 Threlkeld (2)에 의해 제시된 열전달 계수와 핀 효율에 의해 계산된다. 핀이 부착된 코일 표면에 걸친 공기 유동의 경우 Elmahdy (4)에 의해 개발된 상관 관계가 공기 측 열전달 계수 결정을 위해 이용된다. 물 측 열전달 계수는 표준 난류 유동 관계를 이용하여 결정된다.

출구 공기의 절대습도는 입구 측 값과 동일하지만, 출구 공기와 물의 온도는 유체 흐름에 대한 에너지 평형으로부터 다음과 같이 결정된다.

$$T_{a,o} = T_{a,i} - \varepsilon_{dry,a} \cdot (T_{a,i} - T_{w,i}) \tag{4-43}$$

$$T_{w,o} = T_{w,i} - C^* \cdot (T_{a,i} - T_{a,o}) \tag{4-44}$$

공기 출구 측에서의 코일 표면온도는 물과 외측 표면 사이의 열전달을 갖는 물과 공기흐름 사이의 열전달에 대한 열량 방정식을 같게 함으로써 결정된다.

$$T_{s,o} = T_{w,i} + C^* \cdot \left(\frac{UA_{dry}}{UA_i}\right) \cdot (T_{a,o} - T_{w,i}) \tag{4-45}$$

만약 위의 방정식으로 평가된 표면온도가 입구공기 노점온도보다 작으면, 적어도 코일의 일정 부분이 젖어 있는 것이며, 다음에 소개되는 해석 방법이 적용되어야 한다.

(2) Wet Coil Effectiveness

만약 공기 입구 측에서의 코일 표면온도가 유입되는 공기의 노점온도보다 낮다면, 코일은 완전히 젖게 되고 코일을 통해 제습이 발생한다.

완전히 젖은 코일의 경우 열전달은 다음과 같다.

$$\dot{Q}_{wet} = \varepsilon_{wet,a} \cdot \dot{m}_a \cdot (h_{a,i} - h_{s,w,i}) \tag{4-46}$$

여기서,

$$\varepsilon_{wet,a} = \frac{1 - \exp(-Ntu_{wet} \cdot (1 - m^*))}{1 - m^* \exp(-Ntu_{wet} \cdot (1 - m^*))} \tag{4-47}$$

$$m^* = \frac{\dot{m}_a \cdot C_s}{\dot{m}_{w,i} \cdot C_{pw}} \tag{4-48}$$

$$Ntu_{wet} = \frac{UA_{wet}}{\dot{m}_a} \tag{4-49}$$

UA는 온도차에 의해 일반적으로 주어지지만 이 경우 UA_{wet}은 엔탈피 차에 의한 열 컨덕턴스이다. Threlkeld (2)는 핀이 부착된 표면에 대하여 총합 습표면 엔탈피 컨덕턴스에 대한 상관 관계를 제공하며 이것이 이 모델에 이용되었다.

포화 비열 C_s는 온도에 관한 포화 엔탈피 곡선의 평균 기울기로써 지정된다. 이것은 물의 입·출구 조건과 습공기선도 데이터에 의해 다음 식에 의해 결정된다.

$$C_s = \frac{h_{s,w,o} - h_{s,w,i}}{T_{w,o} - T_{w,i}} \tag{4-50}$$

건조 표면 분석과 유사하게 출구 공기 엔탈피와 출구 측 물의 온도는 다음과 같다.

$$h_{a,o} = h_{a,i} + \varepsilon_{wet} \cdot (h_{a,i} - h_{s,w,i}) \tag{4-51}$$

$$T_{w,o} = T_{w,i} - \frac{\dot{m}_a}{\dot{m}_w \cdot C_{pw}} \cdot (h_{a,i} - h_{a,o}) \tag{4-52}$$

평균 포화 비열 C_s는 출구 수온에 의존하므로, 이 온도를 찾기 위해 반복 계산법이 요구된다. 출구 공기온도는 ASHRAE Equipment Guide (5)에 설명된 것과 같이 결정된다.

$$T_{a,o} = T_{s,e} + (T_{a,i} - T_{s,e}) \exp \frac{-UA_o}{\dot{m}_a \cdot C_{pm}} \tag{4-53}$$

여기서, 유효 표면온도는 이것에 대응하는 포화 엔탈피로부터 결정된다.

$$h_{s,s,e} = h_{a,i} + \frac{h_{a,o} - h_{a,i}}{1 - \exp\left(\dfrac{-UA_o}{\dot{m}_a \cdot C_{pm}}\right)} \tag{4-54}$$

열량 방정식으로부터 공기 입구에서의 표면온도는 다음과 같이 계산된다.

$$T_{s,i} = T_{w,o} + \frac{\dot{m}_a}{\dot{m}_w \cdot C_{pw}} \cdot \left(\frac{UA_{wet}}{UA_i}\right) \cdot (h_{a,i} - h_{s,w,o}) \tag{4-55}$$

만약 위의 방정식으로 평가된 표면온도가 입구 공기 노점온도보다 높으면, 공기 입구 측 시작 부분의 코일 일부가 건조하다는 것이며, 나머지는 젖은 상태라는 것이다.

(3) Combined Wet and Dry Analysis

입구 조건과 질량 유량에 의존하여 코일의 단지 일부분만이 젖은 상태가 될 수 있다. 상세한 해석이 표면온도가 입구 공기의 노점온도와 같은 코일의 위치를 결정하는 것과 관련이 있다. 보다 단순한 접근법은 코일은 완전하게 젖거나 건조한 상태라고 가정하는 것이다. 사용자는 분석에 단순 또는 상세 해석법이 사용될 것인지를 지정한다.

단순 접근법은 컴퓨터 계산 시간을 덜 필요로 하고 이것의 정확도가 받아들여진다면 충분히 사용될 수 있다.

(4) Simple Analysis

단순 접근법은 코일이 완전 건조 또는 습한 상태라고 가정한다. 하나의 가정된 조건에 의해 실제 열전달을 예측하게 된다. 완전 건조 조건의 경우 잠열 전달은 무시되며, 예상되는 열전달은 매우 낮다. 완전 습한 코일 조건의 경우 이 모델은 공기의 노점온도가 표면온도보다 낮은 코일 부분에서 공기가 가습되는 것을 예측한다.

이 '인위적인' 질량 전달과 관련된 공기의 잠열 전달은 실제 상황과 비교할 때 총 계산된 냉방 용량을 감소시킨다. 완전 건조와 완전 습한 분석 모두 열전달을 예측하기 위한 것이므로, 단순 접근법은 최대 열전달을 제공하는 분석의 결과로 이용될 수 있다. 이 방법과 관련된 오차는 일반적으로 5% 미만이다.

단순 해석법을 이용한 열전달과 출구 조건들을 결정하기 위한 각 단계는 다음과 같이 요약된다.

코일이 완전 건조 상태라고 가정한 후 코일의 열전달을 결정한다.

만약 건조 해석법으로 결정된 출구 공기의 표면온도가 입구 공기의 노점온도보다 작으면, 그럼 코일이 완전 습한 상태로 가정하고 열전달을 결정한다.

만약 완전 습한 해석법으로 결정된 입구 공기에서의 노점 온도가 입구의 노점온도보다 높으면 코일의 일부는 건조하다. 최대 열전달에 가져온 1 또는 2단계의 결과가 이용된다.

(5) Detailed Analysis

물은 표면온도가 입구 측 공기의 노점온도와 같은 지점에서 냉각 코일의 표면에 응축이 발생하기 시작할 것이다. 냉각 코일을 통한 열전달을 계산하기 위해 코일의 건조 부분과 습한 부분에 관련된 상대적인 면적들이 결정되어야 한다.

Braun (1)은 부분적으로 습한 코일에서의 열전달 계산을 위해 다음과 같은 방법을 소개하였다. 건조한 코일 표면적의 비율은 다음과 같다.

$$f_{dry} = -\frac{1}{K} \ln \left[\frac{(T_{dp} - T_{w,o}) + C^* \cdot (T_{a,i} - T_{dp})}{\left(1 - \dfrac{K}{Ntu_o}\right) \cdot (T_{a,i} - T_{w,o})} \right] \tag{4-56}$$

여기서,

$$K = Ntu_{dry} \cdot (1 - C^*) \tag{4-57}$$

코일의 습하고 건조한 비율에 대한 유효도는 다음과 같다.

$$\varepsilon_{wet,\,a} = \frac{1 - \exp(-(1 - f_{dry}) \cdot Ntu_{wet} \cdot (1 - m^*))}{1 - m^* \exp(-(1 - f_{dry}) \cdot Ntu_{wet} \cdot (1 - m^*))} \tag{4-58}$$

$$\varepsilon_{dry,\,a} = \frac{1 - \exp(-f_{dry} \cdot Ntu_{dry} \cdot (1 - C^*))}{1 - C^* \cdot \exp(-f_{dry} \cdot Ntu_{dry} \cdot (1 - C^*))} \tag{4-59}$$

응축이 시작되는 위치에서의 수온은 다음과 같다.

$$T_{w,\,x} = \frac{T_{w,i} + \dfrac{C^* \cdot \varepsilon_{wet,\,a} \cdot (h_{a,i} - h_{s,w,i})}{C_{pm}} - C^* \cdot \varepsilon_{wet,\,a} \cdot \varepsilon_{dry,\,a} \cdot T_{a,i}}{(1 - C^* \cdot \varepsilon_{wet,\,a} \cdot \varepsilon_{dry,\,a})} \tag{4-60}$$

그리고 출구 수온은 다음과 같다.

$$T_{w,\,o} = C^* \cdot \varepsilon_{dry,\,a} \cdot T_{a,i} + (1 - C^* \cdot \varepsilon_{dry,\,a}) \cdot T_{w,\,x} \tag{4-61}$$

건조한 코일의 일부분은 출구 수온에 의존하기 때문에 반복 계산법이 출구 수온을 찾기 위해 요구된다.

코일로부터의 출구 공기 상태는 다음 식에 의해 계산된다.

$$T_{a,\,o} = T_{s,\,e} + (T_{a,\,x} - T_{s,e}) \cdot \exp(-(1 - f_{dry}) \cdot Ntu_o) \tag{4-62}$$

여기서, $T_{s,\,e}$는 젖은 코일 부분에서의 유효 표면온도이며, 이것은 다음 방정식과 관련된 포화 조건으로부터 결정된다.

$$h_{s,\,s,\,e} = h_{a,\,x} + \frac{h_{a,\,o} - h_{a,\,x}}{1 - \exp(-(1 - f_{dry}) \cdot Ntu_o)} \tag{4-63}$$

응축이 발생하는 지점에서의 공기온도와 엔탈피는 다음과 같다.

$$T_{a,\,x} = T_{a,i} - \varepsilon_{dry,\,a} \cdot (T_{a,i} - T_{w,\,x}) \tag{4-64}$$

$$h_{a,\,x} = h_{a,i} - \varepsilon_{dry,\,a} \cdot C_{pm} \cdot (T_{a,i} - T_{w,\,x}) \tag{4-65}$$

(6) Coil Performance

3개의 열전달량은 물과 공기흐름에 대한 에너지 평형으로부터 계산된다. 코일을 통과해 전달되는 총 에너지는 다음과 같다.

$$\dot{Q}_{coil} = \dot{m}_w \cdot C_{pw} \cdot (T_{w,o} - T_{w,i}) \tag{4-66}$$

공기 속의 습기를 응축하는 데 속한 열전달은 다음과 같이 계산된다.

$$\dot{Q}_{lat} = \dot{m}_a \cdot (\omega_{a,i} - \omega_{a,o}) \cdot h_{fg} \tag{4-67}$$

여기서, h_{fg}는 물의 증발 잠열이고, 표준 조건(2452 kJ/kg)에 대하여 항상 일정한 값으로 가정된다. 현열 전달량은 다음과 같이 간단한 식에 의해 계산된다.

$$\dot{Q}_{sens} = \dot{Q}_{coil} - \dot{Q}_{lat} \tag{4-68}$$

3. 참고 문헌

1. Braun, J. E., 『Methodologies for the Design and Control of Chilled Water Systems』, Ph. D. Thesis, University of Wisconsin-Madison, 1988.

2. Threlkeld J. L., 『Thermal Environmental Engineering』, Prentice-Hall, New York, Second Edition, 1970.

3. Chapman, A. J., 『Heat Transfer』, Macmillan Publishing Company, New York, Fourth Edition, 1984.

4. Elmahdy, A. H. and Biggs, R. C., 『Finned Tube Heat Exchanger : Correlation of Dry Surface Heat Transfer Data』, ASHRAE Transactions, Vol. 85, Part 2, pp. 262-273, 1979.

5. ASHRAE Equipment Guide, 『American Society of Heating, Refrigerating, and Air Conditioning Engineers』, Atlanta, 1983.

4-8　Type 53 : Parallel Chillers

이 컴포넌트는 [그림 4-11]에 나타낸 것과 같은 평행한 방향의 동일한 모터 구동 냉동기의 열적 성능과 동력 소비량을 모델화한 것이다. 운용되는 냉동기 각각은 압축기 용량 조절을 통해 지정된 냉각수의 온도를 유지하기 위해 조절된다고 가정된다. 이 컴포넌트의 입력값들은 증발기와 응축기, 바람직한 냉각수 설정 유량과 온도 그리고 운용되는 냉동기 전체 대수이다.

질량 유량은 각 냉동기에 대한 동일한 부하와 heat rejection을 제공하기 위해 운용되는 냉동기 각각에 균등하게 분배된다.

이 모델은 성능 데이터의 실험에 의한 'curve-fit'에 의존한다. 사용자는 단일 냉동기에 대한 성능 데이터를 포함한 외부 파일을 생성해야 한다. 컴포넌트 매개변수 목록은 파일에 운용 포인트의 개수와 이 데이터 파일과 관련된 Fortran logical unit을 지정한다.

이 데이터 파일의 입력값의 각 행은 운용 포인트를 설명하기 위해 〈표 4-3〉에 나타낸 3개의 항목을 갖는다.

〈표 4-3〉 냉동기 성능 데이터 입력

데이터 항목	변 수	설 명
1	X	지정된 설계 부하에 대한 냉동기 부하의 비율
2	Y	지정된 설계 온도차에 대한 응축기 출구수 온도와 증발기 출구수 온도 사이의 온도차의 비율
3	Z	지정된 설계 조건에서의 동력 소비량에 대한 측정된 동력 소비량의 비율

이들 비율에 대한 보다 상세한 설명은 4-8-2절을 참고하기 바란다.

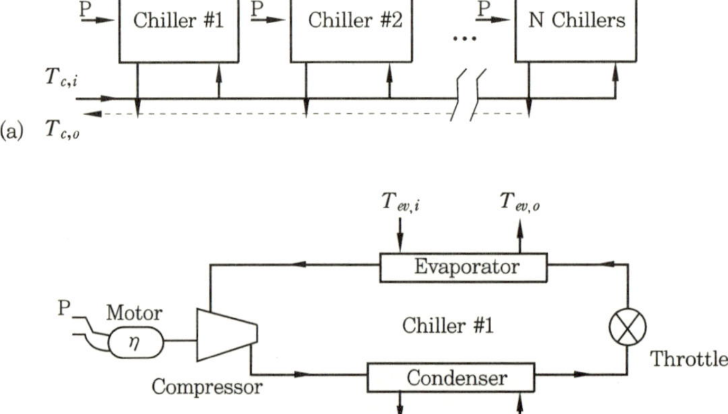

[그림 4-11] (a) 평행한 냉동기 (b) 단일 냉동기 개념도

설계 부하, 설계 온도차 그리고 관련된 power requirement를 갖는 성능 데이터가 정 상화되면 이 컴포넌트에 대한 매개변수들로써 지정된다.

일반적으로 이들은 최대 냉동기 동력 소비량의 조건과 관련이 있으나 어떤 운용 포인 트는 설계 포인트로써 사용될 수 있다.

최소 6개의 데이터 포인트가 요구되며, 최대 100개의 포인트까지 허용된다. 사용자는 냉동기의 예상되는 운용 범위를 감당할 수 있는 데이터 포인트들을 제공해야 한다.

1. 기호 설명

$C_{p,\,ev}$: 증발기 물의 비율

$C_{p,\,c}$: 응축기 물의 비열

$\dot{m}_{ev}$: 증발기 물의 질량 유량

$\dot{m}_{c}$: 응축기 물의 질량 유량

η_{m} : 총합 모터 효율 [overall motor(+ gearbox) efficiency]

N_{ch} : 운용되는 냉동기의 대수(N_{ch}는 전체 냉동기 대수와 같거나 작은 값이다.)

P_{tot} : N_{ch} 냉동기에 대한 총 동력 소비량

P_{des} : 개별 냉동기에 대한 지정된 설계 조건에서의 동력 소비량

$\dot{Q}_{des}$: 개별 냉동기에 대한 지정된 설계 조건에서의 냉각수 부하

$\dot{Q}_{cond}$: N_{ch} 냉동기에 대한 응축기를 통한 총 heat rejection

$\dot{Q}_{load}$: N_{ch} 냉동기에 대한 총 냉각수 부하

$T_{chw,\,s}$: 냉각수 설정온도

$T_{ev,\,i}$: 증발기 입구 측 수온

$T_{ev,\,o}$: 증발기 출구 측 수온

$T_{c,\,i}$: 응축기 입구 측 수온

$T_{c,\,o}$: 응축기 출구 측 수온

T_{des} : 지정된 설계 조건에서 응축기 출구수와 증발기 출구수 사이의 온도차

2. 수학적 설명

냉동기 성능 입력 파일 데이터에 요구되는 비율은 다음과 같다.

$$X = \frac{\dot{Q}_{load}}{N_{ch} \cdot \dot{Q}_{des}} \tag{4-69}$$

$$Y = \frac{T_{c,\,o} - T_{ev,\,o}}{\Delta T_{des}} \tag{4-70}$$

$$Z = \frac{P_{tot}}{N_{ch} \cdot P_{des}} \tag{4-71}$$

Braun (1)은 일정 속도 또는 가변 속도에 대한 무차원 동력 소비량을 제시하였으며, 베인 제어 냉동기는 다음의 실험적 형태와 관련될 수 있다.

$$Z = a_0 + a_1 X + a_2 X^2 + a_3 Y + a_4 Y^2 + a_5 XY \tag{A-1}$$

위 방정식의 실험에 의한 계수($a_0 \sim a_5$)는 측정되거나 모델화된 성능 데이터에 적용된 선형 최소 제곱 곡선 맞춤(linear least squares curve-fitting)에 의해 결정된다. 병렬식 N_{ch} 냉동기 운용에 대한 총 냉동기 동력 소비량은 동일한 증발기와 응축기 질량 유량에 의해 다음과 같다.

$$P_{tot} = N_{ch} \cdot P_{des} \cdot (a_0 + a_1 X + a_2 X^2 + a_3 Y + a_4 Y^2 + a_5 XY) \tag{A-2}$$

위의 상관 관계를 통해 냉동기 동력 소비량을 평가하기 위하여, 부하와 출구 측 수온을 알 필요가 있다. 냉동기는 부하에 대하여 온도를 공급하는 지정된 냉각수를 제공하기 위해 조절된다. 냉각수 부하는 냉각수 설정온도와 입력 조건들에 의해 다음 식으로 계산된다.

$$\dot{Q}_{load} = \dot{m}_{ev} \cdot C_{p,\,ev} \cdot (T_{ev,\,i} - T_{chw,\,s}) \tag{4-72}$$

만약 계산된 부하가 매개변수로써 지정된 냉동기 용량의 최소값보다 작거나 또는 최대값보다 크면, 이 부하는 이들 한계값의 하나로 제한되며 이 부하에 제공되는 새로운 냉각수 공급 온도가 결성된다.

다음 단계는 응축기 출구 측 수온을 찾는 것으로 입력 조건, 부하 그리고 동력 소비량에 의존한다. 응축기로부터의 heat rejection은 냉동기의 전체 에너지 평형으로부터 얻을 수 있다.

$$\dot{Q}_{cond} = \dot{Q}_{load} + \eta_m \cdot P_{tot} \tag{4-73}$$

또한, 응축기로부터의 heat rejection은 응축기 유체 조건들의 항들로 표현될 수 있다.

$$\dot{Q}_{cond} = \dot{m}_c \cdot C_{p,\,c} \cdot (T_{c,\,o} - T_{c,\,i}) = \dot{m}_c \cdot C_{p,\,c} \cdot [Y \cdot \Delta T_{des} - (T_{c,\,i} - T_{ev,\,o})] \tag{4-74}$$

에너지 평형의 총 냉동기 동력(방정식 A-2)과 heat rejection(방정식 4-74)을 방정식 (4-73)에 대입하면, 무차원 출구 측 수온에 대한 다음의 implicit 상관 관계를 이끌어낼 수 있다.

$$\dot{m}_c \cdot C_{p,c} \cdot \left[Y \Delta T_{des} - (T_{c,i} - T_{ev,o}) \right] = \dot{Q}_{load} + \eta_m \cdot N_{ch} \cdot P_{des}$$

$$\times \left(a_0 + a_1 X + a_2 X^2 + a_3 Y + a_4 Y^2 + a_5 X Y \right) \tag{4-75}$$

위의 방정식은 Y에 대하여 2차 방정식이므로 명백하게 해석된다.
끝으로 성능 계수 COP는 다음과 같이 정의된다.

$$COP = \frac{\dot{Q}_{load}}{P_{tot}} \tag{4-76}$$

3. 참고 문헌

1. Braun, J. E., 『Performance and Control Characteristics of Large Central Cooling System』, ASHRAE Transactions, Vol. 93, Part 1, 1987.

4-9 Type 92 : On/Off Auxiliary Cooling Device

보조 냉방 장치는 Type 6 Auxiliary Heater의 Compliment이다.
유체흐름에 열을 추가하는 대신에 보조 냉방 장치는 열을 제공한다. Type 6과 같이 냉각기는 외부 제어 입력 γ가 '1'이고, 냉방 유닛 출구온도가 사용자 지정 최소값인 T_{set}보다 큰 경우 사용자 지정 $\dot{Q}_{\max}$에서 유체흐름으로부터 열을 제거하기 위해 디자인되었다.

1. 기호 설명

C_{pf} [kJ/kg·°K] : 유체의 비열

$\dot{m}_i$ [kg/hr] : 입구 측 유체의 질량 유량

$\dot{m}_o$ [kg/hr] : 출구 측 유체의 질량 유량

$\dot{Q}_{aux}$ [kJ/hr] : 효율 영향을 포함한 요구되는 냉방 용량

$\dot{Q}_{fluid}$ [kJ/hr] : 유체흐름으로부터 제거되는 열량

$\dot{Q}_{loss}$ [kJ/hr] : 주변 환경으로부터 냉방 장치로의 열취득량

$\dot{Q}_{\max}$ [kJ/hr] : 냉방 장치의 최대 냉방 용량

T_{env} [℃] : 열취득량 계산을 위한 냉방 장치 주변의 온도

T_i [℃] : 입구 측 유체온도

T_o [℃] : 출구 측 유체온도

T_{set} [℃] : 냉방 장치 내부 온도 센서의 설정온도

UA [kJ/hr] : 운용 중에 냉방 장치와 그 주변으로의 총합 열취득 계수

γ (-) : '0' 또는 '1'의 값을 갖는 외부 제어 함수

η_{htr} (0~1) : 보조 냉방 장치의 효율

2. 수학적 설명

만약 $T_i \leq T_{set}$, $m_i \leq 0$이거나 $\gamma = 0$이면,

$T_o = T_i$, $\dot{m}_o = \dot{m}_i$, $\dot{Q}_{loss} = 0$, $\dot{Q}_{fluid} = 0$ 그리고 $\dot{Q}_{aux} = 0$이다.

그렇지 않으면 냉방 장치(cooling device)의 정상 상태에서의 에너지 평형은 다음과 같다.

$$T_o = \frac{\dot{Q}_{\max} \cdot \eta_{htr} + \dot{m} \cdot C_{pf} \cdot T_i + UA \cdot T_{env} - \dfrac{UA \cdot T_i}{2}}{\dot{m} \cdot C_{pf} + \dfrac{UA}{2}} \tag{4-77}$$

$$\dot{m}_o = \dot{m}_i$$

$$\dot{Q}_{aux} = \dot{Q}_{\max}$$

$$\dot{Q}_{fluid} = \dot{m}_o \cdot C_{pf} \cdot (T_i - T_o)$$

$$\overline{T} = \frac{T_o + T_{in}}{2}$$

$$\dot{Q}_{loss} = UA \cdot (\overline{T} - T_{env}) + (1 - \eta_{htr}) \cdot \dot{Q}_{\max} \tag{4-78}$$

만약 $T_o < T_{set}$ 않다면,

$$T_o = T_{set}$$

$$\dot{m}_o = \dot{m}_i$$

$$\dot{Q}_{fluid} = \dot{m}_o \cdot C_{pf} \cdot (T_{set} - T_i)$$

$$\overline{T} = \frac{T_{set} + T_{in}}{2}$$

$$\dot{Q}_{loss} = UA \cdot (\overline{T} - T_{env}) + (1 - \eta_{htr}) \cdot \dot{Q}_{max}$$

$$\dot{Q}_{aux} = \frac{\dot{m} \cdot Cp_f \cdot (T_{set} - T_i) + UA \cdot (\overline{T} - T_{env})}{\eta_{htr}} \tag{4-79}$$

여기서, $\dot{Q}_{aux} = \dot{Q}_{loss} + \dot{Q}_{fluid}$

4-10 Type 107 : Single Effect Hot Water Fired Absorption Chiller

Type 107은 단일 효용 흡수식 냉동기(single-effect hot-water fired absorption chiller)를 모델화하기 위해 표준화된 카탈로그 데이터 검사(조사) 접근법(normalized catalog data lookup approach)을 이용한다. 여기서, 'Hot Water-Fired'는 기기의 재생기에 제공되는 에너지가 온수로부터 유래함을 가리킨다. 데이터 파일들이 표준화되기 때문에 사용자는 주어진 데이터 파일 세트를 이용하여 어떠한 크기의 냉동기도 모델화할 수 있다. 그리고 이것에 대한 예제 파일이 다음에 제공된다.

1. 기호 설명

$Capacity$ [kJ/hr] : 장치에 신선 외기로 공급되는 공기의 물질 전달량(mass flow rate)

$f_{FullLoadCapacity}$ (0~1) : 현 조건에서 운전되는 동안 장치의 최대 부하 용량에 대한 비율

$f_{NominalCapacity}$ (0~1) : 현 조건에서 운전되는 동안 장치의 명목상 용량에 대한 비율

$Capacity_{rated}$ [kJ/hr] : 장치의 평가된 냉방 용량

$\dot{Q}_{remove}$ [kJ/hr] : 설정온도에 도달하기 위해 냉각수흐름으로부터 제거되어야 하는 에너지량

$T_{chw,\,set}$ [℃] : 냉각수흐름 설정온도

f_{design} (0~1) : 현재 운전 중인 기기의 설계 용량의 비율

COP_{rated} (−) : 기기의 평가된 성능 계수

$f_{DesignEnergyInput}$ (0~1) : 현재 기기에 의해 요구되는 설계 에너지 입력량의 비율

$T_{hw,\,out}$ [℃] : 온수(hot water)흐름의 출구 측 유체의 온도

$T_{hw,\,in}$ [℃] : 온수흐름의 입구 측 유체의 온도

$\dot{Q}_{hw}$ [kJ/hr] : 온수흐름으로부터 제거되는 에너지

$\dot{m}_{hw}$ [kJ/hr] : 온수흐름의 유체 질량 유량

Cp_{hw} [kJ/kg·℉K] : 온수흐름의 유체 비열

$T_{chw,\,out}$ [℃] : 냉각수(chilled water)흐름의 출구 측 유체의 온도

$T_{chw,\,in}$ [℃] : 냉각수흐름의 입구 측 유체의 온도

$\dot{Q}_{chw}$ [kJ/hr] : 냉각수흐름으로부터 제거되는 에너지

$\dot{m}_{chw}$ [kJ/hr] : 냉각수흐름의 유체 질량 유량

Cp_{chw} [kJ/kg·℉K] : 냉각수흐름의 유체 비열

$T_{cw,\,out}$ [℃] : 냉방수(cooling water)흐름의 출구 측 유체의 온도

$T_{cw,\,out}$ [℃] : 냉방수흐름의 입구 측 유체의 온도

$\dot{Q}_{cw}$ [kJ/hr] : 냉방수흐름으로부터 추가되는 에너지

$\dot{m}_{cw}$ [kJ/hr] : 냉방수흐름의 유체 질량 유량

Cp_{cw} [kJ/kg·℉K] : 냉방수흐름의 유체 비열

$\dot{Q}_{aux}$ [kJ/hr] : Energy draw of parasitics(solutions pumps, controls etc.)

COP (−) : 장치에 대한 성능 계수

2. 수학적 설명

TRNSYS 매뉴얼에서 제공하는 복잡한 내용을 이해하기 보다는 국내의 공조냉동관련 서적을 참고하는 것이 본 기기를 이해하는 데 많은 도움이 될 것이다. 특히 설비공학회의 설비공학 편람 (1)에 본 기기에 관한 자세한 내용을 다루고 있어 이 내용을 중심으로 기술하고자 한다.

흡수식 냉동 장치는 냉매 증기가 용액에 용해하는 비율이 온도와 압력에 따라 다른 성질을 이용해서 냉동 작용을 행하는 것으로, 사용 용액으로 암모니아 수용액 또는 공기 조화용 흡수식 냉동 장치의 리튬 브로마이드 수용액 등이 있다.

전자는 암모니아 수용액을 재생기에서 가열하여 암모니아 증기를 발생시키고, 응축기에서 액화하여 팽창밸브를 거쳐 저압의 증발기에 유입시켜 냉동 작용을 행한다. 암모니아 증기 재생기에서 암모니아의 증발에 의하여 희박해진 용액과 증발한 암모니아 증기를 흡수기에서 흡수하여 이것을 펌프로 다시 재생기로 보내는 사이클을 반복한다.

후자의 경우 리튬 브로마이드 수용액에서는 물이 냉매이며 재생기에서 증발시켜, 응

축기에서 액화시키고 팽창 밸브를 거쳐 증발기에서 재증발시켜서 냉동 작용을 행한다. 재생기에서 진한 용액으로 된 리튬 브로마이드 용액은 흡수기에서 수증기를 흡수시켜 희박 용액이 되고 이것을 펌프로 재생기에 보내는 사이클을 반복한다.

흡수식 냉동 장치는 증발 압축식 냉동 장치에 비하여 증기를 발생시키는 에너지를 추가로 필요로 하기 때문에 성능 계수는 낮으나 에너지 절약기기로서 최근 각광을 받고 있으며 다음과 같은 특징이 있다.

(1) 증기 압축식 냉동 장치에 필요한 대용량의 전기 설비를 생략할 수 있다.
(2) 겨울철 난방에 사용하는 보일러를 연간 가동시킴으로써 투자효율을 향상시킬 수 있다.
(3) 가스, 중유 등의 에너지 가격이 전력비보다 저렴하다.
(4) 공장 폐열, 터보 압축기 구동용 터빈의 발열을 이용함으로써 전체 에너지의 효율을 향상시킬 수 있다.

최근에는 이중 효용식의 채용으로 성능 계수가 향상되어 공기 조화용으로 널리 이용되고 있다.

서승직 (2)에 소개된 흡수식 냉동 사이클은 [그림 4-12]와 같으며, 이 기기의 작용 방법은 다음과 같다.

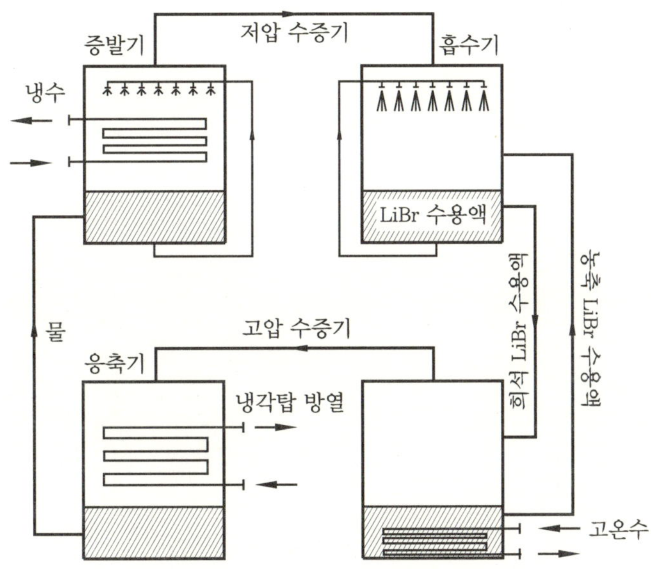

[그림 4-12] 흡수식 냉동 사이클

(1) 증발기 내에서 냉수로부터 열을 흡수, 물은 증발하여 수증기가 되어 흡수기로 들어간다.

(2) 흡수기 내에서 수증기가 LiBr 수용액에 흡수되며, 희석 수용액은 발열 때문에 냉
    각수에 의해 냉각되어 재생기로 보내진다.
(3) 재생기 내에서 고온수나 고압 증기에 의해 가열되어 희석 수용액 중 수증기는 응
    축기로 보내지고 농축 수용액은 흡수기로 되돌아간다.
(4) 재생기로부터 유입된 수증기는 저압의 응축기에서 응축되어 물이 되며, 증발기로
    들어간다.

그 외 수학적 관련 이론 및 분석 방법에 관한 내용은 TRNSYS 사용자 매뉴얼과 설비
공학편람 (1)을 참고하기 바란다.

3. External data file

Type 107은 데이터 파일로부터 냉각기 성능 데이터를 읽는다. 다음 예제는 [Exam-
ples\Data Files]에 제공된다. 데이터 파일 형식은 다음과 같다.

여기서, $\{i, j, k, l\}$는 설계 에너지 입력의 비와 평가된 용량의 비를 의미하며, 다음과
같이 주어진다.
설계 부하의 비율의 i번째 값
냉각수 설정점의 j번째 값
입력 냉각수온도의 k번째 값
입구 고온수온도의 l번째 값

```
<Fraction of design load 1>  <Fract. Of design load 2>  etc.  NF values [0;1]
<Chilled water setpoint 1>  <Chilled water setpoint 2>  etc.  NS values [°C]
<Entering Chilled Water Temperature 1>  < ECWT 2>  etc.       NE values [°C]
<Inlet Hot Water Temperature 1>  <IHWT 2>  etc.              NI values [°C]
<Fraction of rated capacity> <Fract. Of Design Energy Input>  for {1,1,1,1}
<Fraction of rated capacity> <Fract. Of Design Energy Input>  for {1,1,1,2}
<Fraction of rated capacity> <Fract. Of Design Energy Input>  for {1,1,1,3}
... (loop on IHWT values for Frac. Of design load 1, CWSet 1, ECWT 1)
<Fraction of rated capacity> <Fract. Of Design Energy Input>  for {1,1,1,NI}
<Fraction of rated capacity> <Fract. Of Design Energy Input>  for {1,1,2,1}
... (loop on IHWT values for Frac. Of design load 1, CWSet 1, ECWT 2)
<Fraction of rated capacity> <Fract. Of Design Energy Input>  for {1,1,2,NI}
<Fraction of rated capacity> <Fract. Of Design Energy Input>  for {1,1,3,1}
... (loop on IHWT values for Frac. Of design load 1, CWSet 1, ECWT 3)
<Fraction of rated capacity> <Fract. Of Design Energy Input>  for {1,1,3,NI}
... (loop on ECWT values for Frac. Of design load 1, CWSet 1 - all IHWT val.)
<Fraction of rated capacity> <Fract. Of Design Energy Input>  for {1,1,NE,NI}
<Fraction of rated capacity> <Fract. Of Design Energy Input>  for {1,2,1,1}
<Fraction of rated capacity> <Fract. Of Design Energy Input>  for {1,2,1,2}
... (loop on CWSet values for Frac. Of design load 1 - all ECWT and IHWT val.)
<Fraction of rated capacity> <Fract. Of Design Energy Input>  for {1,NS,NE,NI}
<Fraction of rated capacity> <Fract. Of Design Energy Input>  for {2,1,1,1}

<Fraction of rated capacity> <Fract. Of Design Energy Input>  for {2,1,1,2}
... (loop on Frac. Of design load values - all CWSet, ECWT and IHWT val.}
<Fraction of rated capacity> <Fract. Of Design Energy Input>  for {NF,NS,NE,NI}
```

[그림 4-13] 냉각기 성능 데이터 파일의 형식

데이터 파일의 원리는 처음 4행은 성능 맵에 사용되는 4개의 독립변수들의 값을 주어
진다. 그리고 2개의 의존변수들이 독립변수의 모든 조합에 대하여 주어진다. 마지막 독
립변수들의 값들이 먼저 순환되며, 그런 다음 세 번째 독립변수가 순환된다.

예 제

```
0.0  0.1  0.2  0.3  0.4  0.5  0.6  0.7  0.8  0.9  1.0  !Fraction of Design Load
5.56 6.11 6.67 7.22 7.78 8.89 10.0  !Chilled Water Setpoint (C)
26.7 29.4 32.2 !Entering Cooling Water Temperature (C)
108.9 111.7 113.9 115.0 116.1 !Inlet Hot Water Temperature (C)
0.9878 0.0000 !Capacity and Design Energy Input Fract. at 0.0 5.56 26.7 108.9
1.0367 0.0000 !Capacity and Design Energy Input Fract. at 0.0 5.56 26.7 111.7

... etc.  (see the example file in "Examples\Data Files" for more details)

1.0469 0.9800 !Capacity and Design Energy Input Fract. at 1.0 10.0 32.2 116.1
```

4. 참고 문헌

1. 대한설비공학회, 『설비공학편람 제 3 권 냉동』, pp. 1.1~17-26, 2001.
2. 서승직, 『건축설비계획』, 일진사, pp. 407-409, 2006.

4-11 Type 121 : Simple Furnace/Air Heater

Type 6과 매우 유사하게 유체에 대하여 행하며, Type 121은 설정온도에 자동적으로
시도하여 도달할 수 있도록 설정되거나 외부적으로 제어될 수 있는 공기식 난방 장치를
표현한다. 이 난방로(furnace ; 이하 공기식 난방 장치)는 난방 용량과 효율에 의해 제한
된다. 공기식 난방 장치의 열손실은 평균 공기온도에 근거를 둔다.
공기의 출구 상태는 압력 효과(pressure effect)를 고려한 에너지 평형에 근거한 엔탈
피에 의해 결정된다.

1. 기호 설명

$h_{air,\,in}$ [kJ/kg·°K] : 공기식 난방 장치로 유입되는 공기의 엔탈피

$h_{air,\,out}$ [kJ/kg·°K] : 공기식 난방 장치에서 유출되는 공기의 엔탈피

$\dot{m}_{air}$ [kg/hr] : 공기의 질량 유량(entering mass flow rate = exiting mass flow rate)

$q_{\max}$ [kJ/hr] : 공기식 난방 장치의 용량

q_η [kJ/hr] : 효율을 고려한 공기식 난방 장치의 최대 난방 용량

UA [kJ/˚K] : 공기식 난방 장치의 총합 열손실 계수

$\overline{T}$ [℃] : 공기식 난방 장치의 평균 공기온도

T_{env} [℃] : 공기식 난방 장치 주변 공기의 온도

2. 수학적 설명

Type 121의 운전은 [그림 4-14]의 에너지 평형에 의해 지배된다.

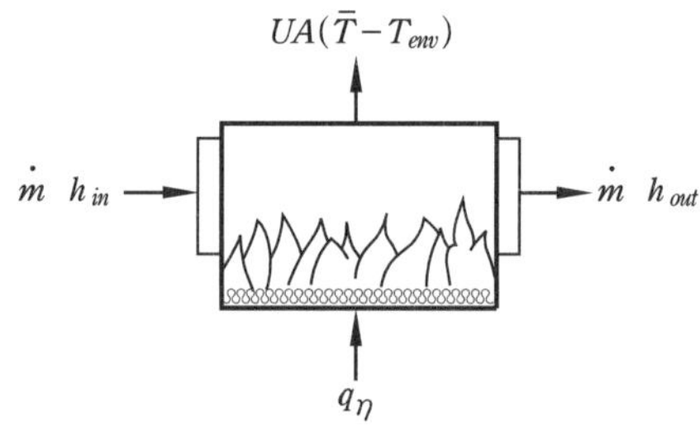

[그림 4-14] 공기식 난방 장치의 에너지 평형

여기서, h_{in}, h_{out}는 각각 공기식 난방 장치로 유입되거나 유출되는 공기의 엔탈피를 의미한다.

열손실은 공기식 난방 장치의 평균 공기온도에 근거해 계산되며, q_η는 장치의 총합 효율을 곱한 공기식 난방 장치의 용량이다. 바꿔 말하면, q_η는 연료로부터 공기식 난방 장치의 공기로 실질적으로 전달된 에너지량을 나타내는 것이다.

$$h_{air,\,out} = h_{air,\,in} + \frac{q_\eta}{\dot{m}} - \frac{UA}{\dot{m}}\cdot(\overline{T} - T_{env}) \tag{4-80}$$

공기의 출구온도는 내부적으로 알 수 없기 때문에 Type 121은 출구 공기 조건에 도달하기 위한 반복 처리 과정을 사용한다. 입구 측 공기의 엔탈피가 계산되고 TRNSYS PSYCHROMETRICS 루틴에 의해 되돌아오면, 그 결과 방정식 (4-80) 에너지 평형식은 입·출구 공기온도가 동일하다고 가정하여 우선 해석된다.

계산된 출구 측 엔탈피가 PSYCHROMETRICS 루틴으로 되돌려지고, 교대로 새로운 출구 측 공기온도로 응답한다. 이 새로운 출구 측 공기온도가 공기 유동으로부터 빠져나

가는 에너지와 열손실 항 모두에게 영향을 미치는 에너지 평형식을 수정하기 위해 사용된다.

이 반복 계산 과정은 PSYCHROMETRICS으로부터 응답된 출구 공기의 온도가 0.01 ℃ 이하로 변할 때까지 지속된다. 만약 사용자가 원할 경우 이 기본 오차는 Type 121 source code에서 수정될 수 있다.

또한, Type 121은 공기식 난방 장치를 통한 공기 압력 강하(air pressure drop)를 고려한다. 압력 강하는 공기식 난방 장치가 운전 중인지 여부와 공기가 흐르고 있는지 여부에 상관없이 공기 출구 조건에 적용된다. 공기 유동에 상관없이 압력 강하가 발생된다고 가정함으로써 TRNSYS는 시스템이 시작될 때 훨씬 더 빨리 해에 수렴할 수 있다.

사용자들이 이 압력 강하에 따른 영향을 무시하고자 할 경우에는 간단히 이 압력 강하 매개변수를 '0'으로 설정하면 된다.

5. Hydrogen Systems

이 Direct Access 영역에 포함된 Hydrogen Systems 컴포넌트들은 노르웨이의 IFE (Institute for Energy Technology)의 Øystein Ulleberg과 Ronny Glöckner에 의해 개발된 Hydrogems library의 일부분이다. 이들 컴포넌트들은 TRNSYS 16의 표준 TRNSYS 라이브러리로 통합되었다.

(1) 이용 가능한 컴포넌트들

Hydrogen Energy Systems library에는 Type 170과 Type 173인 두 개의 다른 연료 전지(fuel cell) 모델이 있다.

Type 170은 Proton Exchange Membrane Fuel Cell(PEMFC)을 모델화하였으며, Type 173은 Alkaline Fuel Cell(AFC)을 모델화하였다. 이들 모델들 모두 상세한 electrical, thermodynamic 그리고 thermal models을 포함하며, Hydrogen & Air 또는 Hydrogen & (pure) Oxygen으로부터 운용할 수 있다.

Hydrogen Storage는 Type 164로 모델화되었으며, 이 모델은 이상 기체 법칙 또는 실제 기체에 대한 Van Der Waals 상태 방정식을 이용하여 가스 압력을 계산한다.

Advanced Alkaline Water Electrolyzer의 수소로부터의 전력 생산은 Type 160으로 모델화되었으며, 이 모델은 기본적인 thermodynamics, heat transfer theory 그리고 empirical electrochemical relationships의 조합에 기초한다. 또한, 동적 열부하 모델(dynamic thermal model)이 포함되었다.

그리고 이 라이브러리에는 전용의 high level controllers인 Type 100 Electrolyzer Controller와 Type 105-Master Level Controller과 부속품인 Type 167 Multistage Compressor가 포함된다.

(2) 상세한 수학적 모델 설명

이들 내용에 관한 추가적인 정보는 TRNSYS 16 매뉴얼을 참고하기 바라며, 특히 Hydrogen Systems Components의 수학적 설명은 TRNSYS 16에 포함된 EES 기반 실행 프로그램에 제공되어 있다. 이 프로그램(Hydrogen Systems Documentation.exe)은 [TRNSYS16 \ Documentation]에 위치된다.

끝으로 본 권은 이 영역에 관한 내용을 생략하였으며 TRNSYS 사용자 매뉴얼을 참고하기 바란다.

6. Hydronics

이 Direct Access 영역에는 펌프, 팬, 파이프 등의 컴포넌트 모델이 포함되어 있으며 그 종류는 다음과 같다.

Type 3 : Variable Speed Pump or Fan without Humidity Effects

Type 11 : Tee Piece, Flow Diverter, Flow Mixer, Tempering Valve

Type 13 : Pressure Relief Valve

Type 31 : Pipe or Duct

Type 110 : Variable Speed Pump

Type 111 : Variable Speed Fan/Blower with Humidity Effects

Type 112 : Single Speed Fan/Blower with Humidity Effects

Type 114 : Constant Speed Pump

(1) 펌프와 팬

만약 사용자 시뮬레이션이 습기에 관해 설명할 필요가 없다면 사용자는 펌프와 팬에 대하여 Type 3을 이용할 수 있다. 그렇지 않다면 사용자는 Type 111 또는 114 를 이용해야 한다.

(2) 파이프 및 부속품

이들 컴포넌트들은 Type 31, 11 그리고 13에 의해 제공되며 이들은 수회로 (water loops)로 코드화되었다.

끝으로 본 권은 이 영역에 관한 내용을 생략하였으며 TRNSYS 사용자 매뉴얼을 참고 하기 바란다.

7. Loads and Structures

본 장은 아래와 같이 건물 부하 및 구조에 관한 컴포넌트들을 중심으로 구성되어 있다. 이는 건축 환경을 전공하는 사람들에게는 필수적인 내용들이므로 각각의 컴포넌트에 대한 기본 지식의 습득은 다양한 건물 에너지에 관한 시뮬레이션을 가능하게 하고, 건물 부하 계산에 이용되는 수학적 모델에 관한 배경 지식을 갖추게 될 것이다.

> Type 12 : Energy/(Degree Day) Space Heating or Cooling Load
>
> Type 18 : Pitched Roof and Attic
>
> Type 19 : Detailed Zone(Transfer Function)
>
> Type 34 : Overhang and Wingwall Shading
>
> Type 35 : Window with Variable Insulation
>
> Type 36 : Thermal Storage Wall
>
> Type 37 : Attached Sunspace
>
> Type 56 : Multi-Zone Building and TRNBuild
>
> Type 88 : Lumped Capacitance BuildingType

이상과 같은 여러 가지 건물 부하 및 형태에 관한 자료를 TRNSYS에서는 제공하고 있다. 물론 모든 Type이 각각의 특징을 가지고 구성되어 있지만, 건물 에너지를 해석하는 데 많이 이용되는 몇 가지 Type만을 소개하고자 한다. 기타 나머지 Type에 관한 자료는 TRNSYS 매뉴얼을 참고하기 바란다.

7-1   Type 12 : Energy/(Degree Day) Space Heating or Cooling Load

1. 개 요

Energy/(Degree Day) 개념은 구조체의 월간 난방 부하 평가에 이용될 수 있게 ASHRAE (1)에 의해 선보였다. 이 공간 난방 부하 모델에서는 Energy/(Degree Day) 또는 보다 적절한 Energy/(Degree Day) 개념은 구조체의 시간에 따른 난방 부하 평가에까지 확대된다. 일반적으로 이러한 방법에 의해 평가된 시간에 따른 난방 부하는 오류의 가능성이 많은 것으로 인식되고 있다. 그러나 이 모델은 최소한의 노력으로 공간 난방 부하를 평가할 수 있다는 것이다.

Type 12는 제어 및 보조 기기의 유연성을 제공하기 위한 4가지 작동 유형이 있다. Mode 1, 2 그리고 3은 ERC에 적합하다. 열용량이 0인 구조체 모델은 Mode 1과 2는 난방을 위한 일정 설정온도를 유지한다. Mode 3은 냉방과 난방 설정온도(T_{min}, T_{max})에 따라 실내온도가 변동하도록 한다. 이 해석에서는 단일 집중 용량법이 이용된다. 만약 실내온도가 T_{max} 이상으로 상승하거나, T_{min} 이하로 떨어진다면 이 한계(limit)는 냉방 또는 난방 요구하는 Output으로써 실내온도 유지를 위한 에너지가 요구된다. Mode 4는 TLC에 적합한 단일 집중 용량법 모델이다. 정상적으로 난방 또는/그리고 냉방기기와 제어기는 이 유형(mode)과 연결되어 이용된다.

2. 수학적 설명

이 컴포넌트는 사용자에게 보조 에너지를 건물에 공급하는 두 가지 방법을 제공한다. Mode 1은 수평 보조 유형이고, Mode 2는 병렬 또는 "bypass(우회)" 보조 유형이다. 이 유형 모두는 단지 난방 해석에만 이용될 수 있다. Mode 3과 4는 냉방 또는 난방 에너지량을 결정하는 데 이용될 수 있다.

(1) Mode 1 : Parallel Auxiliary(0 node)

보조 에너지는 유동의 열용량인 $\dot{m}_h \cdot C_p$과 온도 T_i로부터 축출될 수 없는 단지 부하 부분만으로 구성된다.

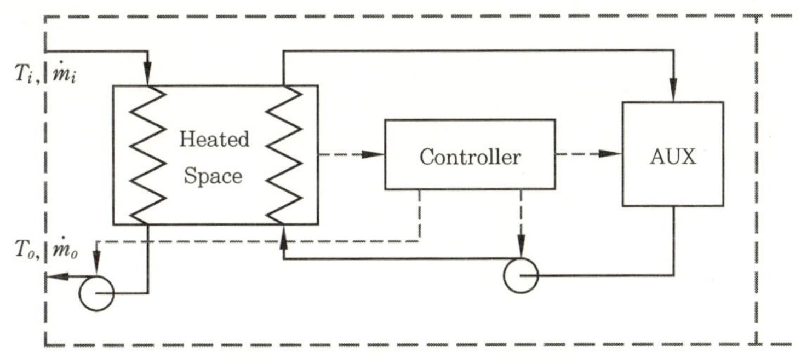

[그림 7-1] Mode 1의 개통도

$$\dot{Q}_L = \begin{pmatrix} [UA \cdot (T_R - T_a) - \dot{Q}_{gain}] & \text{if } > 0 \\ \\ 0 & otherwise \end{pmatrix} \quad (7\text{-}1a)$$

$$\dot{m}_o = \begin{pmatrix} \dot{m}_h & \text{if } \dot{Q}_L > 0 \\ 0 & \text{if } \dot{Q}_L < 0 \end{pmatrix} \quad (7\text{-}1b)$$

$$\dot{Q}_L = \begin{pmatrix} \min[\varepsilon \cdot C_{\min} \cdot (T_i - T_R), \dot{Q}_L] & \text{if } T_i > T_R \\ \\ 0 & otherwise \end{pmatrix} \quad (7\text{-}2a)$$

$$\dot{Q}_{aux} = \dot{Q}_L - \dot{Q}_T \quad (7\text{-}2b)$$

$$T_o = T_i - \dot{Q}_T / \dot{m}_h \cdot C_p \quad (7\text{-}2c)$$

(2) Mode 2 : Series Auxiliary(0 node)

보조 에너지는 유동의 열용량인 $\dot{m}_h \cdot C_p$과 온도 T_i로부터 축출될 수 없는 단지 부하 부분만으로 구성된다.

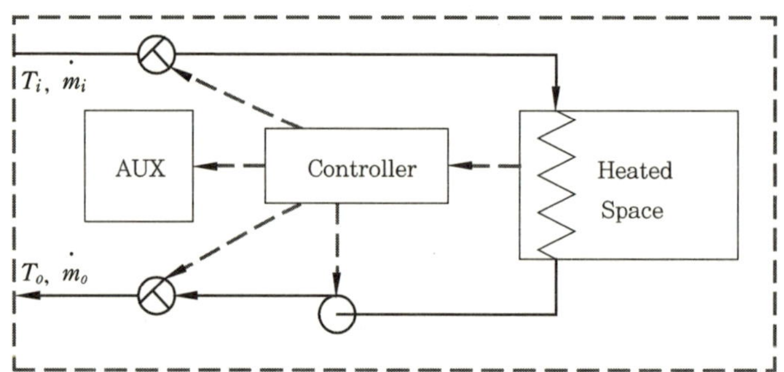

[그림 7-2] Mode 2의 개통도

$$\dot{Q}_L = \begin{pmatrix} [UA \cdot (T_R - T_a) - \dot{Q}_{gain}] & \text{if } > 0 \\ \\ 0 & otherwise \end{pmatrix} \quad (7\text{-}3a)$$

$$\dot{Q}_T = \begin{pmatrix} \dot{Q}_L & \text{if } \dot{Q}_L \leq \varepsilon \cdot C_{\min} \cdot (T_i - T_R) \\ \\ 0 & otherwise \end{pmatrix} \quad (7\text{-}3b)$$

$$\dot{m}_o = \begin{pmatrix} \dot{m}_h & \text{if } \dot{Q}_L \leq \varepsilon \cdot C_{\min} \cdot (T_i - T_R) \\ \\ 0 & otherwise \end{pmatrix} \quad (7\text{-}3c)$$

$$\dot{Q}_{aux} = \begin{pmatrix} 0 & \text{if} \ \ \dot{Q}_L \leq \varepsilon \cdot C_{\min} \cdot (T_i - T_R) \\[2ex] \dot{Q}_L & \text{otherwise} \end{pmatrix} \tag{7-3d}$$

$$T_o = \begin{pmatrix} T_i - \dot{Q}_T / \dot{m}_h \cdot C_p & \text{if} \ \ \dot{Q}_T > 0 \\[2ex] T_i & \text{otherwise} \end{pmatrix} \tag{7-3e}$$

(3) Mode 3 : Floating Room Temperature, Energy Rate Auxiliary

Mode 3은 냉·난방기기가 설비되었고, 실내온도가 변동하는 건물의 한 점을 모델화한 것이다. 집중 용량 구조체의 내부 에너지 변화율을 나타내는 미분방정식은 다음과 같다.

$$CAP \frac{dT_R}{dt} = \gamma \cdot \varepsilon \cdot C_{\min} \cdot (T_i - T_R) + \dot{Q}_{gain} - UA \cdot (T_R - T_a) \tag{7-4a}$$

여기서, γ 는 다음과 같다.

$$\gamma = \begin{pmatrix} 1 & \text{if} \ \ \dot{m}_1 > 0 \\[2ex] 0 & \text{otherwise} \end{pmatrix} \tag{7-4b}$$

위의 미분방정식은 각 시간 간격에서 부 프로그램인 DIFFEQ를 이용한 최종 및 평균 실내온도 T_{RF}, $\overline{T_R}$ 에 의해 해석된다.

if $T_{RF} < T_{\min}$

$$T_{RF} = T_{\min} \text{이며, } \overline{T_R} = \overline{T_{RC}} \cdot \frac{\Delta t_c}{\Delta t} + T_{\min} \cdot \left(1 - \frac{\Delta t_c}{\Delta t} \right) \text{이다.} \tag{7-5a}$$

if $T_{RF} > T_{\max}$

$$T_{RF} = T_{\max} \text{이며, } \overline{T_R} = \overline{T_{RC}} \cdot \frac{\Delta t_c}{\Delta t} + T_{\max} \cdot \left(1 - \frac{\Delta t_c}{\Delta t} \right) \text{이다.} \tag{7-5b}$$

그 외의 경우에는

$$\dot{Q}_T = \gamma \cdot \varepsilon \cdot C_{\min} \cdot (T_i - \overline{T_R}) \tag{7-6a}$$

$$\dot{Q}_L = UA \cdot (\overline{T_R} - T_a) - \dot{Q}_{gain} \tag{7-6b}$$

$$\dot{Q}_{aux} = \begin{pmatrix} \dot{Q}_L - \dot{Q}_T + \dfrac{CAP \cdot (T_{RF} - T_{RL})}{\Delta t} & \text{if} \ > 0 \\[2ex] 0 & \text{otherwise} \end{pmatrix} \tag{7-6c}$$

$$\dot{Q}_{sens} = \left(\begin{matrix} \dot{Q}_T - \dot{Q}_L - \dfrac{CAP \cdot (T_{RF} - T_{RL})}{\Delta t} & \text{if} > 0 \\ 0 & otherwise \end{matrix} \right) \tag{7-6d}$$

Degree day 부하가 공기 조화 계산에 사용될 때, ASHRAE (1)에서는 잠열 부하를 설명하기 위해 일정한 상수 인자(constant factor)에 의해 현열 부하를 곱하도록 권장한다. 선택적인 잠열 부하 매개변수 $LHR = \dfrac{latent\ load}{total\ load}$ 는 이러한 목적을 위해 이용될 수 있다. ASHRAE는 $latent\ load / sensible\ load$ 비율은 약 0.3 또는 $LHR = 0.23$을 추천하고 있다. 전체 부하 및 잠열 냉방 부하는 다음 식 [7-7(a), (b)]에 의해 계산된다.

$$\dot{Q}_{cool} = \frac{\dot{Q}_{sens}}{(1 - LHR)} \tag{7-7a}$$

$$\dot{Q}_{lat} = \dot{Q}_{cool} - \dot{Q}_{sens} \tag{7-7b}$$

(4) Mode 4 : Floating Room Temperature, No Auxiliary

Mode 4의 해석은 실내온도가 외기 조건과 냉방 또는 난방기기 모두를 고려한다는 것을 제외하고는 Mode 3과 유사하다. 내부 에너지 변화율을 나타내는 미분방정식은 식 (7-8)과 같다.

$$CAP \frac{dT_r}{dt} = \gamma \cdot \varepsilon \cdot C_{\min} \cdot (T_i - T_R) + \dot{Q}_{gain} - UA \cdot (T_R - T_a) + \dot{Q}_{aux} \tag{7-8}$$

여기서, γ 는 다음과 같다.

$$\gamma = \left(\begin{matrix} 1 & \text{if}\ \dot{m}_1 > 0 \\ 0 & otherwise \end{matrix} \right)$$

$$\dot{Q}_{sens} = (1 - LHR) \cdot \dot{Q}_{cool} \tag{7-9}$$

위의 미분방정식은 각 시간 간격에서 부 프로그램인 DIFFEQ를 이용한 최종 및 평균 실내온도(T_{RF}, $\overline{T_R}$)에 의해 해석된다.

$$\dot{Q}_T = \gamma \cdot \varepsilon \cdot C_{\min} \cdot (T_i - \overline{T_R}) \tag{7-10a}$$

$$\dot{Q}_L = UA \cdot (\overline{T_R} - T_a) - \dot{Q}_{gain} \tag{7-10b}$$

$$\dot{Q}_{lat} = \dot{Q}_{cool} - \dot{Q}_{sens} \tag{7-10c}$$

3. TRNSYS 컴포넌트 특징

(1) Mode 1 또는 2 ; Fixed Temperature Heating

〈표 7-1〉 Mode 1 or 2 – 매개변수

매개변수 번호	기 호	설 명
1	Mode	1 : 직렬 보조기기에 의해 고정된 온도를 갖는 난방만 고려 2 : 병렬 보조기기에 의해 고정된 온도를 갖는 난방만 고려
2	UA	건물 열손실 계산을 위한 총합 열전달률(kJ/h · ℃)
3	T_R	고정된 실내온도(℃)
4	$\dot{m}_h$	열교환기 구동 유체의 질량 유량(kg/h)
5	C_{pf}	열원 유체의 비열(kJ/kg · ℃)
6	ε_{mm}	효율과 최소 열용량의 곱(kJ/h · ℃)

〈표 7-2〉 Mode 1 or 2 – 입력

Input 번호	기 호	설 명
1	T_i	열원으로부터 유입되는 유체의 온도(℃)
2	$\dot{m}_i$	열원인 유체의 질량 유량(kg/h)
3	T_a	외기온도(℃)
4	$\dot{Q}_{gain}$	시간에 따른 취득 열량(kJ/h)

〈표 7-3〉 Mode 1 or 2 – 출력

Output 번호	기 호	설 명
1	T_a	열원으로 되돌아가는 유체의 온도(℃)
2	$\dot{m}_o$	열원으로 되돌아가는 유체의 질량 유량(kg/h)
3	$\dot{Q}_L$	순간 난방 부하(kJ/h)
4	$\overline{T_R}$	평균 실내온도(℃)
5	$\dot{Q}_T$	열교환기에 의해 교환된 에너지량(kJ/h)
6	$\dot{Q}_{aux}$	순간 보조 난방 에너지량(kJ/h)

[그림 7-3]은 Mode 1 또는 2의 Flow Diagram을 도식화하여 나타낸 것이다.

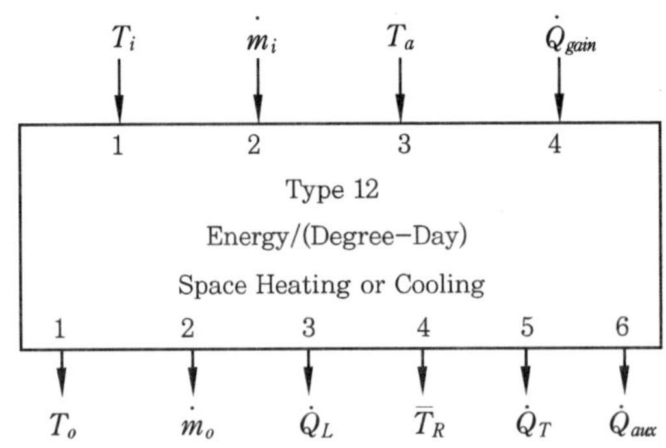

[그림 7-3] Mode 1 또는 2의 Flow Diagram

(2) Mode 3 또는 4 ; Fixed Temperature Heating

〈표 7-4〉 Mode 3 or 4 - 매개변수

매개변수 번호	기 호	설 명
1	Mode	1 : 직렬 보조기기에 의해 고정된 온도를 갖는 난방만 고려 2 : 병렬 보조기기에 의해 고정된 온도를 갖는 난방만 고려
2	UA	건물 열손실 계산을 위한 총합 열전달률(kJ/h·℃)
3	CAP	건물의 집중 열용량(kJ/℃)
4	T_{RI}	초기 실내온도(Mode 3 또는 4)(℃)
5	C_{pf}	열원 유체의 비열(kJ/kg·℃)
6	$\varepsilon \cdot C_{\min}$	효율과 최소 열용량의 곱(kJ/h·℃)
7	$T_{\min}$	난방을 위한 실내 설정온도(℃)
8	$T_{\max}$	냉방을 위한 실내 설정온도(℃)
9	LHR	전체 냉방 부하에 따른 잠열부하 비율

〈표 7-5〉 Mode 3 or 4 - 입력

입력값 번호	기 호	설 명
1	T_i	열원으로부터 유입되는 유체의 온도(℃)
2	$\dot{m}_i$	열원인 유체의 질량 유량(kg/h)
3	T_a	외기온도(℃)
4	$\dot{Q}_{gain}$	시간에 따른 취득 열량(kJ/h)
5	$\dot{Q}_{aux}$	실내로 유입되는 보조 난방 열량(kJ/h)
6	$\dot{Q}_{cool}$	실내로부터 제거되는 냉방 에너지량(kJ/h)

〈표 7-6〉 Mode 3 or 4 - 출력

Output 번호	기 호	설 명
1	T_a	열원으로 되돌아가는 유체의 온도(℃)
2	$\dot{m}_o$	열원으로 되돌아가는 유체의 질량 유량(kg/h)
3	$\dot{Q}_L$	순간 난방 부하(kJ/h)
4	$\overline{T_R}$	평균 실내온도(℃)
5	$\dot{Q}_T$	열교환기에 의해 교환된 에너지량(kJ/h)
6	$\dot{Q}_{aux}$	순간 보조 난방 에너지량(kJ/h)
7	$\dot{Q}_{sens}$	현열에 의한 냉방 에너지량(kJ/h)
8	$\dot{Q}_{lat}$	실내 제습에 이용된 냉방 에너지량(kJ/h), 잠열

[그림 7-4]는 Mode 3 또는 4의 Flow Diagram을 도식화하여 나타낸 것이다.

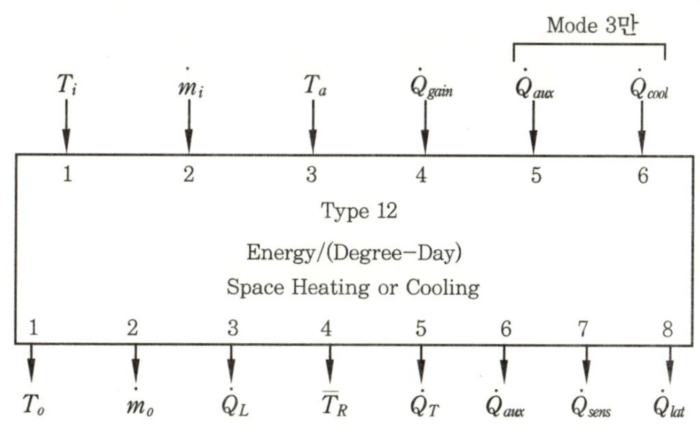

[그림 7-4] Mode 3 또는 4의 Flow Diagram

7-2 Type 18 : Pitched Roof and Attic

1. 개 요

전달 함수법에 의한 경사 지붕과 다락(attic) 모델은 Type 19에서의 천장 열손실 계산을 발전시킨 것이다. 이 모델은 기존의 유한 차분 모델보다 시뮬레이션하는 데 있어서 훨씬 경제적이다. 전달 함수 계수들은 다음 [그림 7-5]와 [그림 7-6]과 같이 몇 가지 기하학적 가정을 통해 이 모델에서 만든다.

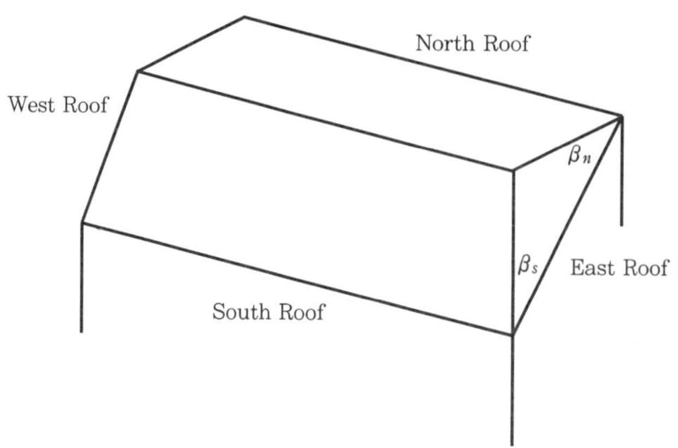

[그림 7-5] Roof Geometry

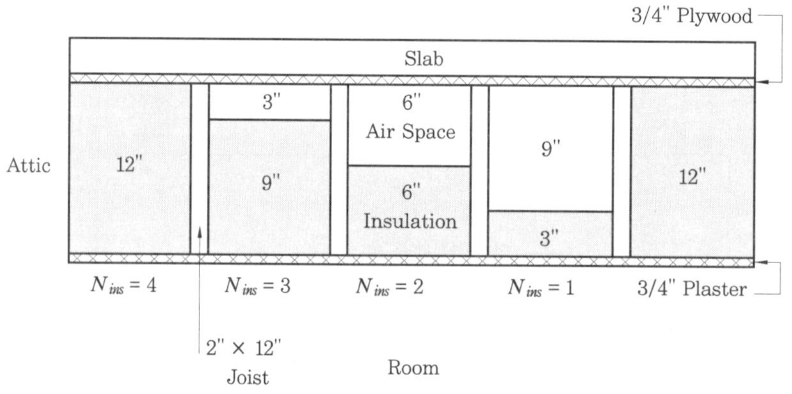

[그림 7-6] Ceiling Cross Section

2. 수학적 설명

열유속 계산은 Type 19의 전달 함수 벽체 해석과 유사하다. 유일한 차이점은 유효 상당 외기온도($T_{sa,\,eff}$)가 [그림 7-7]과 같이 침기율(infiltration rate)과 다양한 지붕 표면의 상당 외기온도의 함수로써 계산된다는 것이다. 그리고 이 유효 상당 외기온도는 열유속 방정식에서 유도하기 위한 열원으로써 이용된다.

$$T_{sa,\,eff} = \frac{C_s \cdot T_{sa,\,s} + C_e \cdot T_{sa,\,n} + C_w \cdot T_{sa,\,w} + C_i \cdot T_a}{C_{eff}} \tag{7-11}$$

여기서, $T_{sa,i}$는 표면 i의 상당 외기온도이며, C_i는 $T_{sa,i}$와 attic 사이의 총합 열전도도(conductance : 컨덕턴스) 값이다.

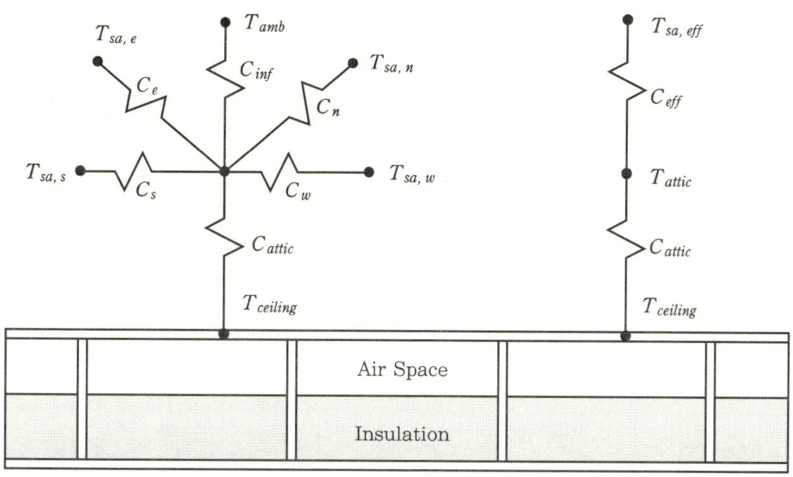

[그림 7-7] 유효 상당 외기온도(Effective Sol-Air Temperature)

표면 i의 상당 외기온도는 식 (7-12)로 계산된다.

$$T_{sa,i} = T_a + \frac{\alpha \cdot I \cdot T_i + \Delta R_i}{h_o} \tag{7-12}$$

여기서, $\Delta R_i = \varepsilon_i \cdot \sigma \left[F_{i,sky} \cdot (T_{sky}^4 - T_a^4) + F_{i,gnd} \cdot (T_{gnd}^4 - T_a^4) \right]$이며, $\Delta R_e = \Delta R_w^a$ 이다.

그리고 표면 i의 각각의 형태 계수(view factor)는 다음과 같다.

$$F_{i,sky} = \frac{1 + \cos\beta}{2} \tag{7-13a}$$

$$F_{i,gnd} = \frac{1 - \cos\beta}{2} \tag{7-13b}$$

여기서, β는 수평면에 대한 표면 i의 기울기(경사)이다.

유효 열전도도 C_{eff}는 다음 식으로 계산된다.

$$C_{eff} = C_s + C_e + C_n + C_w + C_I \, [\text{kJ/h} \cdot \text{℃}] \tag{7-14}$$

여기서, C_I는 attic의 침기량으로 $C_I = \dot{V} \cdot \rho \cdot C_p \, [\text{kJ/h} \cdot \text{℃}]$와 같이 계산된다.

외표면 대류 열전달 계수는 $h_o = 10.08 + 10.8 \, W \, [\text{kJ/m}^2 \cdot \text{h} \cdot \text{℃}]$로 계산이 된다.

내표면 열전달 계수는 ASHRAE Handbook of Fundamentals로부터 다음과 같다.

$$h_{i,\,90} = 29.84 \text{ kJ/m}^2 \cdot \text{h} \cdot \text{℃}$$

$$h_{i,\,45} = 32.70 \text{ kJ/m}^2 \cdot \text{h} \cdot \text{℃}$$

$$h_{i,\,0} = 33.32 \text{ kJ/m}^2 \cdot \text{h} \cdot \text{℃}$$

천장을 통해 빠져나가거나 들어오는 열유속 $q_o{}''$는 식 (7-15)로 계산된다.

$$q_o{}'' = \sum_{n=0} b_n \cdot (T_{sa,\,eff,\,n} - T_{rc}) - \sum_{n=1} d_n \cdot q_n{}'' \ [\text{kJ/m}^2 \cdot \text{h}] \tag{7-15}$$

그리고 총합 열취득 또는 손실 열량은 식 (7-16)과 같다.

$$\dot{Q}_o = A_c \cdot q_o{}'' \tag{7-16}$$

계수들의 숫자와 값들은 초기값으로 저장되고, 천장 단열재 양을 지정함으로써 얻어진다.

3. 컴포넌트 특징

〈표 7-7〉 Pitched Roof & Attic의 매개변수, 입력값, 출력값

Parameter 번 호	기 호	설 명
1	N_{roof}	-1 ; 집열기 없음. +1 ; 남측면에 집열기 있음.
2	N_{ins}	1 ; 3″ ceiling insulation 2 ; 6″ ceiling insulation 3 ; 9″ ceiling insulation 4 ; 12″ ceiling insulation
3	α	비집열 표면의 흡수율
4	ε	비집열 표면의 방사율
5	A_s	남측면 면적(m²)
6	A_e	동측면 면적(m²)
7	A_n	북측면 면적(m²)
8	A_w	서측면 면적(m²)

	기 호	설 명
9	A_C	천정의 면적(m^2)
10	$\dot{V}$	다락 공간의 침기율$(\mathrm{m}^3/\mathrm{hr})$
11	U_{BE}	집열기의 가장자리 및 배면 손실 계수 back and edge loss coefficient of collector$(\mathrm{kJ/m}^2 \cdot \mathrm{h} \cdot ℃)$
12	β_s	남측면의 지붕 경사$(\,°\,)$
13	β_n	북측면의 지붕 경사$(\,°\,)$
Input 번호	기 호	설 명
1	T_a	외기온도$(℃)$
2	I_{Ts}	남측면에 입사되는 단위 면적, 시간당 총 일사량$(\mathrm{kJ/m}^2 \cdot \mathrm{hr})$
3	I_{Te}	동측면에 입사되는 단위 면적, 시간당 총 일사량$(\mathrm{kJ/m}^2 \cdot \mathrm{hr})$
4	I_{Tn}	북측면에 입사되는 단위 면적, 시간당 총 일사량$(\mathrm{kJ/m}^2 \cdot \mathrm{hr})$
5	I_{Tw}	서측면에 입사되는 단위 면적, 시간당 총 일사량$(\mathrm{kJ/m}^2 \cdot \mathrm{hr})$
6	W	풍속$(\mathrm{m/s})$
7	T_c	집열기로부터의 실내로 들어오는 공기온도(Type 1)$(℃)$
8	T_R	실내온도$(℃)$
Output 번호	기 호	설 명
1	$\dot{Q}_o$	천정을 통해 들어오는 총 취득열량$(\mathrm{kJ/hr})$
2	$T_{sa,\,eff}$	지붕 표면의 유효 상당 외기온도$(℃)$

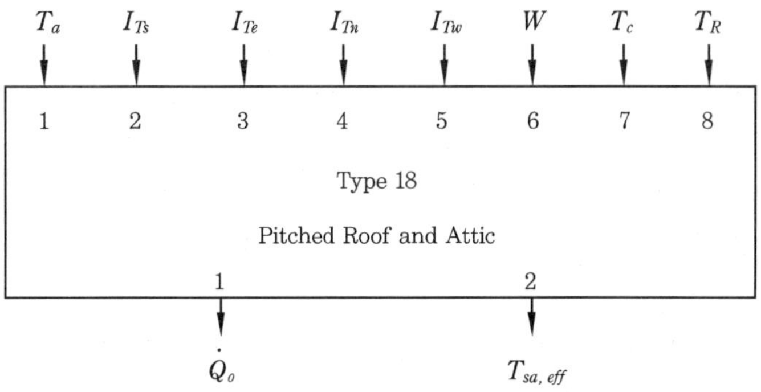

[그림 7-8] Type 18의 Flow Diagram

7-3 | Type 19 : Detailed Zone(Transfer Function)

1. 개 요

이 모델은 단일 존(single zone) 건물의 냉방 또는 난방 부하를 평가하는 데 유용하다. 이 컴포넌트는 벽체, 창문, 평지붕, 출입문 그리고 바닥을 포함한다. 단일 존 내부에서의 열전달과 단일 존으로부터의 열전달에 대한 일련의 방정식들은 행렬식으로 되었으며, 각 시뮬레이션 시간 간격에 따라 컴퓨터를 이용하여 유효한 방법을 통해 해석된다. 시뮬레이션에 있어서 하나의 멀티 존(multi zone)은 이 컴포넌트를 여러 개 이용하여 모델화될 수 있다. 이 컴포넌트는 Type 19를 TRNSYS v 12.1이전에 사용된 Type 17로 대체할 수 있다.

이 컴포넌트를 이용하여 하나의 존을 묘사하기 위해 사용자는 일련의 매개변수들과 내부 공간, 벽체(천장과 바닥 등을 포함), 창문 그리고 출입문을 설명하는 입력값과 일련의 매개변수값들을 구분하여 지정한다. 벽체는 ASHRAE 전달 함수 접근법 (1)을 사용하여 모델화된다. 외벽, 내부 파티션(partition) 또는 다른 온도로 분리된 존의 벽체를 취급할 수 있다. 사용자는 ASHRAE에서 제공하는 벽체, 파티션, 천장 그리고 바닥에 대한 표준 목록으로부터 선택할 수 있다. 전달 함수 계수들은 Logical unit Type 8을 통해 시뮬레이션을 시작할 때 입력되는 ASHRAE.COF 파일에 정리되어 있다. 선택적으로 PREP 프로그램이 임으로 구성된 벽체의 전달 함수 계수들을 생성할 목적으로 TRNSYS 프로그램에 포함되어 있다(보다 자세한 내용을 PREP 매뉴얼을 참고하기 바란다). 만약 사용자가 전달 함수의 개념에 맞추어 적절히 모델화되지 않은 벽체나 바닥에 대해 고려하고자 한다면, 이러한 벽체로 부터의 전도는 Type 19 존의 입력값으로써 제공되어야만 한다. 그러한 벽체의 한 예가 Type 36 Thermal Storage Wall이 있다.

이 모델은 운용에 있어서 두 가지 기본적인 유형으로 앞에서 설명한 ERC와 TLC가 있다. Mode 1은 사용자가 최대 · 최소 실내온도 T_{max}, T_{min}를 지정하게 된다. 이것들은 각각 냉방과 난방을 위한 설정온도가 된다. 이 한계값(limit) 범위로 실내온도가 분포하게 될 때 출력되는 부하는 0이 된다. 만약 실내온도가 T_{max}를 넘어가서 T_{min} 이하로 떨어지게 된다면, 이러한 한계값에 따란 실내를 유지하기 위해 필요한 에너지가 출력되게 된다. 따라서, 냉방 부하는 (+)값으로 공급해야 할 부하(load)이고, 반면에 난방 부하는 (−)값으로 제거해야 할 부하가 된다. Mode 1에서의 절대적인 가정은 부하는 요구되는 실내온도가 가정됨에 따라 정확히 일치한다는 것이다. 출력되는 부하는 난방 또는 냉방 기기의 운전에 의존하게 되며 잠열 부하 또한 ERC에 기초하여 Mode 1에서 계산된다.

실내의 절대습도는 사용자에 의해 지정된 최대·최소 절대습도 $\omega_{\max}$, $\omega_{\min}$ 사이에서 변화하게 된다. 만약 계산된 절대습도가 이 범위 밖으로 벗어나게 된다면, $\omega_{\max}$, $\omega_{\min}$ 범위로 실내를 유지하기 위해 필요한 제습(dehumidification) 및 가습(humidification) 에너지가 출력되게 된다. 반면에 잠열 부하는 0이 된다.

Mode 2의 TLC에서는 실내온도와 습도는 외기 조건과 냉·난방기기의 입력값을 반영하게 된다. 열은 순간적으로 열취득 입력값(여기서, 공급된 열은 +, 제거된 열은 −값이 됨)이나 환기에 따라 제거되거나 공급될 수 있다. 이 Mode에서는 실내온도나 습도에 대한 최대 또는 최소 설정값이 없다. 정상적으로 냉·난방기기를 추천하는 이 Mode와 결합되어 제어기가 사용된다.

2. 기호 설명

기 호	설　　　　明
A	Zone 내부에 노출된 벽체나 창문의 총 표면적
b	현재 및 이전 시간의 상당 외기온도를 위한 전달 함수 계수
CAP	전달 함수에서 고려되지 않는 구조체가 갖는 실내 공기의 유효 열용량
c	현재 및 이전 시간의 일정한 Zone 공기온도를 위한 전달 함수 계수
d	현재 및 이전 시간의 Zone의 열유속을 위한 전달 함수 계수
F_{ki}	표면 k에서 i에 대한 형태 계수
$\hat{F}_{ki}$	표면 k에서 i에 대한 Net Exchange Factor
$h_{c,i}$	내부 대류 열전달 계수
$h_{c,o}$	외부 대류 열전달 계수
$h_{r,ij}$	표면 i와 j 사이의 선형화된 복사 열전달 계수
I_T	입사되는 총 일사량
K_1	시간당 환기 횟수 [회/hour]
K_2	실내·외 온도차에 기인한 누기에 대한 비례 상수
K_3	바람의 영향(wind effect)에 따른 누기에 대한 비례 상수
$\dot{m}_{infl}$	침기에 따른 질량 유량
$\dot{m}_V$	환기에 따른 질량 유량

N	Zone을 구성하는 벽체의 총 개수
$\dot{q}_i$	벽체나 창문의 내표면에서의 단위 면적당 총 열전달률
$\dot{Q}$	벽체나 창문의 내표면에서의 총 열전달률
$\dot{Q}_{infl}$	침기에 따른 Zone에서의 취득 열량
$\dot{Q}_{int}$	내부 발열에 따른 Zone의 열전달률
$\dot{Q}_{lat}$	잠열 부하(제습은 +, 가습은 −)
$\dot{Q}_{sens}$	현열 부하(냉방은 −, 난방은 +)
s	일사, 조명, 인체 발열 등에 의한 내표면에 흡수되는 복사 에너지의 합
T_a	외기온도
T_{eq}	등가 Zone 온도
T_{min}	난방을 위해 지정된 최소 허용 Zone 온도
T_{max}	냉방을 위해 지정된 최대 허용 Zone 온도
T_{sa}	상당 외기온도
T_s	표면의 온도
T_z	Zone의 온도
T_z'	인접한 Zone의 온도
V_a	Zone의 공기 체적
W	풍속
α	외표면의 일사 흡수율
ρ	일사에 대한 내표면의 반사율

3. 수학적 설명

실내에서 모든 구성 요소들을 상호간의 열전달이나 구성 요소들을 통한 열전달을 모델링한 기본 방정식의 해를 얻기 위해 다음의 행렬식으로 간단히 나타낼 수 있다.

$$[Z_{i,j}] \cdot [T_{s,i}] = [X_i] \tag{7-17}$$

여기서, $T_{s,i}$는 절점 i에서의 내부 표면온도는 나타내며, 만약 i가 표면의 절점보다 1만큼 더한 수 $n+i$과 같지 않다면 그러한 경우 이것은 실내온도가 된다.

(1) Exterior Wall

외벽을 통해 순간적으로 유입되거나 유출되는 열유속은 다음의 전달 함수 관계식
인 (7-18)에 따라 모델화될 수 있다.

$$\dot{q}_i = \sum_{h=0} b_{h,i} \cdot T_{sa,i,h} - \sum_{h=0} c_{h,i} \cdot T_{eq,i,h} - \sum_{h=1} d_{h,i} \cdot \dot{q}_{i,h} \tag{7-18}$$

계수 b_h, c_h, & d_h들은 각각 상당 외기온도(sol-air temperature, $T_{sa,i}$)와 등
가 실내온도(equivalent zone temperature, $T_{eq,i}$) 그리고 열유속(heat flux, $\dot{q}_i$)
의 이전 단계 및 현 단계의 값에 대한 전달 함수 계수들이다.

$$T_{sa,i} = T_a + \frac{(\alpha \cdot I_T)_i}{h_{c,o}} \tag{7-19}$$

$$h_{c,o} = 5.7 + 3.8\,W \tag{7-20}$$

$$T_{eq,i} = T_z + \frac{s_i + \sum_{i=1}^{N} h_{r,ij} \cdot (T_{s,j} - T_{s,i})}{h_{c,i}} \tag{7-21}$$

$$h_{r,ij} = 4\,\sigma \cdot F_{ij} \cdot \overline{T}^{\,3} \tag{7-22}$$

$$\dot{q}_i = h_{c,i} \cdot (T_{s,i} - T_{eq,i}) \tag{7-23}$$

$$T_{s,i}\left(1 - \frac{c^*_{o,i}}{h_{c,i}} \sum_{j=1}^{N} h_{r,ij}\right) + \frac{c^*_{o,i}}{h_{c,i}} \cdot \sum_{j=1}^{N} h_{r,ij} \cdot T_{s,j} + c^*_{o,i} \cdot T_z$$

$$= \sum_{h=0} b^*_{h,i} \cdot T_{sa,i,h} - \sum_{h=1} c^*_{h,i} \cdot T_{eq,i,h} - \sum_{h=1} d_{h,i} \cdot T_{s,i,h} - \frac{c^*_{o,i}\, s_i}{h_{c,i}} \tag{7-24}$$

여기서,

$$c^*_{o,i} = \frac{c_{o,i}}{h_{c,i}} - 1 \tag{7-25}$$

$$c^*_{h,i} = \frac{c_{h,i}}{h_{c,i}} - d_h \tag{7-26}$$

$$b^*_{h,i} = \frac{b_{h,i}}{h_{c,i}} \tag{7-27}$$

방정식 (7-25)~(7-27)의 기호를 이용하면,

$$Z_{i,j} = \frac{c_{o,i}^*}{h_{c,i}} \cdot h_{r,ij} \ (i \neq j) \tag{7-28}$$

$$Z_{i,j} = 1 - \frac{c_{o,i}^*}{h_{c,i}} \cdot \sum_{j=1}^{N} h_{r,ij} \tag{7-29}$$

$$Z_{i,N+1} = c_{o,i}^* \tag{7-30}$$

$$X_i = \sum_{h=0} b_{h,i}^* \cdot T_{sa,i,h} - \sum_{h=1} c_{h,i}^* \cdot T_{eq,i,h} - \sum_{h=1} d_{h,i} \cdot T_{s,i,h} - \frac{c_{o,i}^* \cdot s_i}{h_{c,i}} \tag{7-31}$$

(2) Interior Partition

$$\dot{q}_i = \sum_{h=0} (b_{h,i} - c_{h,i}) \cdot T_{eq,i,h} - \sum_{h=1} d_{h,i} \cdot \dot{q}_{i,h} \tag{7-32}$$

$$Z_{i,j} = \frac{(c_{o,i}^* - b_{o,i}^*)}{h_{c,i}} \cdot h_{r,ij} \ (i \neq j) \tag{7-33}$$

$$Z_{i,j} = 1 - \frac{(c_{o,i}^* - b_{o,i}^*)}{h_{c,i}} \cdot \sum_{j=1}^{N} h_{r,ij} \tag{7-34}$$

$$Z_{i,N+1} = c_{o,i}^* - b_{o,i}^* \tag{7-35}$$

$$X_i = - \sum_{h=1} c_{h,i}^* \cdot T_{eq,i,h} - \sum_{h=1} d_{h,i} \cdot T_{s,i,h} \tag{7-36}$$

(3) Wall Between Zones

㉮ Conduction Input

$$Z_{i,j} = - \frac{1}{h_{c,i}} \cdot h_{r,ij}(i \neq j) \tag{7-37}$$

$$Z_{i,j} = 1 + \frac{\sum h_{r,ij}}{h_{c,i}} \tag{7-38}$$

$$Z_{i,N+1} = -1 \tag{7-39}$$

$$\frac{X_i = \dot{Q}_i / A_i + s_i}{h_{c,i}} \tag{7-40}$$

㉯ Window

$$\dot{Q}_i = A_i \cdot U_{g,o,i} \cdot (T_a - T_{eq,i}) \tag{7-41}$$

(4) Radiative Gains

$$\hat{F}_{ij} = F_{ij} + F_{i1} \cdot \rho_1 \cdot \hat{F}_{ij} + \cdots + F_{ii} \cdot \rho_i \cdot \hat{F}_{ij} + \cdots + F_{ij} \cdot \rho_j \cdot \hat{F}_{jj} + \cdots + F_{iN} \cdot \rho_N \cdot \hat{F}_{Nj}$$

$$\tag{7-42}$$

$$\left[\hat{F}_{ij} \right] = \left[\delta_{ij} - F_{ij} \cdot \rho_i \right] \left[F_{ij} \right] \tag{7-43}$$

여기서, δ는 크로네커 델타로써 다음과 같다.

$$\delta_{ij} = 1 \ (i = j)$$

$$\delta_{ij} = 0 \ (i \neq j)$$

(5) Internal Space

$$CAP \frac{T_{ZF} - T_{ZI}}{\Delta t} = \sum_{j=1}^{N} h_{c,j} \cdot A_j \cdot (T_{s,j} - T_z) + \dot{Q}_v + \dot{Q}_{int}$$

$$+ \ 0.3 \, \dot{Q}_{spesl} + \dot{Q}_{int} + \dot{Q}_z \tag{7-44}$$

$$Z_{N+1,j} = h_{c,j} \cdot A_j \tag{7-45}$$

$$\sum_{Z_{N+1,\,N+1}} \cdot \sum = \sum_{j=1}^{N} h_{c,j} \cdot A_j - \frac{2\,CAP}{\Delta t} \tag{7-46}$$

$$X_{N+1} = -\dot{Q}_z - \dot{Q}_v - \dot{Q}_{infl} - 0.3 \, \dot{Q}_{spesl} - \dot{Q}_{int} - \frac{2\,CAP}{\Delta t} \cdot T_{ZI} \tag{7-47}$$

$$\dot{Q}_v = \dot{m}_v \cdot C_{pa} \cdot (T_v - T_z) \tag{7-48}$$

$$\dot{Q}_{infl} = \dot{m}_{infl} \cdot C_{pa} \cdot (T_a - T_z) \tag{7-49}$$

$$\dot{m}_{infl} = \rho_a \cdot V_a \cdot (K_1 + K_2 \cdot |T_a - T_z| + K_3 \cdot W) \tag{7-50}$$

$$Z_{N+1,j} = 0$$

$$Z_{N+1,\,N+1} = 1$$

$$X_{N+1} = T_Z$$

$$\dot{Q}_{sens} = \dot{Q}_z + \dot{Q}_v + \dot{Q}_{inf} + 0.3 \, \dot{Q}_{spesl} + \dot{Q}_{int}$$

$$+ \sum_{j=1}^{N} h_{c,j} \cdot A_j \cdot (T_{s,j} - T_z) - \frac{CAP \cdot (T_{ZF} - T_{ZI})}{\Delta t} \tag{7-51}$$

(6) Latent Loads

$$\rho_a \cdot V_a \frac{d\omega_z}{dt} = \dot{m}_{infl} \cdot (\omega_a - \omega_z) + \dot{m}_v \cdot (\omega_v - \omega_z) + \dot{\omega}_I \qquad (7-52)$$

$$\dot{Q}_{lat} = \Delta h_{vap} \cdot [\dot{m}_{infl} \cdot (\omega_a - \omega_z) + \dot{m}_v \cdot (\omega_v - \omega_z) + \dot{\omega}_I] \qquad (7-53)$$

4. TRNSYS 컴포넌트 설명

Zone을 설명하기 위해 내부 공간, 외부 기상 조건, 벽체, 창문 그리고 출입문의 특징을 지정할 필요가 있다. 이러한 설명을 쉽게 하기 위해 Type 19의 Parameters와 Inputs는 각 유형에 대하여 독립된 목록들로 구성되었다. 컴포넌트 설명에 관하여 Parameters와 Inputs는 하나의 Parameter와 Input 카드에 따른 단일 목록들로써 나타나거나 개개의 Parameter와 Input 카드를 갖는 각각의 독립된 목록들로써 나타날 수 있다.

Type 19의 Parameter와 Input의 첫 번째 목록은 내부 공간과 외부 조건에 속한다. 이 목록들은 컴포넌트 설명에 있어서 처음 나타나야 한다. Zone의 각 표면에 대하여 일련의 다른 Parameter와 Input이 필요하다. 표면들은 가능한 5가지의 유형이 있다. 그들은 외벽, 내부 간막이벽, 서로 다른 온도를 갖는 Zone들을 구분하는 벽에 대하여 전달 함수명을 포함한다. 그리고 Type 19의 표준 Outputs은 10개이다.

모든 유형에 대한 설명을 할 수 없기 때문에 본 절에서는 형태 계수와 창문이나 출입문에 관한 설명만을 하기로 한다. 물론 다른 모든 유형들도 중요하겠지만 특히 이 유형은 Type 19-Single Zone을 모델링함에 있어서 세심한 고려가 필요한 요소들이다.

(1) VIEW FACTORS

㉮ Geometry Mode 1 :   Rectangular Parallelpiped

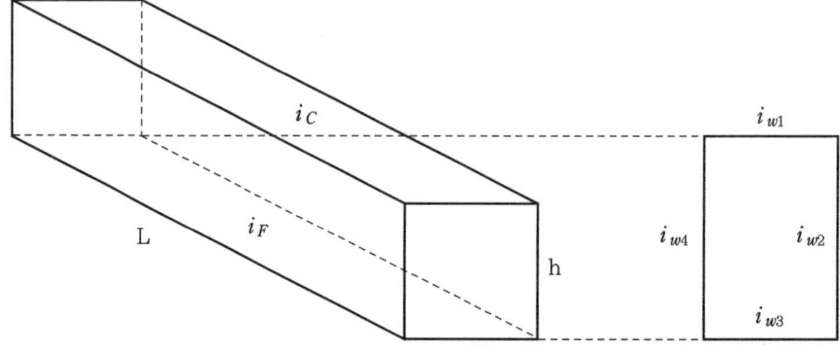

[그림 7-9] Rectangular Parallelpiped 개략도

매개변수 번호		Description
1	Geometry Mode	– 1로 지정
2	h	– Zone의 높이(m)
3	w	– Zone의 폭(m)
4	L	– Zone의 길이(m)
5	i_{w1}	– [그림 7-9]에서 보여주는 벽체의 번호(예 : 북측면 벽체)
6	i_{w2}	– [그림 7-9]에서 보여주는 벽체의 번호(예 : 동측면 벽체)
7	i_{w3}	– [그림 7-9]에서 보여주는 벽체의 번호(예 : 남측면 벽체)
8	i_{w4}	– [그림 7-9]에서 보여주는 벽체의 번호(예 : 서측면 벽체)
9	i_F	– 바닥으로 지정된 벽체의 번호
10	i_C	– 천장으로 지정된 벽체의 번호
11	NWD	– 벽체에 포함된 창문이나 출입문의 총 개수

④ Window or Door Geometry(repeat as necessary)

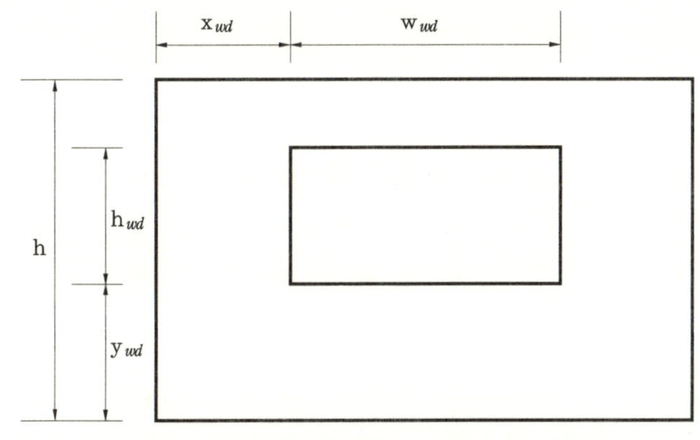

[그림 7-10] 창문 또는 출입문의 개략도

매개변수 번호		Description
1	i_{wd}	– 창문이나 출입문과 관련된 벽체 고유 번호
2	L_{wd}	– 표면 i_{wd}를 포함하는 벽체 번호
3	x_{wd}	– Zone의 내부에서 바라볼 때, 벽체의 왼쪽 모서리에서 표면 i_{wd}의 왼쪽 모서리까지의 수평거리(m)
4	y_{wd}	– 벽체의 바닥면으로부터 표면 i_{wd}의 바닥면까지의 수직 높이(m)
5	h_{wd}	– 창문이나 출입문의 높이(m)
6	W_{wd}	– 창문이나 출입문의 폭(m)

㉯ Geometry Mode 2 : Enter View Factors

매개변수 번호		Description
1	Geometry Mode	– 2로 지정
2	F12	– 표면 2에 대한 표면 1의 형태 계수
·	·	
N	F1N	– 표면 N에 대한 표면 1의 형태 계수
N+1	F23	– 표면 3에 대한 표면 2의 형태 계수
·	·	
2N-2	F2N	– 표면 N에 대한 표면 2의 형태 계수
·	·	
$(N(N-1)/2)+1$	F(N-1)N	– 표면 N에 대한 표면 $(N-1)$의 형태 계수

7-4 Type 34 : Overhang and Wingwall Shading

1. 개 요

일사에 의해 직접적으로 가열되는 건물은 종종 여름철 직달 일사로부터 외표면의 보호를 위해 종종 차양 장치를 설치하게 된다. 이 컴포넌트는 차양 장치에 의해 음영이 생기는 수직 벽체에 대한 일사량을 계산한다. 차양 장치의 형태는 [그림 7-11], [그림 7-12]와 같다.

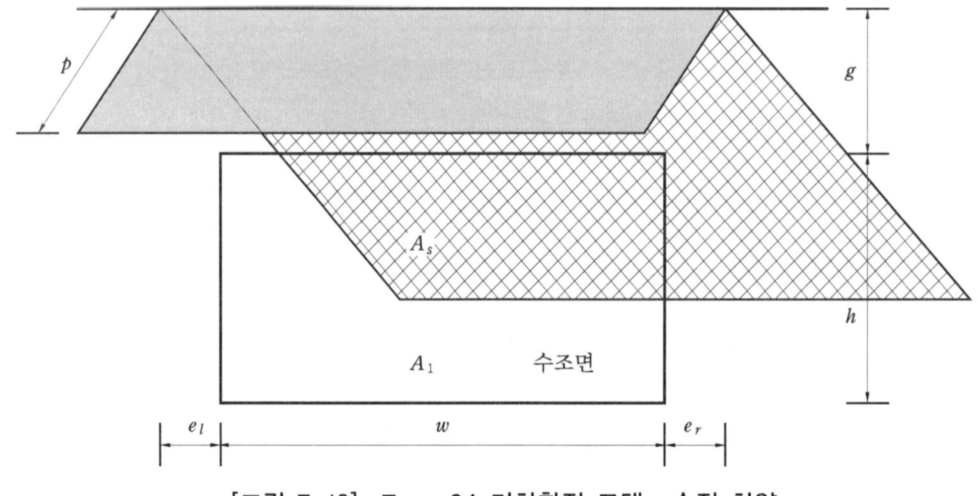

[그림 7-12] Type 34 기하학적 모델 – 수직 차양

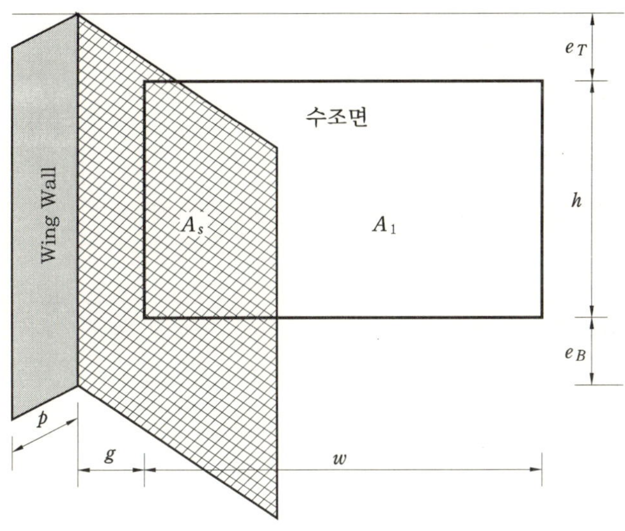

[그림 7-12] Type 34 기하학적 모델 – 수직 차양

2. 기호 설명

기 호	설 명
A	수조면 면적
A_i	직달 일사를 받는 수조면 면적
A_s	직달 일사에 의해 그림자 지는 수조면 면적
e_b	수조면 하단 끝에서 수직 차양(wingwall) 하단 끝까지의 거리
e_l	수조면 좌측 끝에서 수평 차양(overhang) 좌측 끝까지의 거리
e_r	수조면 우측 끝에서 수평 차양(overhang) 우측 끝까지의 거리
e_t	수조면 상단 끝에서 수직 차양(wingwall) 상단 끝까지의 거리
f_i	수조면의 직달 일사를 받는 면적 비
F_{A-G}	지표면과 수조면 사이의 복사 형태 계수
F_{A-O}	수평 차양과 수조면 사이의 복사 형태 계수
F_{A-S}	천공과 수조면 사이의 복사 형태 계수
F_{A-Wl}	좌측 수직 차양과 수조면 사이의 복사 형태 계수
F_{A-Wr}	우측 수직 차양과 수조면 사이의 복사 형태 계수

g	수조면 가장자리와 차양까지의 간격
h	수조면의 높이
I	수평면 전일사량
I_{bT}	수조면에 입사하는 태양 복사 중 직달 일사 성분
I_d	수평면에 입사하는 태양 복사 중 확산 일사 성분
$(I_T)_S$	차양에 의해 그림자진 수조면에서의 평균 태양 복사
w	수조면의 폭
γ_s	태양 방위각
γ_Z	태양 천공각
γ	수조면의 방위각
ρ_{gnd}	지표면 반사율

3. 수학적 설명

음영 수조면에 입사하는 일사는 직달 일사, 확산 일사 그리고 지표면 반사 일사로 구성된다(본 모델에서는 수조면의 차양에 의해 반산된 일사는 고려되지 않는다).

$$(I_T)_S = I_{bT} \cdot f_i + I_{dT} \cdot F_{A-S} + r_{gnd} \cdot F_{A-G} \tag{7-54}$$

$$\text{(Total)} \qquad \text{(Beam)} \qquad \text{(Diffuse)} \qquad \text{(Reflected)}$$

$$\text{(전일사량)} \quad \text{(직달 성분)} \quad \text{(확산 성분)} \quad \text{(반사 성분)}$$

직달 일사를 받는 수조면의 면적비 f_i는 음영 기하학(shading geometry)의 함수이고, 수조면에 대한 태양 위치의 함수이다. 따라서, f_i(irradiated fraction)는 다음과 같이 계산된다.

$$f_i = A_i / A \tag{7-55}$$

A_i를 결정하는 ASHRAE algorithm (1)이 f_i 계산을 위해 Type 34에서 이용된다.

천공과 지표면 일사에 대한 형태 계수들은 확산과 반사 일사가 isotropic에 따른다는 가정에 의해 계산된다. 음영이 생기지 않는 수직 표면의 경우 수조면 일사에 대한 천공과 지표면 형태 계수들은 1/2로 모두 같다. 이러한 형태 계수들은 수직 또는 수평 차양

(wingwalls 또는 overhang)이 존재하게 되면 감소한다. 수조면과 수직 차양과의 형태 계수 F_{A-W}는 수조면 상의 수직 차양에 따른 미분 수조면 일사 형태 계수를 적분함으로써 계산된다. [그림 7-13]은 수직 차양의 이러한 관계를 나타낸 것이다.

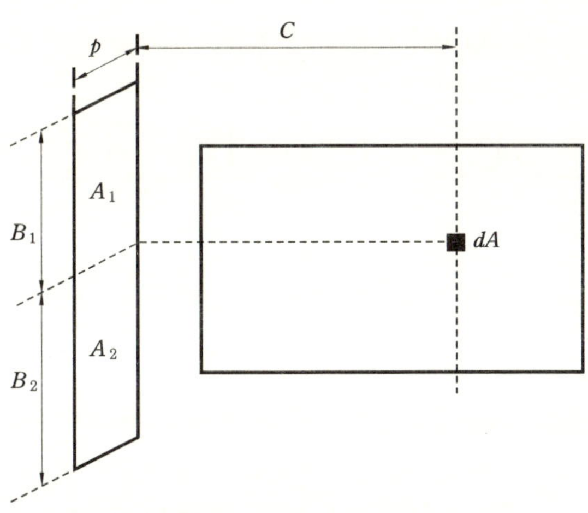

[그림 7-13] 일사 기하학(Radiation Geometry)

수직 차양의 수조면 일사 형태 계수(a receiver radiation view factor of the wingwall)는 다음 식으로 계산된다.

$$F_{A-W} = \int_A (F_{dA-A1} \cdot dA) + \int_A (F_{dA-A2} \cdot dA) \tag{7-56}$$

여기서, F_{dA-A1}과 F_{dA-A2}는 Siegel and Howell식으로써 계산된다.

$$F_{dA-A1} = \frac{1}{2\pi} \cdot \left[\tan^{-1}\frac{B_i}{C} - \left\{ \frac{(C/B_i)}{\sqrt{(P/B_i)^2 + (C/B_i)^2}} \right\} \right. \\ \left. \times \tan^{-1}\left\{ \frac{1}{\sqrt{(P/B_i)^2 + (C/B_i)^2}} \right\} \right] \tag{7-57}$$

$(i = 1, 2)$

수평 차양의 수조면 일사 형태 계수(a receiver radiation view factor of the overhang)는 수직 차양과 비슷한 방법으로 계산된다. 전체 천공 및 지표면 형태 계수 F_{A-S}, F_{A-G}는 각각 식 (7-58)과 식 (7-59)로 계산된다.

$$F_{A-S} = 0.5 - F_{A-O} - \int_A (F_{dA-A1} \cdot dA) - \int_A (F_{dA-A1} \cdot dA) \tag{7-58}$$

(좌측 수직 차양)   (우측 수직 차양)

$$F_{A-G} = 0.5 - \int_A (F_{dA-A2} \cdot dA) - \int_A (F_{dA-A2} \cdot dA) \tag{7-59}$$

(좌측 수직 차양)   (우측 수직 차양)

Type 34는 일단 시뮬레이션이 진행되는 동안에는 수조면 일사 형태 계수들 계산을 위해 수치 적분(numerical integration)을 사용한다.

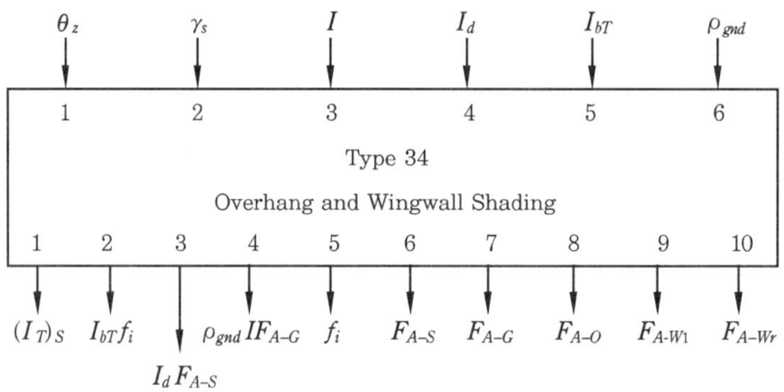

[그림 7-14] Type 34의 Flow Diagram

7-5 Type 35 : Window with Variable Insulation

1. 개 요

이 컴포넌트는 일사의 유리창 투과 및 창문을 통해 유입되는 에너지에 관한 모델이다. 창문의 전체 열전달 계수는 유리창문의 단열 커튼(insulating curtains)에 따른 계수 변화를 포함한 입력값이다.

2. 기호 설명

기 호	설 명
A	창문 면적
I_T	창문에 입사하는 전일사량
I_{bT}	창문에 입사하는 직달 일사량

I_{dT}	창문에 입사하는 확산 및 반사 일사량
KL	유리 커버의 감광 계수(extinction coefficient)와 두께의 곱
N_g	유리 커버의 수
Q_s	창문을 통해 유입되는 취득 일사 성분
Q_t	창문을 통해 전달되는 열에너지 성분
Q_n	창문을 통해 전달되는 순수 에너지 성분
T	외기온도
T_R	실내온도
U	창문의 열전달 계수
η_R	유리의 굴절률
θ	직달 일사의 입사 각도
τ	입사된 전일사의 평균 투과율
τ_b	입사된 직달 일사의 투과율
τ_{60}	입사된 확산 및 반사 일사의 투과율
ρ_d	확산 및 반사 일사의 창문 반사율

3. 수학적 설명

Type 35 Window의 작동 유형은 두 가지가 있다. 먼저 Mode 1은 창문으로 입사되는 전체 일사량과 창문을 통해 유입되는 평균 일사량이 입력값으로써 정해진다. Mode 2에서는 창문을 통해 유입되는 평균 일사량 성분이 직달 일사와 확산 일사량이 각각 구분되어 고려된다. 즉, τ_b와 τ_{60}이 부프로그램(subroutine) TALF를 이용하여 결정된다.

이 컴포넌트는 실내에서 창문을 통해 반사되어 나가는 일사량에 대해서는 고려하지 않는다. 유리 창문을 통한 에너지량은 각 유형에 따라 다음과 같이 계산된다.

(1) Mode 1

$$Q_s = \tau \cdot A \cdot I_T \tag{7-60}$$

$$Q_t = UA \cdot (T_a - T_R) \tag{7-61}$$

$$Q_n = Q_s + Q_t \tag{7-62}$$

(2) Mode 2

$$Q_s = \tau_b \cdot A \cdot I_{bT} \tag{7-63}$$

$$Q_t = UA \cdot (T_a - T_R) \tag{7-64}$$

$$Q_n = Q_s + Q_t \tag{7-65}$$

유리 창문의 다양한 유형들에 대한 U값은 ASHRAE Handbook of Fundamentals에 잘 정리되어 있다.

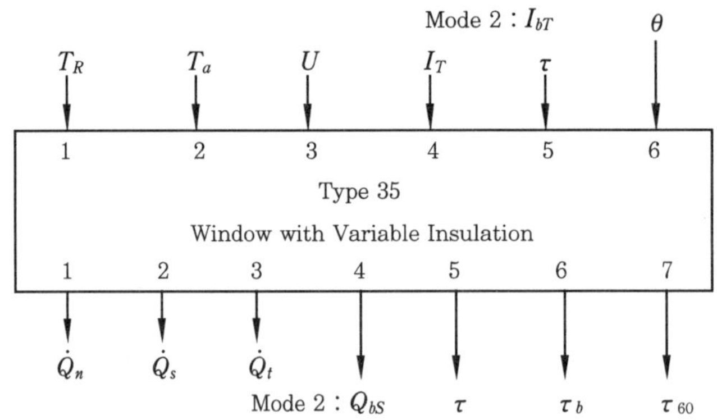

[그림 7-15] Type 35의 Flow Diagram

7-6 Type 36 : Thermal Storage Wall

1. 개 요

축열벽은 실내와 직접적으로 연결된 높은 열용량을 갖는 일종의 태양열 집열기이다. 흡수된 일사는 두가지 경로 중 하나에 의해 실내에 도달한다. 첫 번째 경로는 벽체를 통한 전도이다. 실내 측 벽체 표면으로부터 실내로 복사와 대류의 형태로 에너지가 전달된다. 두 번째 경로는 뜨거운 벽체 외측으로부터 환기구를 통한 공기의 대류이다. 환기구를 통해 유입되는 실내 공기는 가열되며 에너지를 운반하게 된다. 벽체 또한 외기로의 전도, 대류, 복사를 통해 에너지를 잃게 된다.

이 컴포넌트는 4가지 작동 유형을 제공한다. Mode 1은 전일사량과 유리의 투과율이

환기구를 통해 유입되는 공기의 질량 유량으로써 입력값이 된다. Mode 2는 질량 유량이 온도차에 의해 유도되고 내부에서 계산된다는 것을 제외하고는 Mode 1과 같다. Mode 3은 공기의 질량 유량이 입력값이 되며, 직달 일사와 확산 일사의 투과량이 구분되어 고려된다. 투과–흡수 결과는 부프로그램인 TALF에서 결정된다. Mode 4는 질량 유량이 온도차에 의해 유도되고 내부에서 계산된다는 것을 제외하고는 Mode 3과 같다. 각 TRNSYS 시뮬레이션에서는 단지 하나의 Type 36만이 사용될 수 있다.

2. 기호 설명

기 호	설 명
A	벽체 집열 면적
A_g	유동 공간(gap)의 총 단면적
A_v	총 유출 환기구 면적
C_{pa}	공기의 비열
C_{pw}	벽체 재료의 비열
C_1	Vent pressure loss coefficient
C_2	Gap pressure loss coefficient
dU/dt	시간에 따른 벽체 내부 에너지 변화율 (Rate of change of wall internal energy)
g	중력 가속도
Gr	Grashof 수
h	벽체 높이
h_v	유입·유출 환기구 사이의 높이
h_c	유동 공간의 열전달 계수
h_r	벽체와 커버의 복사 열전달 계수
h_r	벽체와 커버의 복사 열전달 계수
I_{bT}	입사되는 직달 일사량
I_{dT}	입사되는 확산 및 반사 일사량

I_T	입사되는 전일사량
k	공기의 열전도율
k_w	벽체의 열전도율
KL	유리 커버의 두께와 감광률의 곱
L	벽체와 첫 번째 커버 사이의 간격
$\dot{m}$	유동 공간의 공기 질량 유량
N_g	유리 커버의 개수
N	벽체 절점의 개수($3 \leq N \leq 10$)
Pr	Prandtl 수
Q_{amb}	벽체에서 외기로의 손실 열량
Q_b	벽체 내표면에서 실내로의 공급(취득) 열량
Q_R	벽체에서 실내로의 공급(취득) 열량
Q_s	일사 흡수 열량
Q_t	유리 커버에서 외기로의 손실 열량
Q_v	환기에 따른 공급 열량
R	에너지 전달에 따른 공기의 열전달 저항
Re	Reynold's 수
T_a	외기온도
T_g	첫 번째 커버의 온도
T_m	유동 공간의 평균 공기 온도
T_R	실내온도
U_b	벽체와 실내와의 열전달 계수
U_t	커버와 외기와의 열전달 계수
$\bar{v}$	유동 공간의 공기의 평균 유속
w	벽체의 폭
W	풍속

X	벽체의 두께
α	벽체의 일사 흡수율
Y	제어 함수
e_g	커버의 방사율
e_w	벽체의 방사율
h_R	커버의 굴절률(refractive index)
θ	직달 일사의 입사각
$\bar{\rho}$	유동 공간의 평균 공기 밀도
ρ_w	벽체의 밀도
τ	커버의 투과율

3. 수학적 설명

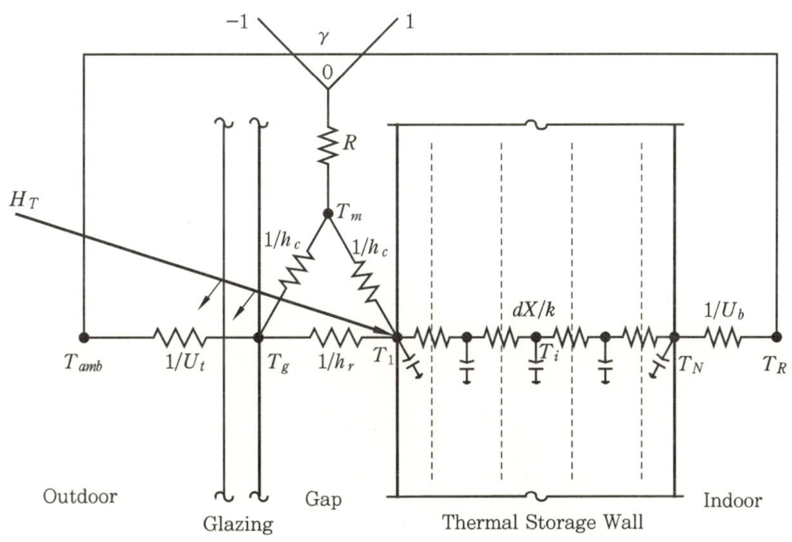

[그림 7-16] Type 36의 Thermal Circuit Diagram

[그림 7-16]은 축열벽의 Thermal circuit diagram을 보여주고 있다. 제어기 모델을 이용하여 공기층은 실내 공기나 외기에 의해 교체될 수 있다. 또는 공기층의 공기 순환 이 정지될 수도 있다. 공기의 유동은 Fan이나 Thermosiphon 작용에 의해 유도될 수 있 다. Thermosiphon 작용은 실내보다 공기층의 온도가 높을 때 생기는 결과이다. 이 방

법에 의한 공기의 유동은 그 양을 측정하기가 쉽지 않으며, 그 결과 모델은 아래에 설명
되는 몇 가지 가정과 혼합한다. Thermosiphon 작용에 의한 공기의 유량에 대한 수치적
연구는 층류의 경우로 제한되고 환기구에 대한 압력 손실을 무시하게 된다. Ther-
mosiphon 작용에 따른 공기의 질량 유량에 관한 유일한 출판된 방법은 Trombe et. al.
(1)의 방법이다. 이 방법은 압력 손실의 대부분은 유·출입 환기구(vent)와 연관된 유동
의 방향 변화와 팽창과 수축에 기인한다고 지적한다.

이 모델에서의 Thermosiphon 작용에 따른 공기의 질량 유량은 전체 공기 유동 체계
에 따른 Bernoulli's Equation의 응용에 의해 결정된다. 간단히 요약하면 이것은 공기
층(gap)의 공기의 밀도와 온도는 높이에 따라 선형적으로 변한다고 가정된다. 공기층에
서의 평균 유속에 때한 Bernoulli's Equation의 해는 식 (7-66)과 같이 계산된다.

$$\overline{v} = \sqrt{\frac{2 \cdot g \cdot h}{C_1 \cdot (A_g / A_v)^2 + C_2} \cdot \frac{T_m - T_s}{|T_m|}} \tag{7-66}$$

여기서, T_s는 공기층의 공기가 외기나 실내 공기와 교환이 됨에 따라 T_a 또는 T_R이
다. $C_1 \cdot (A_g / A_v)^2 + C_2$항은 시스템의 압력 손실을 나타낸다. $(A_g / A_v)^2$ 비율은 환기구
의 공기 유속과 공기층의 공기 유속과의 차이를 설명한다.

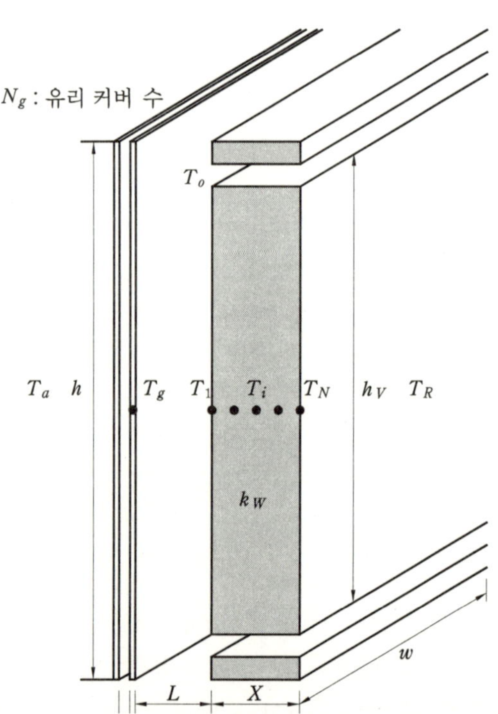

[그림 7-17] 축열벽 구조와 각 용어에 관한 내용

질량 유량이 유한할 때 실내와 공기층 사이의 에너지흐름에 따른 열저항은 다음의 식 (7-67)과 같이 주어진다.

$$R = \frac{A\,[X \cdot (\exp(-1/x)-1)-1]}{(\dot{m} \cdot C_{pa} \cdot (\exp(-1/x)-1)} \tag{7-67}$$

여기서,

$$X = \frac{\dot{m} \cdot C_{pa}}{2 \cdot h_c \cdot A} \text{ 이다.} \tag{7-68}$$

만약 공기층의 공기가 외기와 교환이 이루어진다면 T_a는 T_R로 대체된다.

Mode 1 and 3 (This Model)

만약 $\gamma = 1$

$\dot{m} = input$

$$Q_v = 2 \cdot \dot{m} \cdot C_{pa} \cdot (T_m - T_R) \tag{7-69}$$

$$Q_R = Q_v + Q_b \tag{7-70}$$

$$Q = Q_t \tag{7-71}$$

만약 $\gamma = -1$

$\dot{m} = input$

$$Q_v = 2 \cdot \dot{m} \cdot C_{pa} \cdot (T_m - T_a) \tag{7-72}$$

$$Q = Q_v + Q_t \tag{7-73}$$

$$Q_R = Q_b \tag{7-74}$$

그 외의 경우는

$$Q_v = 0 \tag{7-75}$$

$$\dot{m} = 0$$

$$Q = Q_t$$

$$Q_R = Q_b$$

Mode 2 and 4

만약 $\gamma = 1$이고, $T_m > T_R$이면,

$$\dot{m} = \bar{v} \cdot \bar{\rho} \cdot A_g \tag{7-76}$$

$$Q_v = 2 \cdot \dot{m} \cdot C_{pa} \cdot (T_m - T_R)$$

$$Q_{amb} = Q_t$$

$$Q_R = Q_v + Q_b$$

만약 $\gamma = -1$이고, $T_m > T_a$이면,

$$\dot{m} = \bar{v} \cdot \bar{\rho} \cdot A_g \tag{7-77}$$

$$Q_v = 2 \cdot \dot{m} \cdot C_{pa} \cdot (T_m - T_a)$$

$$Q_{amb} = Q_v + Q_t$$

$$Q_R = Q_b$$

그 외의 경우는

$$Q_v = 0 \tag{7-78}$$

$$\dot{m} = 0$$

$$Q_{amb} = Q_t$$

$$Q_R = Q_b$$

유리 커버와 벽체 사이의 공기층에서의 대류 열전달 계수 h_c는 공기층에서의 공기의 유동의 유무에 따라 다음과 같이 결정된다.

만약 $\dot{m} = 0$이면,

$$h_c = \frac{k_a}{L}(0.01711 \cdot (Gr \cdot Pr)^{0.29}) \tag{7-79}$$

만약 $\dot{m} \neq 0$이고, $Re > 2000$

$$h_c = \frac{k_a}{L}(0.0158 \cdot Re^{0.8}) \tag{7-80}$$

만약 $\dot{m} \neq 0$이고, $Re < 2000$

$$h_c = \frac{k_a}{L}\left(4.9 + \frac{(0.0606 \cdot X^{-1.2})}{(1 + 0.0856 \cdot X^{-0.7})} \right) \tag{7-81}$$

여기서,

$$X = \frac{h}{Re \cdot Pr \cdot D_h} \text{이며, 수력 지름 } D_h \text{는 } D_h = \frac{2 \cdot A_g}{1 + w} \text{이다.}$$

내측 유리 커버와 외기 사이의 열전달 계수 U_t값은 입력값으로 지정될 수 있으며, Klein에 의해 제안된 식으로부터 결정될 수 있다. 만약 Klein의 계산식이 이용된다면 U_t의 입력값은 $(-)$가 되어야 한다. 그렇지 않고 U_t값이 0이나 $(+)$값이라면 이러한 상호 관계는 무시된다. 이것은 사용자가 야간에 커버 단열재를 응용하거나 주간에 loss correlation을 이용할 때 이러한 값이 나타나게 된다.

(1) Mode 1 – Mass Flowrate as Input

〈표 7-8〉 Mode 1 – Parameter에 관한 정보

매개변수 번호	기 호	설 명
1	MODE	1로 지정됨.
2	h	축열 벽체의 높이(m)
3	w	축열 벽체의 폭(m)
4	X	축열 벽체의 두께(m)
5	k_w	축열벽의 열전도율(kJ/m · h · ℃)
6	$\rho_w \cdot C_w$	벽체의 열용량(kJ/m^3 · ℃)
7	α	벽체의 태양열 흡수율 $0 \leq \alpha \leq 1$
8	ε_w	벽체의 방사율 $0 \leq \varepsilon_w \leq 1$
9	ε_g	유리 커버의 방사율 $0 \leq \varepsilon_g \leq 1$
10	N_g	유리 커버의 수
11	L	축열 벽체와 첫 커버 사이의 간격(m)

〈표 7-9〉 Mode 1 – Input에 관한 정보

입력값 번호	기 호	설 명
1	γ	제어 함수
2	T_R	실내온도(℃)

3	T_a	외기온도(℃)
4	W	풍속(m/s)
5	U_t	외표면의 대류 열전달 계수(kJ/$m^2 \cdot$ h $\cdot$ ℃)
6	U_b	실내 측 축열 벽체의 대류 열전달 계수(kJ/$m^2 \cdot$ h $\cdot$ ℃)
7	I_T	입사되는 전 일사량(kJ/$m^2 \cdot$ h)
8	τ	유리 커버의 투과율 $0 \leq \tau \leq 1$
9	$\dot{m}$	질량 유량(kg/h)

〈표 7-10〉   Mode 1 – Output에 관한 정보

출력값 번호	기 호	설 명
1	$\dot{Q}_R$	실내로 유입되는 에너지량(kJ/h)
2	dU/dt	벽체 내부 에너지의 변화율(kJ/h)
3	$\dot{Q}_S$	벽체로 흡수된 태양 에너지량(kJ/h)
4	$\dot{Q}_{amb}$	외부로 흐르는 에너지량(kJ/h)
5	$\dot{Q}_b$	축열 벽체에서 실내로 유입되는 에너지량(kJ/h)
6	$\dot{Q}_t$	첫 유리 커버에서 외부로 손실되는 에너지량(kJ/h)
7	$\dot{Q}_V$	배기에 의해 유입되는 에너지량(kJ/h)
8	$\dot{m}$	질량 유량(kJ/h)
9	T_o	벽체 배기에 의한 유출 공기 온도(℃)
10	T_g	첫 번째 유리 커버의 온도
11	T_1	외측 벽체 표면의 온도
⋮	⋮	
$10 + i$	T_i	i번째 벽체 절점의 온도
⋮	⋮	
$10 + N$	T_N	내측 벽체 표면의 온도

(2) Mode 2 – Mass Flowrate Computed Internally

〈표 7-11〉 Mode 2 – Parameter에 관한 정보

매개변수 번호	기 호	설 명
1	MODE	2로 지정됨.
2	h	축열 벽체의 높이(m)
3	w	축열 벽체의 폭(m)
4	X	축열 벽체의 두께(m)
5	k_w	축열벽의 열전도율(kJ/m·h·℃)
6	$\rho_w \cdot C_w$	벽체의 열용량(kJ/m³·℃)
7	α	벽체의 태양열 흡수율 $0 \leq \alpha \leq 1$
8	ε_w	벽체의 방사율 $0 \leq \varepsilon_w \leq 1$
9	ε_g	유리 커버의 방사율 $0 \leq \varepsilon_g \leq 1$
10	N_g	유리 커버의 수
11	L	축열 벽체와 첫 커버 사이의 간격(m)
12	A_V	배기(환기)구 면적(m²)
13	h_V	상하 배기(환기)구의 수직 높이(m)

〈표 7-12〉 Mode 2 – Input에 관한 정보

입력값 번호	기 호	설 명
1	γ	제어 함수
2	T_R	실내온도(℃)
3	T_a	외기온도(℃)
4	W	풍속(m/s)
5	U_t	외표면의 대류 열전달 계수(kJ/m²·h·℃)
6	U_b	실내 측 축열 벽체의 대류 열전달 계수(kJ/m²·h·℃)
7	I_T	입사되는 전 일사량(kJ/m²·h)
8	τ	유리 커버의 투과율 $0 \leq \tau \leq 1$

Output에 관한 정보는 Mode의 유형에 관계없이 모두 동일한 정보를 갖는다. 따라서, 각 Mode에 관한 Output 정보는 〈표 7-10〉을 참고하면 된다.

(3) Mode 3 – Transmittance Computed Internally

〈표 7-13〉 Mode 3 – Parameter에 관한 정보

매개변수 번호	기 호	설 명
1	MODE	3으로 지정됨.
2	h	축열 벽체의 높이(m)
3	w	축열 벽체의 폭(m)
4	X	축열 벽체의 두께(m)
5	k_w	축열벽의 열전도율$(kJ/m \cdot h \cdot ℃)$
6	$\rho_w \cdot C_w$	벽체의 열용량$(kJ/m^3 \cdot ℃)$
7	α	벽체의 태양열 흡수율 $0 \leq \alpha \leq 1$
8	ε_w	벽체의 방사율 $0 \leq \varepsilon_w \leq 1$
9	ε_g	유리 커버의 방사율 $0 \leq \varepsilon_g \leq 1$
10	N_g	유리 커버의 수
11	L	축열 벽체와 첫 커버 사이의 간격(m)
12	KL	유리의 두께 차폐 계수
13	η_r	유리의 굴절률

〈표 7-14〉 Mode 3 – Input에 관한 정보

입력값 번호	기 호	설 명
1	γ	제어 함수
2	T_R	실내온도(℃)
3	T_a	외기온도(℃)
4	W	풍속(m/s)
5	U_t	외표면의 대류 열전달 계수$(kJ/m^2 \cdot h \cdot ℃)$
6	U_b	실내 측 축열 벽체의 대류 열전달 계수$(kJ/m^2 \cdot h \cdot ℃)$
7	I_T	입사되는 전일사량$(kJ/m^2 \cdot h)$
8	I_{bT}	입사되는 직달 일사량$(kJ/m^2 \cdot h)$
9	θ	직달 일사량의 입사 각도(°)
10	$\dot{m}$	질량 유량(kg/h)

(4) Mode 4 – Transmittance and Mass Flowrate Computed Internally

〈표 7-15〉 Mode 4 – Parameter에 관한 정보

매개변수 번호	기 호	설 명
1	MODE	3으로 지정됨.
2	h	축열 벽체의 높이(m)
3	w	축열 벽체의 폭(m)
4	X	축열 벽체의 두께(m)
5	k_w	축열벽의 열전도율(kJ/m·h·℃)
6	$\rho_w \cdot C_w$	벽체의 열용량(kJ/m³·℃)
7	α	벽체의 태양열 흡수율 $0 \leq \alpha \leq 1$
8	ε_w	벽체의 방사율 $0 \leq \varepsilon_w \leq 1$
9	ε_g	유리 커버의 방사율 $0 \leq \varepsilon_g \leq 1$
10	N_g	유리 커버의 수
11	L	축열벽체와 첫 커버 사이의 간격(m)
12	KL	유리의 두께 차폐 계수
13	η_r	유리의 굴절률
14	A_V	배기(환기)구 면적(m²)
15	h_V	상하 배기(환기)구의 수직 높이(m)

〈표 7-16〉 Mode 4 – Input에 관한 정보

입력값 번호	기 호	설 명
1	γ	제어 함수
2	T_R	실내온도(℃)
3	T_a	외기온도(℃)
4	W	풍속(m/s)
5	U_t	외표면의 대류 열전달 계수(kJ/m²·h·℃)
6	U_b	실내 측 축열 벽체의 대류 열전달 계수(kJ/m²·h·℃)
7	I_T	입사되는 전일사량(kJ/m²·h)
8	I_{bT}	입사되는 직달 일사량(kJ/m²·h)
9	θ	직달 일사량의 입사 각도(°)

7-7   Type 37 : Attached Sunspace

1. 개 요

부착 온실(attached sunspace)은 유리와 내부 축열 표면 사이의 공간은 부가적인 거주 공간으로써 사용되기에 충분히 큰 거대한 태양열 집열기로써 생각될 수 있다. 유리 커버를 통과한 후 일사는 온실 내부의 벽체나 바닥에 의해 흡수된다. 흡수된 일사는 일반 벽체를 통한 전도에 의해 부착된 건물에 이르게 된다. 게다가, 선택적인 벽체 환기구들은 가열된 온실의 공기를 건물 내부로 대류에 의해 전달할 수 있다. 온실은 바닥을 통한 지표면으로의 전도와 유리 표면을 통한 침기, 대류, 복사, 전도에 의한 외기로 에너지를 잃게 된다.

유리를 통한 손실은 가동 단열재(moveable insulation)를 이용함으로써 감소시킬 수 있다. 사용자는 단열재 이용을 조절하는 제어 함수를 제공한다. 유리 단열재가 사용 중일 때 일사는 온실로 유입되지 않는다. 사용자에 의해 제어된 온실 내부의 공기의 순환 또한 입력값으로 제공된다. 제어 함수는 공기 순환을 결정한다. 즉, 외기나 실내 조건 그리고 또 다른 입력값으로 순환 공기의 질량 유량을 조절한다. 부가적인 열저장 장치가 온실에 포함될 수 있다.

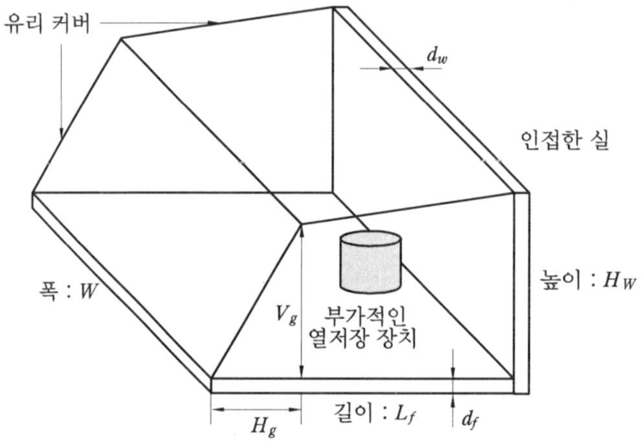

[그림 7-18] 온실의 기하학적 구조

[그림 7-18]은 온실의 기하학적 구조에 대하여 자세히 보여주고 있다. 온실은 남측면을 향하고 있다고 가정되며, 벽체의 표면은 반사가 일어나거나 그렇지 않을 수도 있다. 각 TRNSYS 시뮬레이션에서는 단지 하나의 Type 37만이 사용될 수 있다.

2. 기호 설명

기 호	설 명
$\dot{m}_v$	환기 질량 유량
Q_{amb}	외기로의 열손실량
Q_c	벽체 전도를 통한 인접실로의 열전달량
Q_{inf}	침기로 인한 외기로의 열손실량
$Q_{L,\,g}$	유리를 통한 전도에 의한 손실 열량
Q_R	인접실로부터의 총 취득 열량
Q_v	환기에 따른 인접실로부터의 취득 열량
T_a	외기온도
T_{GL}	유리 커버의 온도
T_{GR}	지표면온도
T_R	인접실의 온도
T_{SS}	온실 내부의 온도
γ_v	환기 팬의 제어 함수

3. 수학적 설명

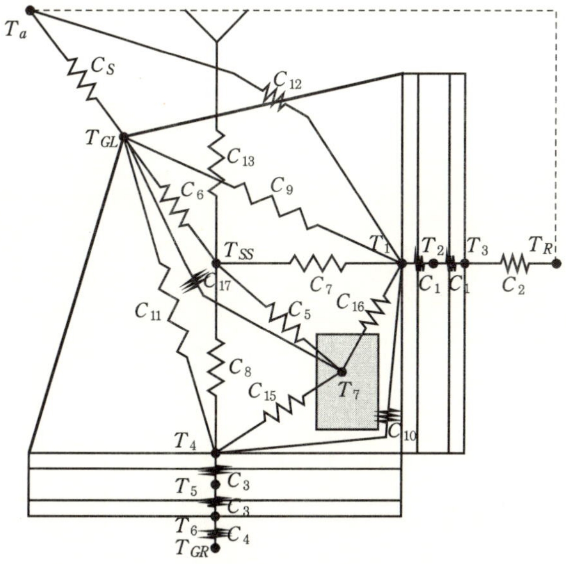

[그림 7-19] 온실의 컨덕턴스 네트워크

[그림 7-19]는 온실의 컨덕턴스 네트워크를 보여주고 있다. Thermal Conductance는 사용자가 제공한 열전달 계수, 열적 물성값 그리고 기하학적 구조로부터 계산된다.

온실 내부의 적외선 컨덕턴스의 계산에는 순교환 인자들(net exchange factors)을 사용한다. 이것은 다양한 절점들 사이의 형태 계수들을 이용하는 것과 관련이 있다. 이 과정은 Hottel's Crossed String Method를 이용한 형태 계수들을 계산한다. 이러한 계산들은 무한히 긴 표면들이라는 가정이 전제된다.

유리의 외표면으로 부터의 장파장 복사 계산을 위한 sink 온도는 외기온도와 같다고 가정되고, 천공은 흑체로 가정된다.

입력값 1은 온실 환기를 위한 제어 함수이다. 다음의 방정식들은 열유속들에 관한 계산식을 나타내고 있다.

만약 $\gamma_v = 1$이면,

$$\dot{m}_v = input$$

$$Q_R = Q_c + Q_v$$

$$Q_v = \dot{m}_v \cdot C_p \cdot (T_{SS} - T_R) \tag{7-82}$$

$$Q_{amb} = Q_{L,\,g} + Q_{inf}$$

만약 $\gamma_v = 0$이면,

$$Q_R = Q_c \tag{7-83}$$

$$\dot{m}_v = 0$$

$$Q_v = 0$$

$$Q_{amb} = Q_{L,\,g} + Q_{inf}$$

만약 $\gamma_v = -1$이면,

$$\dot{m}_v = input$$

$$Q_R = Q_c \tag{7-84}$$

$$Q_v = \dot{m} \cdot C_p \cdot (T_R - T_a)$$

$$Q_{amb} = Q_{L,\,g} + Q_{inf} + Q_v$$

일사의 처리는 직달 일사와 확산 일사로 구분한다. 각 유리 커버를 투과하는 직달 일사 성분은 부프로그램 TALF와 입사 각도를 이용하여 계산된다. 확산 일사의 경우 입사 각은 60°로 가정된다. 확산 일사는 Hottel's Crossed String View Factors를 이용하여 온실 표면에 분포된다. 직달 일사는 수직 남-북측 평면 위의 태양 기하학에 의해 투영됨으로써 분포된다. 각 남측을 면한 유리 커버들로부터 직달 일사의 수직, 수평 투영들은 각 표면의 입사 직달 비율을 결정하기 위한 온실의 기하학과 비교된다. 흡수된 태양 일사는 입사된 일사량으로부터 계산되고, 순 교환인자들은 적외선 컨덕턴스를 이용하는 방법과 유사하다.

온실 열류와 온도는 절점의 에너지 평형식으로부터 계산된다. 바닥, 벽체 그리고 부가된 열저장 기기의 절점들은 현열로 에너지를 저장할 수 있는 능력을 가지며, 유리 커버와 공기의 절점은 열용량이 없는 것으로 가정된다.

온실 구성 요소는 임계 온실 시간 간격보다 큰 시뮬레이션 시간 간격에 의해 내부 적분 경로를 이용한다.

7-8 Type 56 : Multi-Zone Building and TRNBuild

멀티 존 모델에 대한 자세한 내용은 TRNBuild에서 상세히 설명하고 있다.

7-9 Type 88 : Lumped Capacitance BuildingType

이 컴포넌트는 내부 발열에 지배받는 간단한 lumped capacitance single zone 구조를 모델화한다. 이것은 제어 기법(control scheme)에 대한 어떠한 가정도 없다는 점에서 Type 12 Simple Building Model과 다르다. 게다가 이것은 일사 열취득을 무시하며 전체 구조체에 대한 총합 U_{value}를 가정한다. 이것의 유용성은 건물의 냉·난방 부하에 시스템 시뮬레이션이 추가될 수 있을 때 속도에 있다.

1. 기호 설명

U : 건물 손실 계수($kJ/m^2 \cdot h \cdot °C$)

CAP : 건물의 용량(building capacitance)(kJ/℃)

Cp_{air} : 공기의 비열(kJ/kg·℃)

ρ_{air} : 공기의 밀도(kg/m^3)

$Area$: 건물 표면적(m^2)

Vol : 건물의 체적(m^3)

ω_{mult} : 절대습도 multiplier(−)

$T_{initial}$: 초기 온도(℃)

$\omega_{initial}$: 초기 절대습도(−)

h_{fg} : 증발 잠열(kJ/kg)

T_{vent} : 환기 공기의 온도(℃)

ω_{vent} : 환기 공기의 절대습도(−)

$\dot{m}_{vent}$: 환기 공기의 질량 유량(kg/hr)

T_{amb} : 외부 공기 온도(℃)

ω_{amb} : 외부 공기 절대습도(−)

$\dot{m}_{inf}$: 침기 공기의 질량 유량(kg/hr)

Q_{lights} : 조명 발열량(kJ/hr)

Q_{equip} : 기기 발열량(kJ/hr)

Q_{peop} : 인체 발열량(kJ/hr)

ω_{gain} : 절대습도 취득량(kg/hr)

T_{zone} : 존의 온도(℃)

ω_{zone} : 존의 절대습도(−)

$\dot{m}_{vent}$: 환기 공기의 질량 유량(kg/hr)

$\dot{m}_{infll}$: 침기 공기의 질량 유량(kg/hr)

Q_{infls} : 침기로부터의 현열 취득량(kJ/hr)

Q_{infll} : 침기로부터의 잠열 취득량(kJ/hr)

Q_{vents} : 환기로부터의 현열 취득량(kJ/hr)

Q_{ventl} : 환기로부터의 잠열 취득량(kJ/hr)

2. 수학적 설명

이 컴포넌트는 2개의 에너지 평형 방정식에 의해 지배 받는다. 이 에너지 평형은 존의 온도를 예측하고, 습기 평형 방정식은 존의 습기량을 예측한다.

존에 대한 에너지 평형은 다음과 같다.

$$\frac{dT}{dt} = \frac{UA}{Cap} \cdot (T_{amb} - T) + \frac{\dot{m}_{vent} \cdot Cp_{air}}{Cap} \cdot (T_{vent} - T)$$

$$+ \frac{\dot{m}_{inf} \cdot Cp_{air}}{Cap} \cdot (T_{inf} - T) + \sum Q_{gains}$$

인체, 기기 그리고 조명 발열로부터 내부 현열 취득량을 갖는다.

습기 평형 방정식은 에너지 평형 방정식과 매우 유사한 형식이며 다음과 같다.

$$\frac{d\omega}{dt} = \frac{\dot{m}_{inf}}{\rho \cdot V} \cdot (\omega_{inf} - \omega) + \frac{\dot{m}_{vent}}{\rho \cdot V} \cdot (\omega_{vent} - \omega) + \frac{\sum \omega_{gains}}{\rho \cdot V}$$

인체와 기기 발열로부터 내부 습기 취득을 갖는다.

8. Obsolete

TRNSYS Studio proforma의 본 장은 이미 폐기된 것으로 간주되는 컴포넌트 또는 컴포넌트 모델을 포함한다.

Type 7 Old Absorption Air Conditioner는 훨씬 더 적응성이 뛰어난 Type 108로 대체되었다.

Type 61은 외부 DLL 파일을 호출하는 데 사용되었으나 더 이상 필요성이 없어졌으며, Type 44 Convergence Promoter에 의해 외부 DLL 파일들이 컴파일되고 프로그램화될 수 있기 때문이다. 만약 필요한 경우 ACCELERATE 문에 의해 동일한 기능들이 행해질 수 있다. 더욱이 Solver 0의 수치 이완법은 수렴 문제를 해석하는 데 도움을 줄 수 있다.

Type 9 Data Reader는 CSTB에 의해 제공되는 French Weather Data를 읽는 특별한 특징이 있으나 Type 109로 대체되었다.

Type 26 Text-based Plotter는 TRNSYS 14.2부터 Onlin Plotter로 대체되었다.

Type 16 Radiation Processors의 Smoothing 기능은 더 이상 이 Type 16에서 이용할 수 없으며, 필요한 경우에는 Type 109에서 이것을 수행한다.

9. Output

Output 컴포넌트는 해당 프로젝트를 통해 분석하고자 한 결과를 파일 형태로 저장하거나 또는 실시간 플로팅 데이터로 확인 등을 하기 위한 것이다.

여기에는 다음과 같은 컴포넌트가 있다.

Type 25 : Printer
Type 27 : Histogram Plotter
Type 28 : Simulation Summary
Type 29 : Economic Analysis
Type 65 : Online Plotter

9-1　Type 25 : Printer

1. 개 요

프린터 컴포넌트는 지정된 시간 간격으로 시스템 변수를 선택하여 출력하는 데 이용된다. 이것은 비록 다른 컴포넌트처럼 처리되지만 트랜시스로 작성된 포트란 목록과 분리되지 않는 특별한 컴포넌트이다.

Type 25 프린터를 사용할 경우 다음의 사항들에 특히 주의해야 한다. 왜냐하면, 프린터는 몇 가지 점에서 대부분의 다른 컴포넌트와 다르기 때문이다.

(1) 하나의 시스템에 최대 13개의 프린터를 사용할 수 있다.

(2) Type 25 프린터는 1~10까지의 Input값을 갖는다.

(3) Type 25 프린터는 입력되는 데이터에 고유의 이름을 갖고 6자리까지 나타낼 수 있으며, 콤마(,)나 하나 이상의 공백으로 서로 분리시켜야 한다.

(4) 모든 Parameter는 선택할 수 있다. 만약 하나의 Parameter가 조건으로 지정되면

차례로 모든 상위의 Parameter들이 조건으로 지정되어야 한다.

(5) 만약 5번째 Parameter가 1로 지정되면 사용자는 이전에 지정한 고유 이름과 유사한 방법으로 변수 유닛의 전체 설정을 제공해야 한다. 유닛들은 고유의 이름 아래에 출력되며, 각 유닛은 최대 9자리로 구성된다. 변수 유닛들은 콤마나 하나 이상의 공백으로 서로 분리시켜야 한다.

2. 수학적 설명

(1) 만약 [0 < 프린터 시간 간격 < 시뮬레이션 시간 간격]이면 출력은 모든 시간 간격에 따라 발생한다. 만약 [프린터 시간 간격 > 시뮬레이션 시간 간격]이면 출력은 매 N 시간 간격에 따라 발생하고 N은 양의 정수이며, N = 프린터 시간 간격 / 시뮬레이션 시간 간격이다.

(2) 출력은 시뮬레이션의 시작과 동시에 이루어지거나, [TIME ≥ 프린터 시작 시간]일 때 시작된다.

(3) 출력은 시뮬레이션의 종료와 동시에 멈춰지거나, [TIME > 프린터 종료 시간]일 때 종료된다.

(4) 프린터의 Logical Unit No.가 0보다 작거나 지정되지 않았다면, 화면에 표준 Logical Unit No.가 사용된다. (대부분 시스템에서 6) 프린터의 Logical Unit No.가 0보다 크다면 그 값이 프린터 출력의 Logical Unit No.로 사용된다. 이것은 프린터의 출력을 독립된 저장 파일로 쓰이도록 한다.

(5) 만약 [UNITS = 1]이면 사용자 제공 Units이 제공된 Logical Unit에 출력되며, 만약 [UNITS = 2]이면 트랜시스 제공 Units이 지정된 Logical Unit에 출력된다.

3. 적용 사례

사용자가 하루 동안의 매 시간마다 Unit 1 Type 1 solar collector로부터 출구온도, 질량 유량, 취득 열량(각각 Outputs 1, 2, 3)을 출력하기를 원한다고 가정하자. 또한, 사용자는 하루 간격으로 이 정보를 출력하고 집열기 취득 열량을 누적하기를 원한다.

시간에 따른 자료는 plot 정보로 이용될 수 있으며, 반면에 누적된 값들은 출력 정보 (output information)로 이용될 수 있다. 입력 파일의 이름이 TEST.DCK로 명명되었고, 시뮬레이션은 일주일간 매 시간마다 실행된다고 가정한다.

이상의 자료를 토대로 작성된 간단한 트랜시스 입력 파일인 Deck File을 살펴보면 다음과 같다.

```
ASSIGN TEST.LST  6
ASSIGN TEST.PLT 11
ASSIGN TEST.OUT 12
SIMULATION 1 168  1

UNIT 24 TYPE 24 INTEGRATOR
PARAMETERS 1
24
INPUTS 1
1, 3
0.0

UNIT 25 TYPE 25 HOURLY PRINTER
PARAMETERS 4
1  1  168  11
INPUTS 3
1, 1  1, 2  1, 3
TCOLL  MCOLL  QU

UNIT 26 TYPE 25 DAILY PRINTER
PARAMETERS 4
1  1  168  11
INPUTS 1
24, 1
TO  QU
```

프로그램으로부터의 출력값은 다음과 같은 형식으로 될 것이다.

(1) For the HOURLY printout

TIME	TCOLL	MCOLL	QU
1.0000	20.0	0.0	0.0
2.0000	19.0	0.0	0.0
3.0000	18.0	0.0	0.0
⋮	⋮	⋮	⋮

(2) For the DAILY printout

TIME	QU
24.0000	1211.0
48.0000	967.0
72.0000	2134.0
⋮	⋮

9-2 Type 27 : Histogram Plotter

1. 개 요

Type 27 Histogram Plotter는 10개까지의 입력 값을 사용자가 지정한 시간 또는 주파수 분포를 평판 모양으로 인쇄하며, 같은 정보의 보다 더 시각적인 표현을 위해 막대 그래프를 구성한다. Type 25 Printer와 Type 26 Plotter와 같이 Type 27은 엄격한 결과 생성 컴포넌트이지만, 개별 Type 서브루틴에 의해 표현되지는 않는다.

Type 27에는 2개의 Mode가 있다. Mode 1의 최대 1개의 유닛과 Mode 2의 유닛은 시뮬레이션에 사용될 수 있다. Mode 1에서 사용자는 각 Inputs에 대한 최대, 최소값 및 그 범위 사이의 간격 개수를 지정한다. Type 27은 전체 통합된 시간을 출력할 것이고, 입력 변수는 관련된 각 시간 간격의 범위 내에 있다. 예를 들어, 이 Mode는 시스템 온도의 주파수 분포에 사용되거나 또는 제어 함수나 다양한 시스템 유형들에서 발생하는 주파수를 평가하는 데 사용된다.

Mode 2에서 사용자는 각 Input의 일일의 시작 및 종료 시간 그리고 그 범위 사이의 간격 개수를 지정한다. 각각의 Input의 경우 Type 27은 각각의 관련된 시간 간격의 범위 내에 존재하는 Input의 전체 통합된 값을 출력할 것이다. 예를 들어, 이 Mode는 에너지 플럭스의 일일 분포를 결정하기 위해 사용될 수 있다.

Type 27의 모든 Mode는 출력될 수 있고 사용자 지정 시간 간격에 의해 재구성될 수 있다. 각 Mode에서 시작, 종료 그리고 이 범위(시작과 종료 사이)의 간격은 만약 이 값들이 마지막 범위 값으로 지정된다면, 순차적인 Inputs에 대하여 재지정할 필요는 없다.

사용자는 선택적인 마지막 매개변수인 L_{unit}을 지정함으로써 결과의 순차적인 과정에 대한 디스크 파일로 보내는 Type 27 Output을 선택할 수 있다. L_{unit}이 지정되면 Output는 단지 간격과 결과를 나타내는 2개의 행만으로 구성된다. 어떠한 그래프나 머리말 정보도 나타나지 않을 것이다. L_{unit}의 기본값은 6으로 화면에 출력하는 것이다.

2. 컴포넌트 특성

매개변수 번호	기 호	설 명
1	MODE	1 또는 2로 지정
2	Δt_p	출력을 발생시키기 위한 시간 간격

3	Δt_R	전체 값들을 재구성하기 위한 시간 간격
4	t_{on}	막대 그래프화를 시작하는 시간
5	t_{off}	막대 그래프화를 종료하는 시간
6	RB_1	Input 1에 대한 시작 범위
7	RE_1	Input 1에 대한 종료 범위
8	N_1	Input 1에 대한 시작과 종료 범위 사이의 간격 개수
⋮	⋮	
last(optional)	L_{unit}	출력을 위한 Logical Unit 번호
입력값 번호	기 호	설　　　명
1	X_1	막대 그래프화되는 첫 번째 Input
⋮	⋮	
i	X_i	막대 그래프화되는 i번째 Input

3. 예제 설명

(1) 예제 1

　사용자는 6개의 가능한 유형 가운데 자신의 시스템을 1로 명령한 1~6까지의 정수인 첫 번째 Output인 Unit 2 제어기 루틴으로 작성하였다.

　사용자는 각 유형에서 시스템이 얼마나 자주 작동되는지 결정하고자 한다. 출력은 매 24시간마다 발생하고 재구성은 없다고 한다.

　그럼 트랜시스 명령은 다음과 같다.

```
UNIT 27 TYPE 27 HISTOGRAM PLOTTER
PARAMETERS 8
1  24  100000  0  10000  0.5  6.5  6
INPUTS 1
2, 1
GAMMA
```

　시뮬레이션의 매 24시간마다 다음과 같은 형식의 결과가 출력될 것이다.

```
            HISTOGRAM PLOT, MODE 1            TIME = 24.000
GAMMA:      MIN = .50      MAX = 6.50
            INTERVAL ENDING         HOURS IN INTERVAL
            1.50                    4.00   |****
            2.50                    5.00   |*****
            3.50                    7.00   |*******
            4.50                    5.00   |*****
            5.50                    3.00   |***
            6.50                    0.00   |
```

(2) 예제 2

시뮬레이션을 통해 전기 저항 보조 난방기기를 조사하고자 한다. 사용자는 Unit 15 보조 난방기의 보조 전력 요구량에 의해 전기기기가 얼마나 영향을 받는지를 보기 위한 시간 전기 수요 특성을 결정하고자 한다. 사용자는 매달 마지막 날에 대한 전기 수요 특성을 나타내는 새로운 출력을 원한다.

그럼 트랜시스 명령은 다음과 같다.

```
UNIT 27 TYPE 27 HISTOGRAM PLOTTER
PARAMETERS 8
2  -1  -1  0  10000  0  24  24
INPUTS 1
15, 1
QAUX
```

시뮬레이션의 매 1개월마다 다음과 같은 형식의 결과가 출력될 것이다.

```
            HISTOGRAM PLOT, MODE 2      TIME = 744.000    JAN
QAUX:       MIN = .00        MAX = 24
            INTERVAL ENDING         HOURS IN INTERVAL
            1.00                    36.27   |*******
            2.00                    34.10   |*******
            3.00                    31.77   |******
            4.00                    33.48   |*******
            5.00                    39.06   |********
            6.00                    48.20   |**********
            7.00                    60.45   |*************
              |                       |        |
            22.00                   82.46   |******************
            23.00                   67.42   |**************
            24.00                   48.20   |***********
```

9-3 Type 28 : Simulation Summary

1. 개 요

Type 28은 Type 25, 26, 27과 같이 결과 생성 컴포넌트이다. 이것은 독립된 소스 Type 서브루틴에 의해 표현되지는 않지만, 트랜시스의 일반적인 프린팅과 플로팅 함수들을 위해 만든(built into) 것이다.

Type 28은 시뮬레이션을 통해 계산되는 정보를 계절별, 월간, 주간 그리고 일일값을 생성하기 위해 편리하게 이용된다. 특히, 이것은 트랜시스의 가공되지 않은 결과를 산술적으로 감소시킨 "유도된" 양을 얻는 데 유용하다. Type 25로부터의 수작업으로 행한 이전의 많은 계산들이 자동적으로 지정된 시간 간격에 대하여 처리될 수 있다. Type 28로부터 얻을 수 있는 정보 유형들의 예로는 효율, 운전 시간 비율, 시간 평균값 그리고 에너지 평형 등이 있다.

Type 28은 요약된 시간 간격에 대한 입력 값들을 적분하고, 적분에 대하여 사용자가 지정한 산술 연산을 실행하여 그 결과를 출력한다. 이처럼 Type 28은 Type 24 Integrator와 Type 15 Algebraic Operator 그리고 Type 25 Printer의 조합한 것처럼 실행되지만 이를 쉽게 이용하기 위한 특별한 능력 몇 가지를 갖는다. Type 28은 Inputs, Parameters 그리고 Elapsed Time을 교묘하게 처리한 Type 15 Algebraic Operator라고 부른다.

처음 5개의 Parameters는 요약 간격, 시작 시간, 종료 시간, 포트란 Logical Unit 번호 그리고 Output의 개수이다. 그리고 여기에는 2개의 Mode가 있다.

Mode 1의 경우 전체 요약을 포함하는 상자의 내부에 각 요약에 대한 결과가 고유 이름을 갖고 출력된다.

Mode 2의 경우 하나의 머리말을 갖는 표가 12개의 요약 모음들에 대하여 생성된다. 이것은 보고서의 사용을 줄이고 더 조직화된 결과를 낳을 수 있다. 그러나 Mode 2의 사용과 관련된 조그마한 위험도 있다. 결과는 표가 완전할 때까지 저장되어야 하기 때문에 시스템에 의해 프로그램이 중지되는 원인에 따른 오류는 어떠한 Output도 생성하지 못하는 결과를 초래할 수 있다.

Type 28 Parameter 6과 그 이상은 Type 15의 Mode B에서 사용되는 연산 코드들이다. 이 코드들은 적분된 Inputs, Parameters, Time into an operational stack, 이 값들의 명령 연산자(operator) 그리고 그들이 출력되기 위한 결과들의 Out 배열의 위치를

입력한다.

탱크(tank)나 락 베드(rock bed)의 내부 에너지의 변화와 같은 몇몇 양들은 Energy Flow의 적분된 비율(rates)과 직접적으로 비교될 수 있다. 이러한 이유로 인하여 때때로 이것은 Type 28 내부에서 만들어진 적분기(integrator)를 그냥 지나치는 것이 바람직하다. 이렇게 하기 위해서 Parameters 6인 P_1을 1~10 사이의 값으로 설정한다. P_1이 0보다 크면 첫 번째 P_1의 Input는 적분되지 않을 것이다. 대신에 Type 28로부터 Type 15의 i번째 Input은 요약 시간(time of summary)에 $XIN(i)$가 될 것이고, 마지막 요약 시간(time of the last summary)에 $XIN(i)$의 값을 마이너스(−)하게 될 것이다. 만약 $XIN(i)$가 이미 ΔE_{bed}와 같이 적분된 값이라면, 이 뺄셈(subtraction)은 요약 시간 전체에 걸쳐 적분을 계산한다.

(1) Labels

Labels 문이라 불리는 특별한 제어문(control statement)은 Type 28의 사용에 대하여 필요하다. Type 25와는 달리 출력되는 Output의 개수는 Input의 개수와 반드시 같을 필요가 없으므로 Labels는 Inputs 행에 따르는 초기값 행을 지정할 수 없다. 대신에 사용자는 Unit X Type 28행 다음에 다음의 2행을 지정해야 한다.

```
LABELS n
label1   label2   label3
```

여기서, 'n'은 Type 28의 Output의 개수이다. 그리고 [labeln]은 n번째 Output을 구분하기 위해 사용되는 Label이다. 어떠한 초기값 행도 필요치 않는다.

(2) Energy Balances

시뮬레이션의 상대적 정확도는 종종 시스템을 통한 에너지의 흐름을 비교하거나 시스템 내부 에너지 변화에 따른 보조 시스템 boundary(범위, 한계 등)를 비교함으로써 평가될 수 있다. 만약 몇 개의 컴포넌트 사이의 에너지의 흐름이 평형을 이룬다면, 시간 간격과 수렴 오차는 적당한 것이다. 만약 에너지 평형이 이루어지지 않는다면 시스템 모델이나 시뮬레이션 매개변수들이 적절히 지정되지 않은 것이다.

시스템 에너지 평형 검토를 편리하게 하기 위하여 Type 28에는 에너지 평형 검토 루틴(routine ; 경로)이 포함되어 있다. Check 문이라 불리는 제어문이 시뮬레이션 요약 컴포넌트에 의해 출력된 몇 가지 양들 사이의 에너지 평형의 조건을 지정하기 위해 사용된다. 만약 에너지 평형이 Check 문에서 주어진 오차 범위 이내에서 달성되지 못하면 시뮬레이션이 멈춰진다.

CHECK 문의 사용은 다음의 예제에 잘 설명되어 있다.

Type 28은 집열기로부터 탱크로 공급된 에너지를 QU, 탱크 내부 에너지의 변화를 DE, 탱크로부터의 손실을 QLOSS 그리고 탱크로부터 부하로 제공되는 에너지를 QLOAD라고 가정하자.
어느 정도 오차를 인정하면 탱크에 공급된 에너지 QU는 내부 에너지의 변화(DE)에 탱크로부터 빠져나간 에너지(QLOSS + QLOAD)의 합의 2%의 범위에 있다고 할 수 있을 것이다. 따라서, Output 1에서 Output 2~4를 뺀 값이 0에 근접해야 한다. 이는 [QCHECK = QU – DE – QLOSS – QLOAD]이며, 문법적으로 표현하면 CHECK .02 1, –2, –3, –4 이다. 만약 QCHECK가 [(|QU|+|DE|+|QLOSS|+|QLOAD|)/2]의 2%보다 크면, 시뮬레이션은 정지할 것이다. 다른 트랜시스 오차처럼 다음 단어에 CHECK를 갖는 + 숫자는 상대 오차로서 처리되며, – 숫자는 절대 오차로서 처리된다.

(3) Operation Codes

Type 15에서처럼 모든 운전들은 1진법 운용에 대한 스택의 제일 꼭대기 값 또는 2진법 운용에 대한 스택의 제일 꼭대기 2개의 값에 대하여 수행된다. Parameters 는 순차적으로 처리되고 값들은 Input에 대하여 어떠한 연산자를 실행시킬 것인지를 결정한다.

기본 함수	
$P_j = -1$	상수로써 가장 위 stack(기억 장소)에 놓이는 다음 Parameter의 값 ($ji = j + 1$, $S_k = P_j$)
$P_j = 0$	기억 장소의 맨 위에 놓인 다음 Input의 값($i = i + 1$, $S_k = X_i$)
$P_j = 1$	기억 장소의 맨 위의 두 값의 곱으로 대체된다($S_{k-1} = S_{k-1} \times S_k$).
$P_j = 2$	기억 장소의 맨 위의 두 값으로 나눈 값으로 대체된다($S_{k-1} = S_{k-1} / S_k$).
$P_j = 3$	기억 장소의 맨 위의 두 값의 합으로 대체된다($S_{k-1} = S_{k-1} + S_k$).
$P_j = 4$	기억 장소의 맨 위의 두 값의 차로 대체된다($S_{k-1} = S_{k-1} - S_k$).
$P_j = 5$	기억 장소의 맨 위의 두 값의 제곱으로 대체된다($S_{k-1} = S_{k-1} ** S_k$).
$P_j = 6$	기억 장소의 맨 위의 값은 $\log_{10}$ 된 값으로 대체된다($S_k = \log_{10} S_k$).
$P_j = 7$	기억 장소의 맨 위의 값의 부호가 바뀐다($S_k = -S_k$).
$P_j = 8$	기억 장소의 맨 위의 값이 0보다 같거나 크면 그대로, 0보다 작으면 0으로 바뀐다($S_k = S_k$, if $S_k \geq 0$, $S_k = 0$, if $S_k < 0$).
$P_j = 9$	기억 장소의 맨 위의 값이 다음 값보다 같거나 크면 1로, 그렇지 않으면 0이 된다($S_{k-1} = 1$, if $S_{k-1} \geq S_k$, $S_{k-1} = 0$, if $S_{k-1} < S_k$).

Boolean Function ($X1$, $X2$, $Y = 0$ or 1)	
$P_j = 10$	기억 장소의 맨 위의 값이 논리 연산자 [NOT]된 값($S_k = \overline{S_k}$)
$P_j = 11$	기억 장소의 맨 위의 두 값이 논리 연산자 [AND] 값으로 대체된다 ($S_{k-1} = S_{k-1} \otimes S_k$).
$P_j = 12$	기억 장소의 맨 위의 두 값이 논리 연산자 [OR] 값으로 대체된다 ($S_{k-1} = S_{k-1} \oplus S_k$).
변수 X, Y가 실수값을 갖는 경우 NOT(X) = $1-X$, AND(X, Y) = MIN(X, Y) 그리고 OR(X, Y) = MAX(X, Y)	

기타 함수들	
$P_j = 13$	기억 장소의 맨 위의 값이 자연로그값으로 대체된다($S_k = \ln(S_k)$).
$P_j = 14$	기억 장소의 맨 위의 값이 지수 함수값으로 대체된다($S_k = \exp(S_k)$).
$P_j = 15$	기억 장소의 맨 위의 값이 sin 함수값으로 대체된다($S_k = \sin(S_k)$).
$P_j = 16$	기억 장소의 맨 위의 값이 cos 함수값으로 대체된다($S_k = \cos(S_k)$).
$P_j = 17$	기억 장소의 맨 위의 값이 arcsin 함수값으로 대체된다($S_k = \arcsin(S_k)$).
$P_j = 18$	기억 장소의 맨 위의 값이 arccos 함수값으로 대체된다($S_k = \arccos(S_k)$).
$P_j = 19$	기억 장소의 맨 위의 값이 arctan 함수값으로 대체된다($S_k = \arctan(S_k)$).
$P_j = -2$	기억 장소의 맨 위의 값으로 $TIME$이 놓인다($S_k = TIME$).
$P_j = -3$	기억 장소의 맨 위의 값이 다음 Output값으로 설정된다($j = j+1$, $Y_j = S_k$).
$P_j = -4$	$P_j = -3$와 같으나, 맨 위의 값은 제거된다 ($j = j+1$, $Y_j = S_k$, $S_k = S_{k-1}$).
$P_j = -5$	($S_k = S_{k-1}$)
$P_j = -6$	($S_{k-1} = S_k$)
$P_j = -7$	($Temp = S_k$, $S_k = S_{k-1}$, $S_{k-1} = Temp$)
$P_j = -11$	($S_k = X_1$)
$P_j = -12$	($S_k = X_2$)

⋮	⋮
$P_j = -20$	$(S_k = X_{10})$
$P_j = -(20 + i)$	$(R_i = S_k,\ k = k - 1)$
$P_j = -(30 + i)$	$(k = k + 1,\ S_k = R_i)$

2. 컴포넌트 특성

매개변수 번호	기 호	설 명
1	Δt_p	요약되는 시간 간격 ; 0보다 크면, 시간 단위 ; 0보다 작으면, 월 단위
2	t_{on}	요약이 시작하는 시간
3	t_{off}	요약이 종료하는 시간
4	L_{unit}	요약이 작성되어지기 위한 Logical Unit 번호
5	OMODE	Output 모드 : 1. 상자형 요약 / 2. 도표형 요약
6	P_1	첫 번째 연산 코드
⋮	⋮	
$5 + i$	P_i	i번째 연산 코드
입력값 번호	기 호	설 명
1	X_1	첫 번째 Input 값
⋮	⋮	
i	X_i	i번째 Input 값

3. 예제 설명

(1) 예제 1

집열기 표면의 일사량, 집열기의 에너지 취득량, 집열기 효율 그리고 평균 탱크의 온도의 하루 동안의 값을 원한다고 가정하자. 집열기 표면의 일사량은 Unit 16, Output 1(16, 1), 집열기의 에너지 취득량은 Unit 1 Output 3(1, 3), 탱크의 온도는 Unit 4, Output 1(4, 1)로부터 얻을 수 있다. 집열기 면적은 $50\ \text{m}^2$로 알려져 있다.

다음의 행들을 통해 원하는 결과를 얻을 수 있을 것이다.

```
UNIT 28 TYPE 28 SIMULATION SUMMARIZER
PARAMETERS 17
24  0  10000  0  1 0  -3 0  -1 50  1  -3 2  -4 0  -2 2  -4
INPUTS 3
1, 3  16, 1  4, 1
LABELS 4
QCOL  HCOL  EFFIC  TAVRG
```

위의 예제를 통해 매 24시간(하루)마다 다음과 같은 형식의 결과가 출력될 것이다.

```
* * * * * * * * * * * * * * * * * * * * * * * * * * * * * * * * * * * * * * * * * * * * * * * * * * * * * * * * *
*        SIMULATION   SUMMARY  FOR TIME = 1.000 TO 24.000                           *
*                                                                                   *
*          QCOL          HCOL          EFFIC          TAVRG                          *
*         3.059 + 05    5.817 + 05    5.258 - 01    3.301 + 01                       *
*                                                                                   *
* * * * * * * * * * * * * * * * * * * * * * * * * * * * * * * * * * * * * * * * * * * * * * * * * * * * * * * * *
```

(2) 예제 2

저장 탱크로 유입되고 유출되는 에너지의 총량을 주간 단위의 누적값을 계산하고자 한다. 위에서 설명된 것과 같이 QU, DE, QLOSS, QLOAD를 계산한다. 탱크의 Output 7은 전체 시뮬레이션 동안의 탱크의 내부 에너지의 변화이므로, 사용자는 DE를 얻기 위해 Type 28 적분기(Integrator)를 건너뛸 필요가 있다. 다른 모든 양들은 다른 컴포넌트의 Output들을 적분하면 된다. 그러므로 6번째 Parameter P_1은 1이 되고, 첫 번째 Input은 탱크의 내부 에너지 변화가 될 것이다. 적당한 저장 위치의 조작에 의해 사용자는 DE를 두 번째 Output로 만들 수 있으며, 탱크의 에너지 평형을 검토하기 위해 Check 문을 사용한다.

다음의 행들을 통해 원하는 결과를 얻을 수 있을 것이다.

```
UNIT 28 TYPE 28 TANK ENERGY BALANCE
PARAMETERS 13
168  0  10000  0  1 0 0  -4  -4 0  -4 0  -4
INPUTS 4
4, 7  1, 3  4, 5  4, 6
LABELS 4
QU  DE  QLOSS  QLOAD
CHECK .02  1, -2, -3, -4
```

위의 예제를 통해 매 168시간(일주일)마다 다음과 같은 형식의 결과가 출력될 것이다.

```
**************************************************************************
*          SIMULATION  SUMMARY  FOR  TIME  =  1.000  TO  168.000        *
*                                                                       *
*          QU          DE          QLOSS          QLOAD                 *
*       2.202＋05   －1.540＋04   1.458＋04      2.207＋05                 *
*                                                                       *
*              ENERGY  BALANCE  1:                                      *
*       QU          DE          QLOSS      QLOAD = 3.147＋02             *
*   APPROXIMATELY  .13  PERCENT LACK OF CLOSURE                         *
**************************************************************************
```

9-4 Type 29 : Economic Analysis

1. 개 요

Type 29는 트랜시스에서 지정된 Type 서브루틴에 의해 표현되지 않는다는 점에서 Type 25, 26, 27, 28과 유사한 결과를 생성하는 컴포넌트이다. Type 29는 시뮬레이션에서 단지 2번 호출되는데, 일단 시뮬레이션이 시작되면 컴포넌트의 Parameter 목록을 검토하기 위해 호출되고, 다음으로 경제성 분석을 실행하기 위해 시뮬레이션의 끝에서 호출된다. 하나의 시뮬레이션에 최대 5개까지 이용 가능하다.

이 컴포넌트는 1년 동안의 태양열 시스템 운전 시뮬레이션을 기초로 표준 생애 주기 비용 분석(Standard Life Cycle Cost Analysis)을 실행한다. 이것은 전통적인 비태양열 시스템의 연료비와 태양열 시스템의 연료 절감비와 투자비(원금)를 비교한다. 태양열 절감 시스템은 전통적인 시스템에 태양열을 추가한 증가 비용만을 고려한다는 점에서 전통적인 난방 시스템과 동일하다고 가정한다.

이 경제성 분석의 상세는 사용된 Mode와 Parameter에 의존한다. Mode 1은 생애 주기 비용과 생애 주기 절감비를 계산하기 위한 가장 단순한 방법이다. 이것은 Brandemuhl과 Beckman (1)과 Duffie와 Beckman (2)에 의해 설명된 P_1과 P_2를 사용한다.

Mode 2는 연간 현금흐름, 생애 주기 비용, 생애 주기 절감비와 투자비 회수 기간을 계산하기 위하여 다양한 경제적 변수들을 이용한다. 또한, 이것은 사용자에게 태양열 시스템 투자비 회수율의 계산, Income Producing Buildings의 고려 그리고 정부의 세금 공제를 포함하는 옵션들을 제공한다.

2. 기호 설명

기 호	설 명
A	집열기 면적
$BREAK$	state tax credit tier one break($)
C	상업용 또는 비상업용을 표시하는 꼬리표(0 : 비상업용, 1 : 상업용)
C_A	전체 면적에 따른 비용($/m^2)
C_E	집열기 면적에 독립적인(의존하지 않는) 기기의 전체 비용($)
$\dot{C}_{FA}$	순간적인 보조 연료 비용률($/kJ)
$\dot{C}_{FL}$	순간적인 전통적인 연료 비용률($/kJ)
C_S	설치된 태양열 시스템 전체의 총 비용($C_S = C_A A + C_E$)
d	시장 할인율(market discount rate)
D	전체 시스템 투자의 절감액(down payment) 비율
DEG	태양열 시스템의 열적 거동 감손(degradation)(% yr)
DP	감가상각법(method of depreciation) 1 : straight lin 2 : declining balance 3 : sum of years digits 4 : none
f	fraction of solar
F	연방 수입 세율(%)
i_g	일반 물가 상승률(general inflation rate)(%/yr)
i_{FBUP}	보조 연료의 물가 상승률(%/yr)
i_{FCF}	전통적인 연료의 물가 상승률(%/yr)
i_p	property tax inflation rate(%/yr)
LCC	태양열 시스템의 생애 주기 비용
LCS	태양열 시스템의 생애 주기 절감비
$LIST$	Parameter Listing ; YES = 1, NO = 2
m	융자 이자율(mortgage interest rate)(%/yr)

M_S	1년에 대한 추가 경비 비율(투자비의 %)
N_D	감가 상각 연수(depreciation lifetime)(yr)
N_E	경제성 분석 기간(yr)
N_L	대출(융자) 기간(yr)
$N_{\min}$	Min $[N_E,\ N_L]$(yr)
$N'_{\min}$	Min $[N_E,\ N_D]$(yr)
$POFSL$	Declining balance depreciation rate(%/yr)
PWF	Present worth factor
P_1	첫 해 연료비 절감에 때한 생애 주기 연료비 절감 비율
P_2	초기 자본 투자에 추가 자본 투자로 인한 손해본 생애 주기 지출의 비율
Q_{AUX}	1년에 대한 총 보조 에너지 사용량(kJ)
$\dot{Q}_{AUX}$	순간적인 보조 에너지 사용량(kJ/hr)
Q_{LOAD}	년간 총 부하(kJ)
$\dot{Q}_{LOAD}$	순간 총 부하(kJ/hr)
R	태양열 시스템 투자에 대한 환원율 계산 ; YES = 1, NO = 2
S	정부의 수입 세율(%)
SAL	초기 투자비에 대한 공제액(salvage value)의 비율
S_1	state tax credit tier 1
S_2	state tax credit tier 2
t	투자비 1\$당 실 자산 세율(%) true property tax rate per dollar of original investment
$\bar{t}$	유효 정부 수입 세율(%)
TAX	정부 세율 이자의 고려 ; YES = 1, NO = 2
$TAXMAX$	state tax credit tier two break
$TYPE$	경제성 출력 ; 연간 단위 출력 = 1, 누적 출력 = 2
V	시스템 초기 투자비에 대한 첫 해의 태양열 시스템의 assessed valuation의 비율

3. 수학적 설명

(1) Mode 1

생애 주기 비용과 생애 주기 절감비는 Brandemuhl과 Beckman (1)에 의해 정의된 P_1과 P_2를 사용하여 계산된다.

$$LCC = P_1 \left[\int_0^t \dot{C}_{FA} \cdot \dot{Q}_{AUX} \, dt \right] + P_2 \left[C_A \cdot A + C_E \right]$$

$$LCS = P_1 \left[\int_0^t \dot{C}_{FL} \cdot \dot{Q}_{LOAD} \, dt - \int_0^t \dot{C}_{FA} \cdot \dot{Q}_{AUX} \, dt \right] + P_2 \left[C_A \cdot A + C_E \right]$$

$$P_1 = (1 - C \cdot \bar{t}) \cdot PWF(N_E, i_{FCF}, d)$$

$$P_2 = D + (1 - D) \cdot \frac{PWF(N_{\min}, 0, d)}{PWF(N_L, 0, m)} \cdot (1 - d) \cdot \bar{t}$$

$$\cdot \left[PWF(N_{\min}, m, d) \left(m - \frac{1}{PWF(N_L, 0, m)} \right) + \frac{PWF(N_{\min}, 0, d)}{PWF(N_L, 0, m)} \right]$$

$$+ (1 - C \cdot \bar{t}) \cdot M_S \cdot PWF(N_E, i_g, d) + t \cdot (1 - \bar{t}) \cdot V \cdot PWF(N_E, i_g, d)$$

$$- \frac{C \cdot \bar{t}}{N_D} \cdot PWF(N'_{\min}, 0, d) - \frac{SAL}{(1 - d) \cdot N_E}$$

$$PWF(a, b, c) = \begin{cases} \dfrac{1}{c - b} \cdot \left[1 - \dfrac{1 + b}{a + c^a} \right] & \text{if } b \neq c \\[3mm] \dfrac{a}{(1 + b)} & \text{if } b = c \end{cases}$$

$$\int_0^t \dot{C}_{FA} \cdot \dot{Q}_{AUX} \, dt = \text{첫 해의 전체 보조 연료 비용}$$

$$\int_0^t \dot{C}_{FL} \cdot \dot{Q}_{LOAD} \, dt = \text{첫 해의 전통적인 시스템의 총 연료 비용}$$

지급된 정부의 수입 세금은 연방 정부 환수금으로 감해지므로, 연방 정부의 유효 수입 세율은

$$\bar{t}(\%) = \left[(F + S) - (F \times S) \right] \times 100$$

지급된 연방 정부의 세금에 대한 수입 세율의 감소에 따른 유효 세금 비율은

$$\bar{t}\,(\%) = \frac{(F + S) - 2\,(F \times S)}{1 - (F \times S)} \times 100$$

여기서, F는 연방 정부의 수입 세율이며, S는 정부의 수입 세율이다.

(2) Mode 2

Mode 2는 상세한 연간 현금흐름을 분석한다. 에너지 소비에 직면하는 태양열 시스템과 비태양열 시스템 모두의 연간 비용은 다음과 같다.

연간 비용 = 융자금 + 연료비 + 유지비 및 보험료 + 일반 세금
+ *Parasitic* 에너지 비용 − 수입세 절감비

수입세 절감비 = $\bar{t}$(이자 지금 + 일반 세금)

(3) Credit

태양열 back-Up 시스템은 전통적인 난방 시스템과 동일한 것으로 가정되기 때문에 두 시스템에 일반적인 비용을 평가하는 것은 불필요하다. 태양열 시스템을 설치함으로 인하여 증가된 비용만이 평가에 필요한 것이다.

태양열 절감비 = 연료절감비 + 수입세 절감비 + 세금 공제
− 증가된 융자지급 − 증가된 유지비 및 보험비
− 증가된 *Parasitic* 에너지 비용 − 증가된 일반 세금

이러한 비용과 절감비 모두 매년 고정된 %로 상승된다고 가정한다. 만약 비용 D가 어떤 연말에 손해를 보게 된다면 N번째 연말의 비용은 다음과 같다.

$$DN = D(1 + i)\,N$$

여기서, i는 물가 상승률이다.

N번째 해의 연말에 할인된 비용은 다음과 같다.

$$PW_N = \frac{D(1 + i)^{N-1}}{(1 + d)^N}$$

여기서, d는 시장 할인율이다.

이러한 방정식들은 일련의 상승된 비용들에서 어떠한 비용의 현재 가치를 계산하기 위해 사용된다. 태양열 시스템의 경제성에 대한 보다 상세한 계산은 Duffie와 Beckman (2)의 설명을 참고하면 된다.

태양열 시스템에 대한 정부의 세금 공제는 [그림 9-1]과 같은 2개의 단층(tier) 시스템을 이용하여 계산한다.

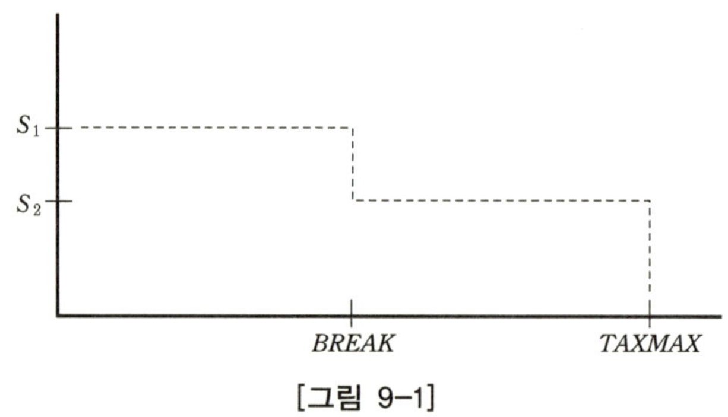

[그림 9-1]

$$TAXCR = (S_1 \times A + S_2 \times B)/100$$

여기서,

   A : 본래 투자비와 $BREAK$의 최소값

   B : Min $[TAXMAX - BREAK,$ 본래 투자비 $- BREAK]$

     $= 0$(만약 Min $[TAXMAX - BREAK,$ 본래 투자비 $- BREAK] < 0$)

4. 경제성 분석의 출력(Output)

Type 29 컴포넌트의 출력은 선택된 Mode에 의존하며, Mode 2의 경우 출력 옵션이 선택된다.

Type 29 Mode 1의 출력은 다음과 같다. Input과 Parameter 2~6, 전체 시스템의 초기 비용, 생애 주기 비용, 생애 주기 절감비를 나타내면 다음과 같다.

```
**** TRNSYS ECONOMIC ANALYSIS ****
------
MODE  1
------
INPUT 1. FIRST YEAR SOLAR BACK-UP ENERGY COST ·············· $ 414.80
INPUT 2. FIRST YEAR CONV. SYSTEM ENERGY COST ············· $ 881.18
PAR 2. COLLECTOR AREA  ···························· 50 M2
PAR 3. COLLECTOR AREA DEPENDENT COST ············· $ 200.00 $/M2
PAR 4. FIXED COST ································· $ 4000.00
PAR 5. P1 FACTOR ································· 20.0400
PAR 6. P2 FACTOR ································· 0.6630

TOTAL COST OF SYSTEM ······························ $ 14000.00
LIFE CYCLE COST WITH SOLAR ························ $ 17594.68
LIFE CYCLE FUEL COST OF CONV. SYSTEM ············· $ 17658.82
LIFE CYCLE SAVINGS ······························· $ 64.14
```

Mode 2를 사용할 경우 출력은 Parameter 25, 26에 의해 몇 가지 다른 형태를 갖는다. Parameter 26이 1로 설정되면 경제성 분석 결과와 함께 Input과 Parameter의 목록도 함께 출력된다. Parameter 25가 1로 설정되면 생애 주기 비용은 1년 단위로 출력되고, 2로 설정되면 누적 합계가 출력된다.

9-5 Type 65 : Online Plotter

1. 개 요

Online Plotter - Type 65는 시뮬레이션의 진행과 동시에 지정된 시간 간격에 맞춰 선택된 시스템의 변수들의 값들을 실시간 그래프를 통해 제공하는 데 이용된다. 이 컴포넌트는 사용자가 시스템이 바람직하지 않은 방향으로 작동되는 것을 실시간으로 볼 수 있게 해 주며, 가치있는 변수 정보를 제공해주기 때문에 폭넓게 이용되고 또한 권장된다. 이 선택된 변수들은 화면상의 분리된 소구획(좌·우측 좌표축)으로 보이게 된다.

Online Plotter - Type 65에는 Source Code가 없는데, 이는 FORTRAN.DLL이라 불리는 윈도우 프로그램인 트랜시스 내부에 통합되어 있기 때문이다.

Online Plotter - Type 65의 사용에 있어서 다음의 요점들은 주의깊게 살펴보아야 한다. 이 컴포넌트는 몇 가지 점에서 대부분의 다른 컴포넌트와 다르기 때문이다.

(1) Online Plotter - Type 65는 어떤 시뮬레이션에서도 최대 1개만 허용된다.

(2) Online Plotter - Type 65의 입력값은 각 좌표축에 대하여 1~10개 사이에서 갖는다.

(3) 입력 Control Card에 따르는 두 번째 Data Card는 대부분 다른 컴포넌트가 지니는 초기값보다는 각각의 입력값에 대한 고유한 이름을 포함하여야 한다. 각각의 이름은 최대 6자리의 문자로 이루어지며, 콤마나 공백에 의해 서로서로 분리되어야만 한다.

(4) Labels Card는 변수 유닛에 구획(plot)명은 물론 두 개의 구획을 제공하기 위해 필요하다. 유닛 Labels는 최대 6자리의 문자로 이루어지며, 콤마나 공백에 의해 서로 구분되어야 한다. Labels Card의 아래 두 번째 라인에는 상위 Online Plot의 표제(title)를 포함하여야 하며, 세 번째 라인에는 하위 Online Plot의 표제를 포함하여야 한다. 표제는 모두 40개의 문자까지 허용된다.

(5) 입력값의 수는 처음 2개의 매개변수들의 합과 같아야 한다.

(6) Online Plot은 $N =$ 시뮬레이션의 길이$/N_{pic}$인 매 N시간마다 다시 짜 맞춰진다.

(7) 만약 정지 매개변수가 1이라면 트랜시스 시뮬레이션은 매 구획이 완료될 때마다 멈출 것이다. 사용자가 이를 다시 진행하기 위해서는 키보드의 Enter 키를 눌러야 한다.

2. 컴포넌트 기능

다음으로 Online Plotter – Type 65의 몇 가지 숨겨진 능력에 대하여 살펴보도록 하자.

(1) 시뮬레이션을 멈추기 위해서는 상위 왼쪽 구석에 있는 Calculation Menu를 클릭하면 된다. 거기에는 Stop과 End를 포함한 몇 개의 선택 사양들이 있다. Pause를 클릭함으로써 사용자는 계속 진행하기 전에 Online Display를 조작할 수 있으며, 계속 진행하고 싶으면 F8이나 Calculation Menu의 Resume TRNSYS를 선택하면 된다.

(2) 시뮬레이션이 실행되거나 멈춘 상태에서 Y축 스케일을 조정할 수 있다. 마우스 포인터를 그래프 안에서 Top이나 Bottom으로 간단히 움직임으로써 적정한 스케일로 조정할 수 있다. 마우스 포인터는 수직의 양쪽 화살표 모양으로 변하게 되고, 왼쪽 마우스 버튼을 클릭하면 스케일은 증가하게 되고, 오른쪽 마우스 버튼을 클릭하면 스케일은 감소하게 된다.

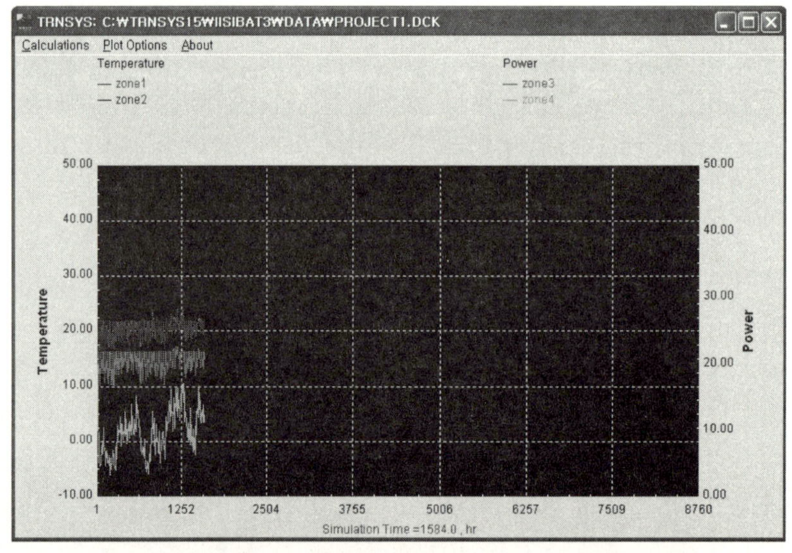

[그림 9-2] Online Display를 일시 정지한 상태의 모습

(3) 그래프 상에 어떤 변수들의 값을 보이지 않게 할 수 있다. 변수명과 순간값을 실제 그래프 상에 보여준다. 변수명을 클릭하면 그 변수는 광택이 사라진다. 그 변수는 여전히 값은 읽을 수 있으나 색은 회색으로 변화하고, 더 이상 그래프 상에서 보이지 않게 된다.

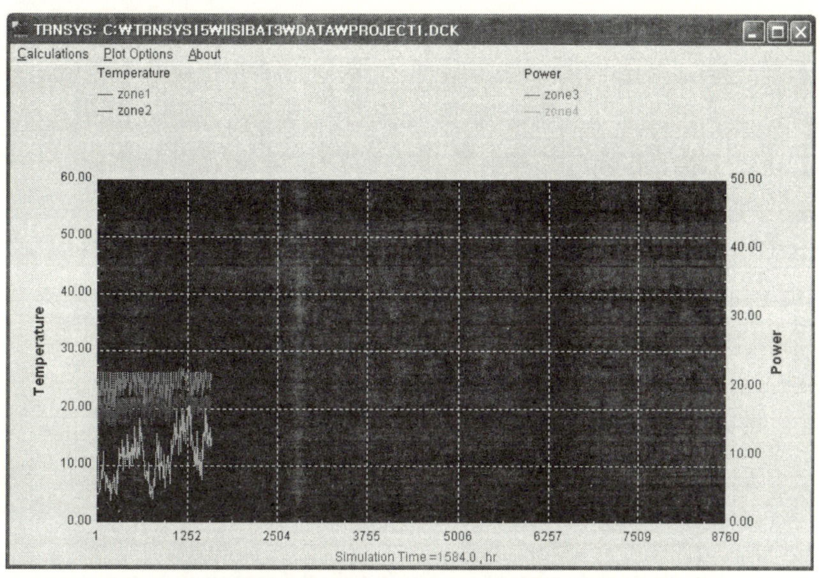

[그림 9-3] Online Display를 일시 정지한 상태에서의 Y축 스케일을 조정한 모습

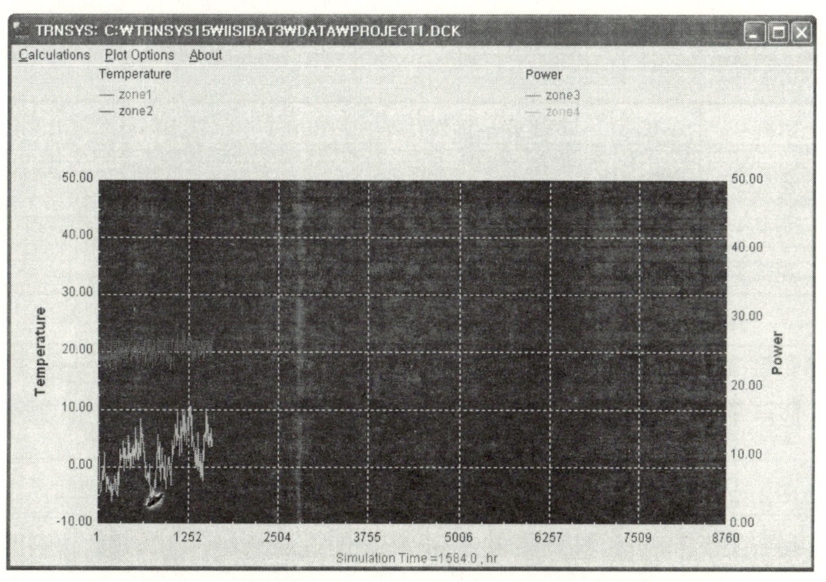

[그림 9-4] Y축 스케일을 조정한 상태에서의 특정 변수값을 사라지게 한 모습

(4) 그래프의 더 작은 단면을 보기 위해서는 Zoom 창이 만들어질 수 있다. Zoom 창을 만들기 위해서는 마우스 포인터를 축소되는 영역의 왼쪽 상위 모서리에 위치시킨다. 그리고 왼쪽 마우스를 클릭한 채 마우스를 축소되는 오른쪽 아래로 끌어 옮긴 후 마우스를 놓는다. 그러면 Zoom 창을 만들게 된다.

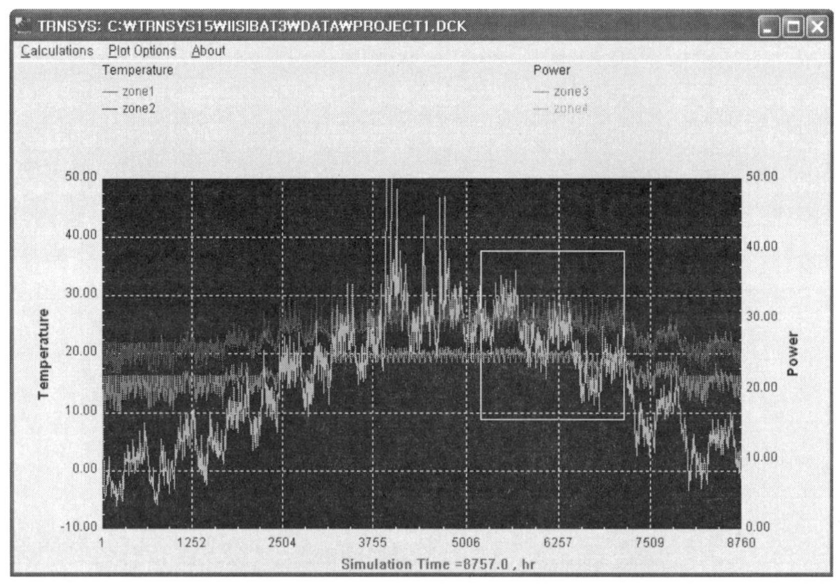

[그림 9-5] Zoom 창을 만들기 위한 영역을 선택한 모습

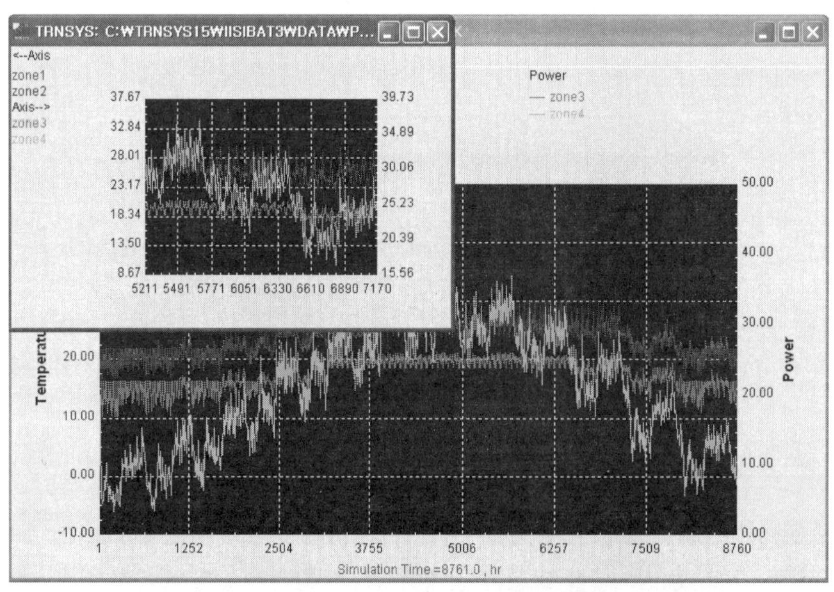

[그림 9-6] 선택된 영역의 Zoom 창이 만들어진 모습

(5) 끝으로 다른 시간의 다른 변수들의 순간값들을 볼 수 있다. 그래프 상에 마우스를
    이동하는 동안 Shift 키를 누른 상태를 유지하면, 그래프 상에 수직선이 나타날
    것이다. 변수들의 값은 물론 이 수직선에 위치하는 시간까지 보이게 된다.

이러한 기능들은 최소, 최대값을 시험할 때에 매우 유용하다.

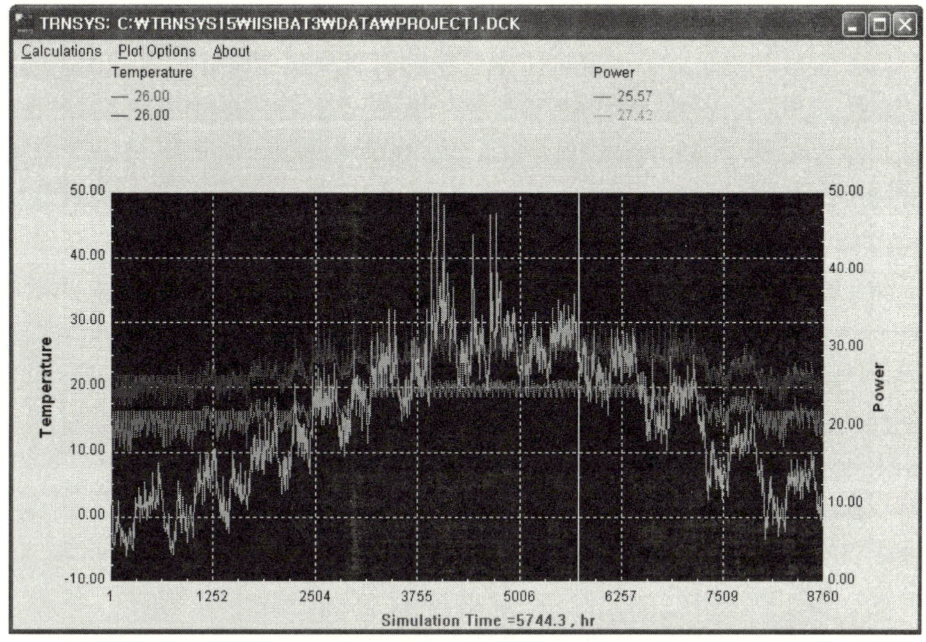

[그림 9-7] Shift 키를 눌러 각 변수의 값과 시뮬레이션 시간이 보이는 모습

10. Physical Phenomena

이 섹션은 실제 기기들보다는 물리적 현상들을 모델화한 컴포넌트들을 포함한다. 이들은 Utility 영역에 포함된 컴포넌트들과 유사한 방법으로 사용된다.

- Type 16 Radiation Processors는 일반적인 데이터 파일에서 이용 가능한 일사량으로부터 경사면에 입사되는 일사량 계산을 위해 필요한 모든 운전 조건들을 다루는 강력한 컴포넌트이다.

- Type 30 Collector Array Shading은 대용량 집열기 배열에서 다른 집열기 열(row)에 의해 음영이 발생되는 집열기 열을 고려하기 위해 사용된다.

- Type 33 Psychrometrics는 2개의 독립변수들로부터 습공기의 또 다른 물성값을 계산하는 데 사용될 수 있는 유용한 컴포넌트이다.

- Type 54 Weather Generator는 월 평균 기상 데이터값을 시간 데이터로 생성하는 데 사용된다.

- Type 58 Refrigerant properties는 2개의 독립 물성값으로부터 다양한 냉매의 상태 물성값을 계산한다.

- Type 68 Shading Masks는 창문, 벽체 등의 장애물 음영 효과를 모델화한다. 이것은 장애물의 각 높이(angular height)를 갖는 파일을 읽는다.

- Type 69 Effective Sky Temperature는 벽체, 지붕, 집열기 등과 천공 사이의 장파장 복사 열교환을 고려하기 위해 사용되는 유효 천공온도(effective sky temperature)를 계산한다.

- Type 77 Simple Ground Temperature Model은 깊이에 따른 지중 온도의 근사값을 얻기 위해 사용된다.

- Type 80 Convection Coefficient Calculation은 벽체, 천장, 바닥에 대한 자연 대류 계수를 계산한다.

   Type 56 자체에 이 능력이 내장되어 있기 때문에 이 Type은 TRNSYS 16의 Type 56과 함께 사용될 수 없다.

10-1 Type 16 : Solar Radiation Processor

일사량은 건물의 열적 거동에 가장 큰 영향을 미치는 기상 데이터 요소이다. 이러한 일사량 데이터(insolation data)는 일반적으로 수평면에 대하여 1시간 간격으로 기록된다. 그러나 실제 시뮬레이션 분석에 있어 1시간이 아닌 다른 시간 간격으로 시뮬레이션이 수행되는 경우가 발생한다. 따라서, TRNSYS 컴포넌트 Type 16 'Solar Radiation Processor'는 최대 8개까지의 고정 또는 다양한 방위의 단위 면적에 입사되는 일사량을 평가하고, 태양의 위치에 따른 몇 가지 양들과 원하는 시간 간격에 따른 일사량 데이터를 보간하며, 이러한 보간 방법들에는 몇 가지 유효한 것들이 있다.

매우 간단한 방법은 시간별 데이터를 짧아진 시간 간격에 대하여 선형으로 보간하는 것이다. TRNSYS 버전 10.1 이전에서 사용된 이 접근법은 몇 가지 약점이 있다. 가장 쉽게 알 수 있는 문제는 (+) 일사량값이 일출 전과 일몰 후에 나타난다는 것이다. 만약 일출이 오전 6 : 30이라면, 시간별 일사량 데이터 파일은 오전 6 : 00에 '0'의 값을 가져와야 하고, 오전 7 : 00에 '40 W/m^2'이어야 한다. 그러나 선형 보간은 일출 전인 오전 6 : 15에 '10 W/m^2'의 값을 부여할 것이다. 이 문제는 수평면 직달 일사에 대한 경사면 직달 일사의 비율 R_b이 일출과 일몰 시간대에서 매우 높게 나타나는 사실에 의해 발생하게 된다. 만약 수평면에 대한 일사량값이 일출 시간대에서 너무 크면 경사면에 대하여 계산된 일사량은 매우 커질 것이다. 그래서 지금의 일사량 프로세서는 대기권 밖 일사량 곡선을 일사량 데이터를 보간하는 데 사용한다. 이것은 선형 보간이 직면한 문제들을 경감하는 것처럼 보인다.

경사면 전일사량은 일반적으로 태양에너지 시스템의 시뮬레이션에 많이 사용된다. 이 값을 평가하기 위해 채택된 모델들은 수평면 전일사량을 직달 일사와 확산 일사 성분으로 분할한 값을 필요로 한다. 만약 단지 수평면 전일사량만이 측정되었다면, 수평면에 대한 직달 또는 확산 일사량 성분을 평가하기 위한 상관 관계가 제공되어야 한다. 그런 다음 수평면 컴포넌트가 경사면에 입사된다. Type 16은 수평면 일사량 성분의 계산은 물론 경사면의 전일사량을 평가하기 위한 몇 가지 옵션들을 제공한다.

Notes :

- With the release of TRNSYS 15, the Type 16 was not completely backwards compatible with versions distributed prior to TRNSYS 14.
- Radiation smoothing has been disabled in TRNSYS 16. Type 109 performs radiation smoothing if required.

1. 기호 설명

A_I : 이방성 지수(anisotropy index)

a/c : Weighted circumsolar solid angle

E : Factor accounting for the eccentricity of the earth's orbit

f : Modulating factor for Reindl titlted surface model

F_1' : Reduced brightness coefficient(circumsolar)

F_2' : Reduced brightness coefficient(horizon brightening)

I_o : Extraterrestrial radiation

I_{on} : Extraterrestrial radiation at normal incidence

I_b : Beam radiation on horizontal surface

I_{bn} : Beam radiation at normal incidence

I_{bT} : Beam radiation on tilted surface

I_d : Diffuse radiation on horizontal surface

I_{dn} : Direct normal beam radiation

I_{dT} : Diffuse radiation on tilted surface

I : Total radiation on a horizontal surface

I_T : Total radiation on a tilted surface

I_{gT} : Ground reflected radiation on a tilted surface

k_T : Ratio of total radiation on a horizontal surface to extraterrestrial radiation

L_{loc} : Longitude of a given location

L_{st} : Standard meridian for time zone

n : Day of year of the start of the simulation

R_b : Ratio of beam radiation on tilted surface to beam on horizontal

R_d : Ratio of diffuse radiation on tilted surface to diffuse on horizontal

R_r : Ratio of reflected radiation on tilted surface to total radiation on horizontal

rh : 상대습도 [%]

S_c : 태양 상수

$SHFT$: Shift in solar time relative to the nominal time of data reading

T_a : Ambient temperature

t_1 : Time of start of time step

t_2 : Time of end of time step

t_{d1} : Time of last data reading

t_{d2} : Time of next data reading

α : Solar altitude angle

β : Slope of surface, positive when tilted in the direction of the azimuth specification

β' : Slope of tracking axis

δ : Solar declination angle

Δ : Sky brightness parameter

ε : Sky clearness parameter

γ : Azimuth angle of surface ; angle between the projection of the normal to the surface into the horizontal plane and the local meridian(facing equator = 0, west positive, east negative).

γ' : Azimuth angle of axis ; angle between the projection of the axis line onto the horizontal plane and local meridian(same sign convention as for γ).

γ_s : Solar azimuth angle

θ : Angle of incidence of beam radiation on surface

θ_Z : Solar zenith angle

ρ_g : Ground reflectance

ϕ : Latitude

ω : Mean hour angle of time step(0 at noon, mornings negative)

ω_1 : Hour angle at start of time step or sunrise hour angle if sunrise occurs during time step.

ω_2 : Hour angle at end of time step or sunset hour angle if sunset occurs during time step.

ω_{d1} : Hour angle at start of data

ω_{d2} : Hour angle at end of data

2. 수학적 설명

일사량은 건물의 열적 거동에 가장 큰 영향을 미치는 기상 데이터 요소이다. 이러한 일사량 데이터(insolation data)는 일반적으로 수평면에 대하여 1시간 간격으로 기록된다. 그러나 실제 시뮬레이션 분석에 있어 1시간이 아닌 다른 시간 간격으로 시뮬레이션이 수행되는 경우가 발생한다. 따라서, TRNSYS 컴포넌트 Type 16 'Solar Radiation

Processor'는 최대 8개까지의 고정 또는 다양한 방위의 단위 면적에 입사되는 일사량을 평가하고, 태양의 위치에 따른 몇 가지 양들과 원하는 시간 간격에 따른 일사량 데이터를 보간하며, 이러한 보간 방법들에는 몇 가지 유효한 것들이 있다.

매우 간단한 방법은 시간별 데이터를 짧아진 시간 간격에 대하여 선형으로 보간하는 것이다. TRNSYS 버전 10.1 이전에서 사용된 이 접근법은 몇 가지 약점이 있다. 가장 쉽게 알 수 있는 문제는 (+) 일사량값이 일출 전과 일몰 후에 나타난다는 것이다. 만약 일출이 오전 6 : 30이라면, 시간별 일사량 데이터 파일은 오전 6 : 00에 '0'의 값을 가져와야 하고, 오전 7 : 00에 '40 W/m²'이어야 한다. 그러나 선형 보간은 일출 전인 오전 6 : 15에 '10 W/m²'의 값을 부여할 것이다. 이 문제는 수평면 직달 일사에 대한 경사면 직달 일사의 비율 R_b이 일출과 일몰 시간대에서 매우 높게 나타나는 사실에 의해 발생하게 된다. 만약 수평면에 대한 일사량값이 일출 시간대에서 너무 크면 경사면에 대하여 계산된 일사량은 매우 커질 것이다. 그래서 지금의 일사량 프로세서는 대기권 밖 일사량 곡선을 일사량 데이터를 보간하는 데 사용한다. 이것은 선형 보간이 직면한 문제들을 경감하는 것처럼 보인다.

경사면 전일사량은 일반적으로 태양에너지 시스템의 시뮬레이션에 많이 사용된다. 이 값을 평가하기 위해 채택된 모델들은 수평면 전일사량을 직달 일사와 확산 일사 성분으로 분할한 값을 필요로 한다. 만약 단지 수평면 전일사량만이 측정되었다면, 수평면에 대한 직달 또는 확산 일사량 성분을 평가하기 위한 상관 관계가 제공되어야 한다. 그런 다음 수평면 컴포넌트가 경사면에 입사된다. Type 16은 수평면 일사량 성분의 계산은 물론 경사면의 전일사량을 평가하기 위한 몇 가지 옵션들을 제공한다.

사실상 대부분의 일사량 자료들은 실제로 순간적인 측정값들의 합이 적분되는 것이다. Type 9의 Data Reader는 자료들을 선형으로 보간한다. 이것은 일사량에 대하여 적합한 것이 아니다. Type 9는 일사량 데이터를 보간하지 않도록 설정되어야 한다. Type 16은 시간 t_{d1}에서 t_{d2} 사이의 Data Reader로부터 얻어진 전일사량을 이용한다. 그러므로 필요하다면 적분의 합에 의해 시간각(hour angle) ω_{d1}에서 ω_{d2} 사이의 전일사량을 찾을 수 있다. 시간각 ω_{d1}에서 ω_{d2}는 $\omega_{d1} < \omega_1$, $\omega_{d2} > \omega_2$에 의해서 선택된다. 여기서, ω_1은 time step이 시작되는 각이고, ω_2는 time step이 끝나는 각이다. 만약 일출이나 일몰이 시간각 내에서 일어난다면 태양이 수평선 아래에 있을 때의 time step 부분은 무시된다.

시간각 ω'과 ω'' 사이의 대기권 밖 전일사량은 다음 식으로부터 계산된다.

$$I_o\,\big|_{\omega'}^{\omega''} = \int_{\omega'}^{\omega''} S_c \cdot E \cdot (\cos\phi \cdot \cos\delta \cdot \cos\omega + \sin\phi \cdot \sin\delta)\,d\omega \tag{10-1}$$

전 시간에 걸쳐 주어진 합리적인 실제 일사량 $I\big|_{\omega_{d1}}^{\omega_{d2}}$의 평가는 다음 식이 이용된다.

$$I \big|_{\omega_1}^{\omega_2} = I \big|_{\omega_{d1}}^{\omega_{d2}} \times \frac{I_o \big|_{\omega_1}^{\omega_2}}{I_o \big|_{\omega_{d1}}^{\omega_{d2}}} \tag{10-2}$$

이 계산은 시간 간격에 따른 대기권 밖 일사량과 대응하는 데이터의 전 기간에 걸친 대기권 밖 일사량에 대한 비율을 이용한 적분된 일사량 데이터를 기준화한다. 다른 TRNSYS 루틴들이 일사량을 필요로 하기 때문에 적분된 일사량이 해당 시간에 걸쳐 평균된 값으로 전환된다.

(1) 수평면 일사량 모드

Type 16은 수평면 데이터에 관한 전일사량으로부터 수평면의 직달 및 확산 일사량을 얻기 위한 5가지 방법을 지니고 있다. 수평면 일사량 모드 1과 2는 Reindl [2] 에 의해 개발된 상관 관계에 기초하고 있다. 이 두 모드는 수평면 전일사량의 확산 일사량 비율(I_d / I)의 평가법을 제공한다. 모드 1은 모드 2에서 주어진 전체 상호 관계의 축소된 형식이며 확산 일사량의 비율을 평가하기 위해 태양 고도각(solar altitude angle)과 대기 청명도(clearness index)를 사용한다.

다음 방정식들에 의해 주어진 상호 관계를 이용한다.

간격 : $0 \leq k_T \leq 0.3$; 구속 조건(constraint) : $I_d / I \leq 1.0$

$$I_d / I = 1.020 - 0.254\,k_T + 0.0123 \sin\alpha \tag{10-3}$$

간격 : $0.3 < k_T \leq 0.78$; 구속 조건(constraint) : $0.1 \leq I_d / I \leq 0.97$

$$I_d / I = 1.400 - 1.749\,k_T + 0.177 \sin\alpha \tag{10-4}$$

간격 : $0.78 < k_T$; 구속 조건(constraint) : $0.1 < I_d / I$

$$I_d / I = 0.486\,k_T - 0.182 \sin\alpha \tag{10-5}$$

모드 2는 대기 청명도, 태양 고도각, 외기온도 그리고 상대습도의 함수로써 확산 일사량 비율을 평가한다. 이를 위한 상호 관계는 다음 방정식들과 같다.

간격 : $0 \leq k_T \leq 0.3$; 구속 조건(constraint) : $I_d / I \leq 1.0$

$$I_d / I = 1.000 - 0.232\,k_T + 0.0239 \sin\alpha - 0.000682\,T_a + 0.0195(rh/100) \tag{10-6}$$

간격 : $0.3 < k_T \leq 0.78$; 구속 조건(constraint) : $0.1 \leq I_d / I \leq 0.97$

---

2) Reindl, D. T., Beckman, W. A., Duffie, J. A., "Diffuse Fraction Correlations", Solar Energy, Vol. 45, No. 1, 1990, pp. 1-7.

$$I_d / I = 1.329 - 1.716\,k_T + 0.267 \sin\alpha - 0.00357\,T_a + 0.106\,(rh/100) \qquad (10\text{-}7)$$

간격 : $0.78 < k_T$; 구속 조건(constraint) : $0.1 < I_d / I$

$$I_d / I = 0.426\,k_T - 0.256 \sin\alpha + 0.00349\,T_a + 0.0734\,(rh/100) \qquad (10\text{-}8)$$

위의 상호 관계에서의 각 변수에 대한 구속 조건을 확산 일사량 평가 전반에 걸친 연속적인 구속 조건(subsequent constraint)으로 대체할 수 있다. 이 구속 조건들은 확산 일사량 평가를 물리적으로 가능한 값들로 제한한다.

위의 수평면 일사량 모드의 경우 수평면의 직달 일사량은 다음의 전일사량과 확산 일사량의 차로 계산된다.

$$I_b = I - I_d \qquad (10\text{-}9)$$

수평면 일사량 모드 3의 경우 수평면의 직달 및 확산 일사량은 직접 입력된다. 모드 4의 경우 수평면 전일사량과 법선면 직달 일사량이 입력되고, 모드 5는 수평면에 대한 전일사량과 확산 일사량이 입력된다. 그러므로 만약 수평면 전일사량 그리고 직달 또는 확산 일사량의 측정값들이 이용 가능하면 모드 3, 4, 5가 사용되어야 한다.

모드 4는 SOLMET (4) 데이터가 사용될 수 있으며, Randall과 Whitson에 의해 개발된 알고리즘 [3]을 이용하여 법선면 직달 일사량값이 평가된다. 직달 및 확산 일사량 측정값을 이용할 수 없으면 모드 1과 2가 사용되어야 한다. 만약 수평면 전일사량, 외기온도, 상대습도 데이터가 있으면 모드 2가 권장된다. 그러나 수평면 전일사량 데이터가 있다면 모드 1을 사용할 것을 권장하고 있다. 위의 권장 사항들은 몇 가지 측정 데이터 모음을 포함한 기존의 상호 관계 평가 [4]에 기초한다.

(2) 천공에서의 태양 위치

천공에서의 태양 위치는 태양 방위각과 천공각(zenith angle)이 주어짐으로써 지정될 수 있다. 천공각은 태양의 시야선(line of sight)와 수직면 사이의 각도로 (90-태양 고도각)으로 계산된다. 태양 방위각은 수평면에 태양의 시야선을 투영한 것과 해당 지역의 자오선(meridian) 사이의 각도이다. 이 값 '0'은 적도를 향하고 있는 것이며 서측은 (+), 남측은 (-) 값을 갖는다. 천공각과 태양 방위각 모두는 Duffie & Beckman [5], ASHRAE [6] 또는 Braun & Mitchell [7]에 의해 주어진 삼각

---

3) Randall, C.M. and Whitson, M.E., Final Report, "Hourly Insolation and Meteorological Data Bases Including Improved Direct Insolation Estimates", Aerospace Report No. ATR-78(7592)- 1, (1977).

4) Reindl, D. T., Beckman, W. A., Duffie, J. A.(1990)

5) Duffie, J.A. and Beckman, W.A., Solar Engineering of Thermal Processes, Wiley, New York, 1988.

법에 의한 상관 관계로부터 결정될 수 있다.

$$\cos\theta_z = \sin\delta\cdot\sin\phi + \sin\phi\cdot\cos\delta\cdot\cos\omega \tag{10-10}$$

$$\sin\gamma_s = \frac{\cos\delta\cdot\sin\omega}{\sin\theta_z} \tag{10-11}$$

(3) 표면 추적 모드

TRNSYS에는 입사되는 일사량의 결정에 필요한 다양한 표면들을 조작하기 위해 4개의 표면 추적 모드가 통합되어 있다. 추적 모드 1은 유입 일사량을 최대화시키기 위한 표면 추적을 하지 않는 표면에 대한 것이다. 표면의 위치는 경사각도와 방위각 입력값에 의해 표시된다. 이들은 일정한 값을 갖거나 어떠한 입력 데이터에 의해 변할 수 있다.

추적 모드 2~4는 최적으로 추적된 표면들에 대한 다양한 유형들을 다룬다. 최적으로 추적된 집열기는 모든 시간대에서 최대 일사량을 받도록 기동될 것이다. 일반적으로 이것은 직달 일사량 또는 $\cos\theta$를 최대화한 것이다.

추적 모드 2는 [그림 10-1]과 같이 고정된 표면 경사각에서 방위각만이 태양 방위각에 의해 추적되는 표면을 다룬다. 이 경우 직달 일사량은 $\gamma = \gamma_s$인 경우에 최대가 된다. 이 상황에서는 방위각 입력은 무시된다.

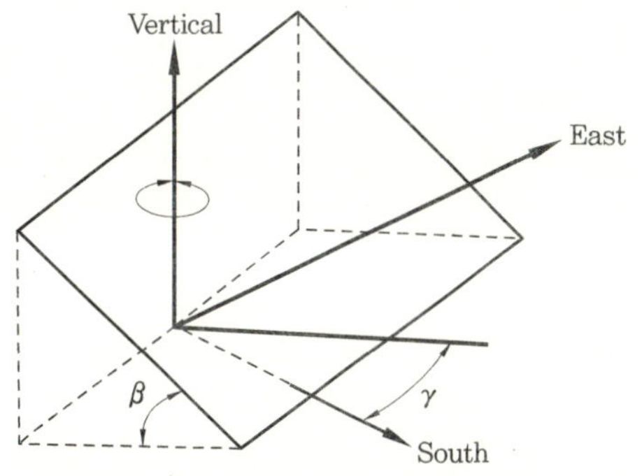

[그림 10-1] 추적 모드 2의 개념도

추적 모드 3은 항상 표면에 평행한 단일 축에 대한 표면이 회전하는 일반적인 경우를 다룬다. 이 개념의 설명은 [그림 10-2]에 표현되어 있다. 수평 축의 경우 어느 순간의 표면의 경사각은 다음과 같다.

$$\beta = \tan^{-1}(\tan\theta_z\cdot\cos(\gamma_s - \gamma)) \tag{10-12}$$

여기서, 표면 방위각은 다음의 축 방위각에 의해 주어진다.

만약 $\gamma_s - \gamma' > 0$이면, $\gamma = \gamma' + 90°$ \hfill (10-13)

만약 $\gamma_s - \gamma' < 0$이면, $\gamma = \gamma' - 90$ \hfill (10-14)

6) ASHRAE Handbook of Fundamentals, American Society of Heating, Refrigerating, and Air-Conditioning Engineers, 1997.

7) Braun, J.E. and Mitchell, J.C., "Solar Geometry for Fixed and Tracking Surfaces", Solar Energy, vol. 31, No. 5, October, 1983.

만약 표면이 표면에 수직이나 수평이 아닌 항상 평행인 단일 축에 대하여 추적한다면, 표면의 방위각과 경사각은 시간에 따른 변화한다. 이 경우,

$$\gamma = \gamma' + \tan^{-1}\left(\frac{\sin\theta_z \cdot \sin(\gamma_s - \gamma')}{\sin\beta' \cdot \cos\theta'}\right) \tag{10-15}$$

$$\beta = \tan^{-1}\left(\frac{\tan\beta'}{\cos(\gamma - \gamma')}\right) \tag{10-16}$$

여기서, θ'은 축의 경사각과 방위각과 같은 경사각과 방위각을 갖는 표면에 대한 입사각(incidence angle)이다.

모드 3에 대한 경사각과 방위각 입력값은 축의 위치와 관련된다.

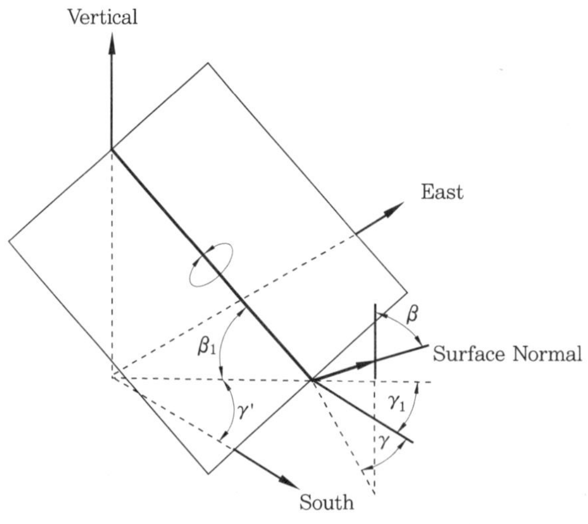

[그림 10-2] 추적 모드 3의 개념도

추적 모드 4의 경우 2축 추적 표면이 고려된다. 직달 일사량은 태양 광선이 항상 법선($\cos\theta = 1$)으로 입사되도록 조정되는 표면의 경우에 최대화된다. 이것은 $\gamma = \gamma_s$이고 $\beta = \theta_z$일 때 달성된다. 그리고 입력된 경사각과 방위각은 무시된다. 여기서, 표현된 일사 추적 집열기의 유형에 대한 삼각법에 의한 Hay & Davies의 상관 관계[8]에 의해 유도되었다.

(4) 경사면 일사량 모드

대부분의 표면들의 경우 표면에 입사되는 전일사량의 평가는 매우 중요하다. Type 16은 경사면에 대한 전일사량 평가를 위한 4가지 모델을 제공한다. 각 모델

---

8) Hay, J.E., Davies, J.A., "Calculation of The Solar Radiation Incident on An Inclined Surface", Proceedings First Canadian Solar Radiation Workshop, pp. 59-72, (1980).

은 태양의 위치와 수평면에 대한 전일사량과 확산 또는 직달 일사량을 필요로 한다. 일반적으로 경사면 전일사량은 경사면에 대한 직달, 확산 그리고 반사 일사 성분을 평가하고 추가함으로써 계산된다.

모든 경사면 일사량 모델들은 경사면에 입사되는 지표면 반사 일사와 직달 일사에 대한 동일한 기법들을 사용한다. 이 모델들은 기하학적 인자 R_b를 사용함으로써 계산될 수 있는 경사면에 대한 확산 일사의 평가에서만 차이가 있다.[9]

$$R_b = \frac{\cos \theta}{\cos \theta_z} \tag{10-17}$$

여기서,

$$\cos \theta = \cos \theta_z \cdot \cos \beta + \sin \theta_z \cdot \cos (\gamma_s - \gamma) \cdot \sin \beta \tag{10-18}$$

위의 방정식에서 β는 수평면과 표면 사이의 각도로써 지정되는 표면의 경사각이며 γ는 표면 방위각이다.

표면 방위각은 태양 방위각과 동일한 방식으로 표현된다. 즉, 정남을 '0'으로 하고 동측은 ($-$) 서측은 ($+$) 값으로 표현된다. 경사각은 방위각 특성의 방위로 경사질 때 ($+$) 값으로 측정된다.

일단 R_b가 찾아지면,

$$I_{bT} = I_b \cdot R_b \tag{10-19}$$

경사면의 반사 일사량 분포는 수평면의 전일사량에 대한 경사문의 반사 일사의 비율인 R_r를 지정하고, 지표면을 등방성 반사체(isotropic reflecto)로 가정함으로써 다음 방정식에 의해 계산된다.

$$R_r = 0.5(1 - \cos \beta) \rho_g \tag{10-20}$$

$$I_{gT} = I \cdot R_r \tag{10-21}$$

경사면에 대한 확산 일사량 분포는 Type 16의 경사면 일사량 모드에서 제공되는 4가지 모델들 가운데 하나를 사용하여 결정된다.

모드 1은 등방성 천공 모델을 사용한다. 이것은 TRNSYS 16 이전 버전에서 기본값으로 사용된 모델이다. 등방성 천공 모델은 전체 천공 돔에 걸쳐 확산 일사량이 균등하게 분포된다고 가정한다. 수평면 확산 일사량에 대한 경사면 확산 일사일의 비율인 R_d는 다음의 방정식으로 주어진다.

$$R_d = 0.5 (1 + \cos \beta) \tag{10-22}$$

그리고 등방성 천공으로 가정된 경사면에 대한 확산 일사량은 다음과 같다.

---

9) Reindl, D. T., Beckman, W. A., Duffie(1990)

$$I_{dT} = I_d \cdot R_d \tag{10-23}$$

모드 2는 Hay & Davies [10]에 의해 개발된 모델을 사용한다.

이 모델은 태양 주변과 등방성 확산 일사량 모두를 설명한다. 맑은 천공 조건 아래서 태양 주변의 면적에서 확산 일사량의 증가된 밀도들이다. 그래서 이들은 이방성 지수(anisotropy index ; A_I)를 사용하여 태양 주변 확산 일사량의 값을 가중 처리한다. A_I는 확산 일사량의 비율이 고려된 등방성 확산 일사량의 남겨진 부분에 대한 태양 주변(circumsolar)으로 처리되도록 지정한다. 그리고 이 모델의 경사면에 대한 확산 일사량은 다음과 같다.

$$A_I = \frac{I_{bn}}{I_{on}} \tag{10-24}$$

$$I_{dT} = I_d \left[0.5 \left(1 - A_I\right)\left(1 + \cos\beta\right) + A_I R_b \right] \tag{10-25}$$

위의 식에서 우측 [　] 내의 첫 번째 항은 등방성 확산의 분포를 표현하며, 두 번째 항은 태양 주변의 확산 분포를 표현한다.

모드 3은 이전의 여러 명의 저자들의 작업에 기초한 Reindl에 의해 개발된 모델[11]을 사용한다. 이 모델은 Hay & Davies model에 'horizon brightening diffuse term'을 추가하였다. 이 horizon brightening은 조절 인자(modulating factor) f에 의해 조절되는 등방성 확산 항과 크기가 함께 묶여 표현되었으며 다음과 같다.

$$f = \sqrt{\frac{I_b}{I}} \tag{10-26}$$

$$I_{dT} = I_d \left[0.5 \left(1 - A_I\right)\left(1 + \cos\beta\right)\left(1 + f\sin^3(\beta/2)\right) + A_I R_b \right] \tag{10-27}$$

위의 식에서 우측 [　] 내의 첫 번째 항은 등방성과 수평면 확산 분포를 표현하며, 두 번째 항은 태양 주변의 확산 분포를 표현한다.

모드 4는 Perez 등에 의해 개발된 경사면 모델[12]의 변형된 형태를 사용한다. 이 모델은 실험을 통해 유도된 'reduced brightness coefficients ; 휘도 감소 계수'에 의해 확산 일사량을 설명한다.

휘도 감소 계수 F_1', F_2'는 매개변수인 대기 청명도 ε와 천공 휘도 Δ의 함수

---

10) Hay, J.E., Davies, J.A.(1980).

11) Reindl, D. T., Beckman, W. A., Duffie, J. A., "Evaluation of Hourly Tilted Surface Radiation Models", Solar Energy, Vol. 45, No. 1, 1990, pp. 9–17.

12) Perez, R., Stewart, R., Seals, R., Guertin, T., "The Development and Verification of The Perez Diffuse Radiation Model", Sandia Report SAND88–7030, (Sandia National Laboratories, Albuquerque, New Mexico, 87185, USA) October, 1988.

이다.

$$\varepsilon \equiv \frac{\dfrac{I_d + I_{dn}}{I_d} + 1.041\,\theta_z{}^3}{1 + 1.041\,\theta_z{}^3} \tag{10-28}$$

여기서, θ_z는 라디안이므로,

$$\Delta \equiv \frac{I_d m}{I_{on}} = \frac{I_d}{I_o} \tag{10-29}$$

대기 청명도와 천공 휘도 매개변수들은 다음에 주어진 〈표 10-1〉와 다음의 상관 관계로부터 휘도 감소 계수들을 계산하는 데 사용된다.

$$F_1' = F_{11}(\varepsilon) + F_{12}(\varepsilon) \cdot \Delta + F_{13}(\varepsilon) \cdot \theta_z \tag{10-30}$$

$$F_2' = F_{21}(\varepsilon) + F_{22}(\varepsilon) \cdot \Delta + F_{23}(\varepsilon) \cdot \theta_z \tag{10-31}$$

Perez 계수들은 다음 〈표 10-1〉에 주어진다.[13]

〈표 10-1〉 Perez 계수들

ε Bin	Upper Limit for ε	Cases (%)	F11	F12	F13	F21	F22	F23
1	1.065	13.60	−0.196	1.084	−0.006	−0.114	0.180	−0.019
2	1.230	5.60	0.236	0.519	−0.180	−0.011	0.020	−0.038
3	1.500	7.52	0.454	0.321	−0.255	0.072	−0.098	−0.046
4	1.950	8.87	0.866	−0.381	−0.375	0.203	−0.403	−0.049
5	2.800	13.17	1.026	−0.711	−0.426	0.273	−0.602	−0.061
6	4.500	21.45	0.978	−0.986	−0.350	0.280	−0.915	−0.024
7	6.200	16.06	0.748	−0.913	−0.236	0.173	−1.045	0.065
8	−	13.73	0.318	−0.757	0.103	0.062	−1.698	0.236

휘도 감소 계수들의 크기는 각 태양 주변, 수평면의 밝기 그리고 등방성 확산 일 사량 성분을 가중 처리한다. 태양 주변 지역의 각 위치는 a/c 비에 의해 결정된다.

$$a/c = \frac{\max\,[0,\,\cos\theta]}{\max\,[\cos 85,\,\cos\theta_z]} \tag{10-32}$$

경사면의 확산 일사량은 다음 식에 의해 평가될 수 있다.

---

13) Perez, R., Stewart, R., Seals, R., Guertin, T.(1988)

$$I_{dT} = I_d \left[0.5 \left(1 - F_1'\right)\left(1 + \cos\beta\right) + F_1'(a/c) + F_2' \sin\beta \right] \qquad (10\text{-}33)$$

따라서, 모든 경사면 일사량 모드들에 대한 경사면에 입사되는 전일사량은 다음과 같다.

$$I_T = I_{bT} + I_{dT} + I_{gT} \qquad (10\text{-}34)$$

일반적으로 이방성 천공 모델들(Hay & Davies, Reindl 그리고 Perez, et al.)은 경사면에 대한 전일사량의 유사한 평가값을 제공하므로 많이 권장되고 있다. Hay & Davies와 Reindl 모델들은 Perez 모델과 비교할 때 계산 상으로 매우 간단하다. 모드 1의 등방성 천공 모델은 경사면의 전일사량을 예측할 때 일반적으로 권장되지 않는다. 이것은 단지 TRNSYS 16 이전 버전을 시뮬레이션 상에서 수행하기 위한 연속성을 부여하기 위해 포함된 것에 지나지 않는다.

(5) 태양시 계산

수평면에 입사되는 일사량을 계산하는 상당 부분이 일별 시간에 의존하기 때문에 정확한 태양시를 사용하는 것은 중요하다. 몇 가지 상호 관계 인자들이 태양시 계산에 사용된다. 다음 내용들은 Duffie & Beckman의 저서[14]에 내용을 인용하여 정리한 것이다.

$$태양시(hrs) = 표준시 + E + (L_{st} - L_{loc})/15 \qquad (10\text{-}35)$$

여기서, E는 매 해마다 약 -0.24 시에서 $+0.26$ 시 사이의 변화와 지구 궤도의 편심 거리를 설명하며 균시차라고 불린다. L_{st}는 해당 지역의 시간의 기준이 되는 표준 자오선에 대한 경도이며, L_{loc}는 해당 지역의 경도이다. 이 값들은 영국 Greenwich의 경도 '0'을 기준으로 $-180°$에서 $+180°$의 값을 가지며, 동경이 ($-$), 서경이 ($|$) 값이다. 우리니리 서울의 경우 L_{st}는 $-135°$이며, L_{loc}는 $-126.59°$이다.

한 시간 간격에 걸친 전일사량의 처리에 관하여 다음의 평균 시간각(mean hour angle)이 사용된다.

$$\omega = 0.5(\omega_1 - \omega_2) \qquad (10\text{-}36)$$

이것은 태양의 계산된 위치가 이 시간 간격에 대한 평균 위치가 되도록 보장하기 위함이다.

따라서, 이용되는 태양시는 다음과 같다.

$$태양시 = t + E + SHFT/15 \qquad (10\text{-}37)$$

여기서, t는 ω에 대응하는 시간(hour)의 시각(time)이다. 태양시에 대한 위의 두

---

14) Duffie, J.A. & Beckman, W.A.(1988)

방정식들을 비교하면, $SHFT$가 $L_{st} - L_{loc}$로 설정되어야 함을 알 수 있다. 또한, 시뮬레이션 시작 시각에서 이 기간(일반적으로 1 시간)이 끝나는 것에 맞춰 첫 번째 데이터 행이 읽히기 때문에 시뮬레이션 시각이 설정되어야 한다. 만약 기상 데이터가 태양시로 제공되면 계수 E와 $SHFT$는 생략되어야 한다.

이것은 마지막 매개변수에 (−)를 포함시킴으로써 성취된다.

10-2 Type 30 : Collector Array Shading

이 컴포넌트는 서로 음영을 생성하는 집열기들의 배열에 입사되는 일사량을 결정한다. 여기에는 2개의 모드가 있다. Mode 1은 일정 경사를 갖는 고정식 평판형 집열기를 고려한다. 입사되는 전일사량, 직달 일사량 그리고 확산 일사량이 출력값이 된다. Mode 2는 단일 축에 대한 포물선을 추적하는 집열기로 직달 일사량만을 이용한다.

1. 기호 설명

D_a : distance between tracking axes of single axis tracking collectors

D_R : distance between rows of flat plate collectors in a field

f_{bs} : fraction of total array area that is shaded from beam radiation

f'_{bs} : fraction of ground area between rows of collectors that is shaded from beam radiation

$(f_{bs})_1$: fraction of area of a single row of collectors that is shaded by an adjacent row

F_{gnd} : overall view factor from the collector array to the ground in front of the array

F_{g-s} : overall view factor from the ground between rows of collectors to the sky

F_{sky} : overall view factor from the collector array to the sky

F'_{gnd} : overall view factor from the collector array to the ground between rows

H_c : height of each collector row

I : total unshaded horizontal radiation per unit area

I_{bT} : unshaded incident beam radiation per unit area

I_{dT} : unshaded incident diffuse radiation per unit area

I_T : unshaded total incident radiation per unit area

I'_{bT} : unshaded incident beam radiation per unit area on the field slope on
which collectors are mounted

I'_{dT} : unshaded incident diffuse radiation per unit area on the field of slope
βF on which collectors are mounted

$(I_{bT})_s$: incident beam radiation per unit area including shading effects

$(I_{dT})_s$: diffuse incident radiation per unit area including shading effects

$(I_T)_s$: total incident radiation per unit area including shading effects

N_R : number of rows of collectors

P : distance between planes that contain sun and each axis of a single axis
tracking system

W_a : width of collector aperture

W_R : width of row of collectors

β : collector surface slope

β_a : slope of plane containing the tracking axes

β_F : slope of field on which collector array is situated

γ : azimuth of collector surface ; angle between the projection of the normal
into the horizontal plane and the local meridian. Zero azimuth facing the
equator, west positive, east negative

γ_a : azimuth angle of the plane containing the tracking axes

γ_s : solar azimuth; angle between the projection of the line of sight to the sun
into the horizontal plan and the local meridian

ρ_g : ground reflectance to the plane

θ_p : angle between a plane containing the sun and an axis and a plane that is
perpendicular containing all the collector axes

θ_z : solar zenith angle

2. 수학적 설명

(1) Mode 1

이 모드는 서로서로 음영을 생성하는 집열기들의 사각형 영역에 입사되는 일사량
을 계산한다. [그림 10-3]은 집열기 배치와 적절한 규모를 보여주고 있다. 집열기
들이 위치되는 영역은 배치 방위각의 방향으로 경사진 것으로 가정된다.

이 배열에 대한 입사되는 일사량은 다음과 같다.

$$(I_T)_s = (1 - f_{bs}) \cdot I_{bT} + F_{sky} \cdot I_{dT} + \rho_g \cdot F_{gnd} \cdot I$$
$$+ r_g \cdot \left[(1 - f'_{bs}) \cdot F'_{gnd} \cdot I'_{bT} + F_{g-s} \cdot F'_{gnd} \cdot I'_{dT} \right] \tag{10-38}$$

방정식 (10-38)의 첫 번째 항은 음영진 입사 직달 일사량이다. I_{bT}는 음영지지 않은 표면에 입사되는 직달 일사량이며, 반면에 f_{bs}는 직달 일사로부터 음영이 발생되는 집열기 배치 면적의 비율이다. 방정식의 두 번째와 세 번째 항은 각각 집열기 배치 전면의 천공과 지표면으로부터 유래되는 집열기 표면의 확산 일사량이다. I_{dT}와 I는 각각 수평면 확산 일사량과 전일사량이다. F_{sky}와 F_{gnd}는 각각 집열기의 인접한 열들에 의한 영향을 고려한 집열기의 천공과 지표면에 대한 형태 계수이다. ρ_g는 지표면 반사율이다. 방정식 (10-38)의 마지막 항은 집열기 배열들 사이의 면적에 부딪히는 직달 및 확산 일사로부터 기인한 입사되는 확산 일사량이다. I'_{bT}와 I'_{dT}는 집열기 배열이 위치하는 경사진 지표면에 입사되는 직달 및 확산 일사량이다. f'_{bs}는 직달 일사로부터 음영지는 배치 열(row)들 사이의 면적의 비이다. F_{g-s}는 배치 열들 사이의 지표면과 천공 사이의 형태 계수이며, F'_{gnd}는 집열기 배치에 따른 집열기와 배치 열들 사이의 지표면과의 형태 계수이다.

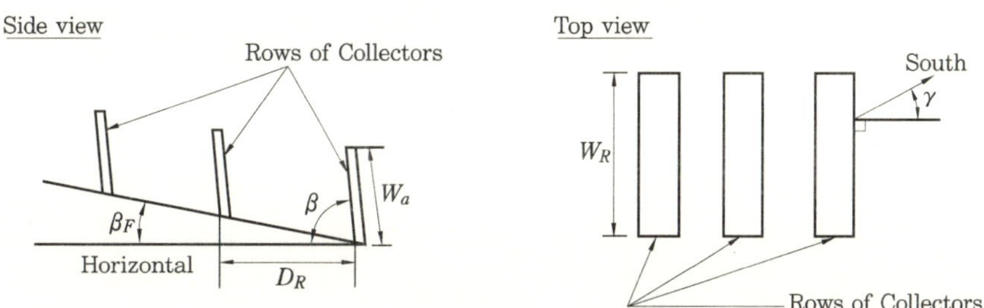

[그림 10-3] 평판형 집열기 배치에 관한 개념도

(2) Mode 2

Mode 2는 [그림 10-4]에 묘사된 것과 같이 단일 축을 따라 추적하는 표면에 입사되는 직달 일사량을 결정한다. 여기에는 집열기 축 방향(collector axis orientation)에 대한 2개의 옵션이 있다. 첫 번째 옵션은 집열기 축은 모든 추적 축(tracking axe)을 포함한 평면과 같은 경사와 방위각을 갖는다. 정남향의 경우 이것은 집열기가 하루를 통해 동측에서 서측으로 추적함을 의미하며, 이때 집열기의 경사각은 일정하지만 방위각은 시간에 따라 변화한다. 두 번째 옵션은 수평 축을 갖는 것으로 이것은 단지 집열기의 경사각도만 변경되고 방위각은 항상 처음 설치된 각도를 유지하게 된다. 어느 경우든지 집열기는 시간에 따라 가능한 최대 직달 일사량을 받을 수 있도록 경사 각도나 방위각이 향하게 된다. 이 컴포넌트는 Type 16 radiation processor의 추적 모드 3(tracking Mode 3)과 일치한다.

직달 일사량을 최대화하기 위해 수조면 축(receiver axes)을 포함하고 집열기 렌즈(collector aperture)에 직각인 면에 태양이 위치할 필요가 있다. 집열기가 단일 열(single row)로 배치된 경우 가장자리 효과를 무시한 인접한 집열기 열에 의해 음영진 렌즈 면적의 비는 다음과 같다.

$$(f_{bs})_1 = MAX\left(1 - \frac{P}{W_a},\ 0\right) \tag{10-39}$$

여기서, W_a는 렌즈의 폭이고, P는 태양과 각 추적 축을 포함한 평면 사이의 거리이며 다음 식에 의해 결정된다.

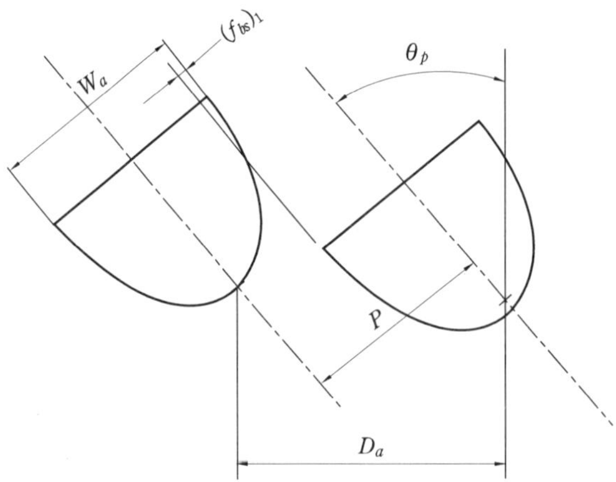

[그림 10-4] 단일 축 포물선 추적 집열기 개념도

$$P = D_a \cos\theta_p \tag{10-40}$$

여기서, D_a는 [그림 10-4]에 표시된 것과 같다.

만약 이 축들이 모든 축들을 포함하는 평면에서 기울어져 있다면 다음과 같다.

$$\cos\theta_p = \frac{\cos\beta}{\cos\beta_a} \tag{10-41}$$

여기서, β는 표면 경사각이며, β_a는 축 평면의 경사각이다. 방정식 (10-41)은 $\beta_a < 90°$인 경우에 적용된다.

$\beta_a = 90°$인 경우

$$\cos \theta_p = \cos (\gamma - \gamma_a) \tag{10-42}$$

여기서, γ는 표면 방위각이고 γ_a는 축 평면의 방위각이다. 만약 집열기 축이 β_a의 경사각을 갖는 평면에 수평이면,

$$\cos \theta_p = \cos \beta - \cos \beta_a \tag{10-43}$$

특정 시간에 음영이 지는 총합 배열 면적의 비는 집열기의 단일 열에 대한 음영비와 열들의 개수 N_R에 의해 다음과 같이 주어진다.

$$f_{bs} = \frac{(N_R - 1)(f_{bs})_1}{N_R} \tag{10-44}$$

그러므로 입사되는 직달 일사량은 다음과 같다.

$$(I_{bT})_s = (1 - f_{bs}) \cdot I_{bT} \tag{10-45}$$

여기서, I_{bT}는 음영지지 않은 표면에 입사되는 직달 일사량이다.

10-3 Type 33 : Psychrometrics

이 컴포넌트는 단지 TRNSYS Psychrometrics utility 서브루틴을 호출하기 위한 포장지(wrapper)이다.

이것은 입력값으로써 다음을 가져온다.

(1) 건구온도와 또 다른 하나의 물성값 : 습구온도, 상대습도, 노점온도, 절대습도 또는 엔탈피

(2) 절대습도와 엔탈피 : 이것은 절대습도, 습구온도, 엔탈피, 습공기의 밀도, 건공기만의 밀도, 상대습도, 건구온도 그리고 노점온도를 계산하기 위해 Psychrometrics 서브루틴을 호출한다.

모델의 첫 번째 매개변수는 모델에 입력값으로 제공되는 2개의 물성값들을 결정한다. 두 번째 매개변수는 습구온도가 계산되어야 하는지 그렇지 않은지를 결정한다. 습구온도의 계산은 상당한 시간이 소요될 수 있는 반복 처리 과정이 필요하다. 만약 습구온도가 요구되지 않으면, 두 번째 매개변수는 '0'으로 설정되어야 한다. TRNSYS 16 버전의 경우 대기 압력은 모델의 시간 의존 입력값으로 되었다.

Type 33의 세 번째 매개변수는 'error mode'이다. 만약 이것이 '1'로 설정되면 단지 에러 조건(error condition)당 단 하나의 경고만이 보고될 것이며, 이것이 '2'로 설정되

면 에러 조건이 발생되는 각 반복 계산 과정에 대하여 경고 메시지가 출력될 것이다. 에러 조건은 1~14까지의 범위이며 〈표 10-2〉에 정리되어 있다.

〈표 10-2〉 Type 33의 Error Codes

Error Code	Error Description
1	A total pressure greater than 5 atmospheres. Beware that the ideal gas relations used in the psychrometrics are not accurate at higher pressures.
2	An enthalpy less than possible for the given humidity ratio. The air was assumed to be saturated at the given humidity ratio and the enthalpy set for this condition.
3	A humidity ratio less than 0.0. Dry air was assumed and the humidity ratio set to 0.0.
4	A wet bulb temperature greater than the dry bulb temperature. Saturated air was assumed and the wet bulb temperature set to the dry bulb temperature.
5	A dew point temperature greater than the dry bulb temperature. The dew point was set equal to the dry bulb temperature.
6	A wet bulb temperature below that for dry air at the given dry bulb temperature. Dry air was assumed and a new wet bulb temperature found.
7	A relative humidity less than 0. The relative humidity was set to 0.0.
8	A relative humidity greater than 1.0. The relative humidity was set to 1.0.
9	A humidity ratio above the saturation humidity ratio for the given dry bulb temperature. The air was assumed saturated at the given dry bulb temperature and the humidity ratio set for this condition.
10	An enthalpy greater then that for saturated air at the given dry bulb temperature. The air was assumed saturated and the enthalpy set for this condition.
11	An enthalpy less then that for dry air at the given dry bulb temperature. Dry air was assumed and the enthalpy set for this condition.
12	Conditions outside the intended range of the water vapor saturation pressure correlation. The correlation, from the 1985 ASHRAE Fundamentals Handbook, is for temperature range of $-100\,°C$.
13	Conditions outside the intended range of the dew point temperature correlation. Then correlation from the 1981 ASHRAE Fundamentals Handbook is for the temperature range -60 to $70\,°C$.
14	A humidity ratio less than possible for the given enthalpy. The air was assumed to be saturated at the given enthalpy and the humidity ratio set for this condition.

10-4 Type 54 : Hourly Weather Data Generator

이 컴포넌트는 주어진 일사량, 건구온도, 절대습도 그리고 풍속(옵션)의 월평균값들을 이용해 시간별 기상 데이터를 생성한다. 이 데이터는 지정된 위치에서 이들의 조합된 통계표가 장기간 통계표(long-term statistics)와 대략적으로 같도록 하는 방법으로 생성된다. 이 방법의 목적은 TMY(Typical Meteorological Year)와 유사한 일반 데이터의 단일 연도값을 생성하기 위함이다. 이 모델은 Knight et al. (1, 2), Graham et al. (3, 4), Degelman (5, 6) 그리고 Gansler (10~12)에 의해 개발된 알고리즘들에 기초한다.

이 컴포넌트는 TRNSYS에서 어떤 위치에 대하여 알려진 표준 연간 평균 기상 통계표 (standard yearly average weather statistics)가 이용될 수 있도록 한다. 그러나 이 모델에 사용된 많은 상관 관계들은 온대 기후 데이터를 최우선으로 하여 개발되었다. 열대 기후와 같은 다른 기후의 경우 생성된 데이터는 덜 정확하며, 사용자는 몇 가지 수정을 원할 수 있다. 이것에 관한 보다 제세한 내용은 참고 문헌 1을 참고하기 바란다.

1. 기호 설명

k_t : 시간별 청정도 지수

K_t : 일별 청정도 지수

$\overline{K_t}$: 월별 청정도 지수

2. 수학적 설명

(1) DATA BASE

Type 54 컴포넌트는 월평균 일사량, 절대습도 그리고 온도를 포함한 외부 데이터 파일을 필요로 한다. 〈표 10-3〉에 설명된 것과 같은 이 데이터 파일은 매우 다양한 위치에 대한 데이터를 포함할 수 있다.

사용자는 자신만의 데이터 파일을 개발할 수 있으며 [Type 54-WeatherGenerator.dat]라 불리는 예제 데이터 파일을 사용할 수 있다. 게다가, 사용자는 이 파일의 끝에 지정된 위치에 대한 데이터를 추가할 수 있다. 이 파일은 329개 위치에 대한 월평균 기상 데이터를 포함한다. 이 데이터는 미국 National Oceanic and Atmospheric Administration, Asheville, NC에서 출판된 Cinquemani, Owenby & Baldwin의 'Input Data for Solar Systems'으로부터 가져온 것이다. 또한, 96

개의 캐나다 지역의 데이터도 포함되어 있다.

<표 10-3> **기상 데이터 파일 형식(Weather Data File Format)**

Line 1 : NLOC
Line 2 : LOCATION1   LATITUDE
Line 3 : I1 I2 I3 ⋯ I12
Line 4 : w1 * 10000 w2 * 10000 w3 * 10000 ⋯ w12 * 10000
Line 5 : TEMP1 TEMP2 TEMP3 ⋯ TEMP12
Line 6 : LOCATION2   LATITUDE
Line 7 : I1 I2 I3 ⋯ I12
etc.

여기서,

1행의 NLOC은 데이터베이스에 포함된 지역의 총수를 나타낸다.

2행의 LOCATION은 지역명이며 최대 32자까지 허용된다. 그 다음의 LATITUDE
는 $-90 \sim 90°$ 사이의 값으로 반드시 33열에서 시작되어야 한다.

3행의 I1~I12는 월평균 일일 수평면 전일사량의 월 평균값이다(kJ/m^2).

4행의 w1 * 10000~w12 * 10000은 월평균 절대 습도에 10000을 곱한 값이다.

5행의 TEMP1~TEMP12는 월평균 외기온도이다(℃).

6행에서 9행은 또 다른 위치에 대한 기상 정보를 앞서 2행에서 5행의 작성 요령
과 동일하게 반복하면 된다. 그러므로 이 데이터 파일에 사용자가 원하는 만큼의
데이터를 추가하여 구성할 수 있다. 만약 새로운 지역들이 wdata.dat 파일의 끝에
추가되면 반드시 1행의 NLOC의 값을 변경해야 한다.

게다가, National Renewable Energy Lab(이하 NREL)은 [wdata.dat]에 나열
된 미국의 동일한 239개 지역에 대한 새로운 월평균 기상 데이터 모듈을 생성하였
다. NREL은 새로운 TMY 데이터 생성의 과정에 있다. 이 새로운 TMY 데이터는
아직 정식 발표되지 않았으나 이미 National Solar Radiation Data Base(이하
NSRDB)에 새로운 월평균 데이터를 발표하였다. 이 데이터는 [NREL.DAT]이라 불
리는 파일로 TRNSYS 14.1 버전에 처음 포함되었다. 이들 데이터는 [wdata.dat]에
포함된 자료들보다 정확한 최근 것이다. 이것은 1961년부터 1990년까지의 30년 데
이터에 기초한다. TRNSYS에서는 사용자들이 [NREL.DAT] 파일을 사용할 것을 제
안하고 있다.

(2) ALGORITHMS

다음은 기상 데이터 생성 모델의 간략한 설명이므로 보다 상세한 설명을 원할 경우 Knight et al. (1, 2)을 참고하기 바란다.

일사량은 청정도 지수(clearness index)라 불리는 무차원 형태로 설명되며, 이것은 간단히 설명해 동일한 시간에 대하여 [수평면에 입사되는 전일사량/대기권 밖의 수평면에 입사되는 전일사량]의 비율이다. 이 순간적인 값들이 일정 기간에 걸쳐 적분될 수 있으며, 보통 사용되는 값들에는 시간, 일별 그리고 월별 청정도 지수가 있다.

그 외 이 컴포넌트에 사용된 알고리즘에 대한 설명은 참고 문헌 및 TRNSYS 16 사용자 매뉴얼을 참고하기 바란다.

끝으로 Type 54의 몇 가지 특징들은 다음과 같다.

- 사용자는 연중 어떤 시간에 대해서도 시뮬레이션을 시작할 수 있다.
- 지정한 날짜에 대한 기상 변수들은 변경되지 않은 채 남겨지지만, 시뮬레이션 시작 시간에 맞춰 변경된다.
- 새로운 알고리즘들은 하루 중 일사량이 '0'인 시간들을 제거하고, 장기간 청정도 지수와의 보다 향상된 일치를 제공한다. TRNSYS 16 버전의 경우 특히 TRNSED 시뮬레이션이 사용될 때, Type 54의 유연성(flexibility) 향상을 위해 또 다른 특징들이 추가되었다.
- 위도는 모델의 매개변수로써 입력된다. 그리고 만약 이 값이 제공되면, 데이터 파일로부터 읽은 이 값을 대신한다.
- 통합된 일별 일사량값의 월별 평균값, 절대습도의 월별 평균값 그리고 건구온도의 월별 평균값은 모델에 매개변수들로써 입력될 수 있다.

3. 참고 문헌

1. Knight, K. M., Klein, S. A., and Duffie, J. A., 『A Methodology for the Synthesis of Hourly Weather Data』, to be published in Solar Energy, 1991.

2. Knight, K. M., 『Development and Validation of a Weather Data Generation Model』, M.S. Thesis, University of Wisconsin—Madison, Solar Energy Laboratory, 1988.

3. Graham, V.A., 『Stochastic Synthesis of the Solar Atmospheric Transmittance』, Ph.D. Thesis in Mechanical Engineering, University of Waterloo, 1985.

4. Graham, V.A., Hollands, K.G.T., and Unny, T.E., 『Stochastic Variation of Hourly Solar Radiation Over the Day』, Advances in Solar Energy Technology, Vol. 4, ISES Proceedings, Hamburg, Germany, September 13-18, 1987.

5. Degelman, L.O., 『A Weather Simulation Model for Building Energy Analysis』, ASHRAE Transactions, Symposium on Weather Data, Seattle, WA, Annual Meeting, pp. 435-447, June 1976.

6. Degelman, L.O., 『Monte Carlo Simulation of Solar Radiation and Dry Bulb Temperatures for Air Conditioning Purposes』, Report No. 70-9, sponsored by the National Science Foundation under Grant No. GK-2204, Department of Architectural Engineering, The Pennsylvania State University, September, 1970.

7. Erbs, D.G., Klein, S.A., and Duffie, J.A., 『Estimation of the Diffuse Radiation Fraction of Hourly, Daily, and Monthly-Average Global Radiation』, Solar Energy, Vol. 28, pp. 293-302, 1982.

8. Erbs, D.G., 『Models and Applications for Weather Statistics Related to Building Heating and Cooling Loads』, Ph.D. Thesis, University of Wisconsin-Madison, 1984.

9. Hollands, K.G.T., D'Andrea, L.T., and Morrison, I.D., 『Effect of Random Fluctuations in Ambient Air Temperature on Solar System Performance』, Solar Energy, Vol. 42, pp. 335-338, 1989.

10. Gansler, R.A., 『Assessment of Generated Meterological Data for Use in Solar Energy Simulations』, M.S. Thesis, 1993, University of Wisconsin-Madison, Solar Energy Laboratory

11. Gansler, R.A., Klein S.A., 『Assessment of the Accuracy of Generated Meteorological Data for Use in Solar Energy Simulation Studies』 Proceedings of the 1993 ASME International Solar Energy Conference, Washington D.C., pp. 59-66, April 1993.

12. Gansler, R.A., Klein S. A., Beckman W. A., 『Investigation of Minute Solar Radiation Data』, Proceedings of the 1994 Annual Conference of the American Solar Energy Society, San Jose CA, pp. 344-348, June 1994.

10-5 Type 58 : Refrigerant Properties

이 컴포넌트는 입력값으로써 고유한 독립적 상태의 냉매의 물성값을 가져와 남겨진
상태의 물성값들을 계산한다. 이것은 열역학적 물성값 계산을 위해 FLUID_PROPS 서
브루틴과 STEAM_PROPS 서브루틴을 호출한다.

이 루틴에서 이용 가능한 냉매 종류는 다음과 같다.

: R-11, R-12, R-13, R-14, R-22, R-114A, R-134A, R-500, R-502, 암모니아
 (R-717) 그리고 증기(R-718).

1. 특이 사항

(1) 요구되는 매개변수의 개수는 제공되는 입력값의 개수에 3을 곱한 후, 2로 나눈 것
과 같다.

(2) 출력값의 개수는 입력값의 개수를 2로 나눈 것의 7배와 같다.

(3) 유닛당 최대 10개의 상태들이 Type 58에 의해 계산될 수 있다.

(4) 포화된 냉매의 상태 물성값을 지정할 때, 온도와 압력은 포화 영역에서 독립적인
물성값이 아니므로 주의해야 한다.

(5) Type 58 루틴은 'Subcooled' 물성값을 계산하지 않는다. 만약 이 물성값들이 제공
되면 포화 용액의 값들이 계산될 것이며 Type 58 루틴에 의해 응답될 것이다.

(6) 암모니아와 R134A에 대한 기준 상태(reference state)는 -40℃에서 enthalpy =
0 kJ/kg이다.

(7) 그 외 모든 다른 유체들의 기준 상태는 0℃에서 enthalpy = 0 kJ/kg이다.

10-6 Type 68 : Shading by External Object

Type 68은 시간에 따른 개구부 음영을 묘사하는 출력 개수와 임의의 개구부로부터 보
이는 장애물의 각 높이(angular height)를 포함하는 데이터 파일을 읽는다.

출력값 전체에 걸쳐 직달 일사가 차단 또는 존재하는지 그리고 개구부의 확산 일사가
존재하는 비율로서 주어지는 0~1 사이의 값에 따라 '0' 또는 '1'이 된다. 값 '0'은 확산
일사가 존재하지 않음을 가리키고, 값 '1'은 창문으로 정상적으로 모든 확산 일사가 존재
함을 가리킨다.

직달 일사 계산은 태양이 특정 주어진 시간에 물체에 의해 영향을 받는지를 결정함으로써 간단히 수행된다. 창문에 의해 보이는 음영 효과들을 적분하고 음영이 없는 개구부로부터의 조망(view)을 나눠줌으로써 확산 비율(diffuse fraction)이 계산된다. 이러한 무차원수에 의해 정상적으로 개구부에 입사되는 일사는 음영을 설명하기 위해 조정될 수 있다.

또한, Type 68은 음영지지 않은 일사량값을 가져오고 내부적으로 계산된 음영 인자(shading factor)에 의해 이들 값들을 곱하며, 위에서 기술된 음영 인자들과 음영진 일사량값을 또한 출력한다.

1. 기호 설명

밑줄 친 문자들은 벡터를 가리킨다. 방정식에 나타나는 벡터는 문자 위에 벡터를 표시하는 화살표를 갖는다.

- α : TRNSYS 좌표계에서 측정된 표면 방위각(북반구의 경우 남측은 0, 동측은 -90, 서측은 +90 그리고 북측은 ±180)
- β : 개구부를 포함하는 면의 경사각
- θ : 장애물의 각높이(angular height)
- $\underline{i}, \underline{j}, \underline{k}$: 각각 X, Y, Z 축의 단위 법선 벡터(unit normal vector)
- S : 개구부의 면(plane of an opening)
- $\underline{n}S$: 면 S에 대한 단위 법선 벡터
- $\underline{v}$: 표면 방위각의 벡터 표현
- $\underline{p}$: 면 S에서 표면 방위각 벡터의 투영(projection)
- δ : $\underline{n}S$와 $\underline{p}$ 사이의 각도
- h_1 : spherical zone의 높이
- h_2 : spherical cap의 높이
- S_1 : 평면의 지름, 높이 h_1과 각 α에 의해 지정되는 spherical zone의 segment의 표면적
- S_2 : 높이 h_2와 각 α에 의해 지정되는 spherical cap의 segment의 표면적

2. 수학적 설명

경사와 방위각으로 묘사되는 주어진 개구부의 경우 두 숫자를 계산할 필요가 있다. 첫 번째는 직달 일사가 차단 또는 유입되는지를 나타내는 '0' 또는 '1'이다.

두 번째는 개구부의 확산 일사 유입 비율을 나타내는 0과 1 사이의 숫자이다. '0'은 확산일사가 모두 차단되는 것을 가리키며, '1'은 창문을 통해 모든 확산 일사가 유입됨을 가리킨다. 그리고 이 비율은 수직 또는 수평 개구부에 대해서는 쉽게 계산이 되지만 경사진 개구부의 경우에는 매우 어렵게 된다. 수직 개구부는 180도의 조망 각도(viewing angle)를 가지며, 수평 개구부는 360도의 조망 각도를 갖는다. 임의의 경사진 개구부에 대한 조망 각도는 다소 덜 명확하다.

결론적으로 이것은 모든 개구부는 360도 조망 각도를 갖는 것으로써 정의될 수 있으며, 개구부를 포함한 면은 개구부를 음영짓는 장애물로써 고려될 수 있다는 점에 의해 결정된다.

장애물들은 개구부로부터 보이는 각높이(angular height)에 의해 정의된다. 표면의 방위각(α)들은 절대 좌표계에서 지정되며, 각각에 대하여 [그림 10-5]와 같이 장애물 각높이(θ)가 요구된다.

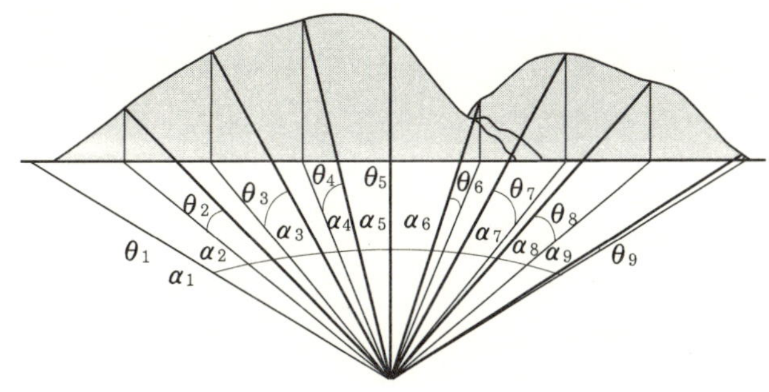

[그림 10-5] 표면 방위각(α) 및 장애물 각높이(θ)의 정의

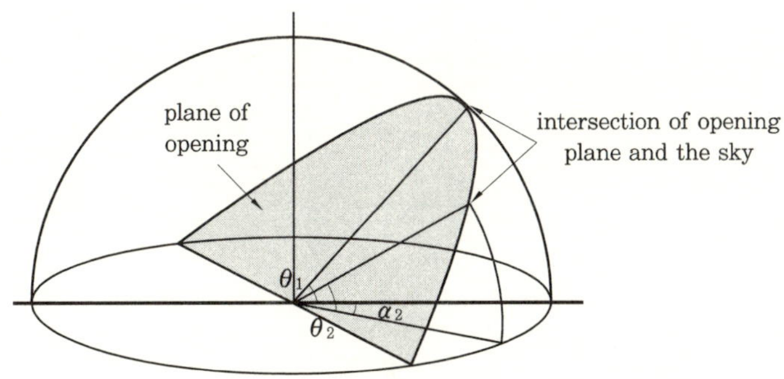

[그림 10-6] 경사진 개구부면에 생성된 명백한 장애물 각도
(Apparent Obstruction Angles)

수직 개구부의 경우, 개구부를 포함하는 평면은 창문의 후미에서 출발한 각도 모두에 대하여 90도의 θ각을 형성한다. 경사진 평면의 경우에는 개구부의 후미로 출발한 θ각은 항상 90도는 아니지만 방정식 (10-57)에 의해 설명되는 함수를 따른다. 직접적으로 창문 뒤쪽으로 출발한 각도는 [그림 10-6]에서처럼 개구부의 경사와 같은 각도를 형성한다.

(1) Calculation of Visible Diffuse Radiation Fraction

이 계산의 전체 목표는 주어진 음영 물체의 영향으로 개구부로부터 정상적으로 확산 일사가 존재하는 비율이 얼마인지를 찾는 것이다. 이 비율의 분자는 음영 물체에 의해 보이는 천공의 양이다. 이것은 TRNSYS Data Reading 서브루틴을 호출하여 찾을 수 있다. 각 개구부의 인식 번호(identification number)와 각각의 방위각(α)에 대하여 장애물 각높이(β)가 제공된다. 데이터 파일 및 예제의 형식은 수학적 설명의 마지막 부분에서 찾을 수 있다.

한편, 이 비율의 분모는 개구부의 보이는 천공의 양이다. 수평 개구부는 전체 천공을 볼 수 있으며, 수직 개구부는 천공의 반을 볼 수 있고, 경사진 개구부는 수직과 수평 개구부 사이의 어떤 값만큼 천공을 볼 수 있다. 천공이 얼마만큼 많이 보이는지를 계산하는 대신에 개구부를 포함한 면으로 표현되는 일련의 명백한 장애물 각도(obstruction angle)가 계산된다.

각도 β인 경사진 벽면의 경우 주어진 표면 방위각 α에 대한 벽체와 지표면 사이의 각도에 대한 표현을 찾는다.

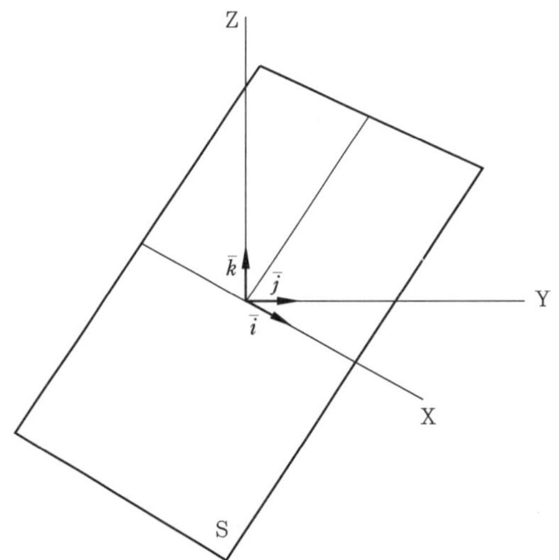

[그림 10-7] 개구부를 포함한 면에 대한 좌표계

간소화를 위해 지금 벽체의 면이 정남을 향한다고 가정할 것이다. 그러므로 이것은 방정식 $0X + \tan\beta\, Y + Z = 1$에 의해 설명될 수 있다. 그리고 [그림 10-7]에서 보이는 것과 같이 면 S에 이 면을 불러올 수 있다.

면 S에 대한 법선 벡터는 방향 $\vec{n}S\{0,\ \tan\beta,\ 1\}$를 갖는다.

법선 벡터의 길이는 다음과 같이 벡터 $\vec{n}S$의 determinant에 의해 주어진다.

$$|\vec{n}S| = \sqrt{0^2 + (\tan\beta)^2 + 1^2} = \sqrt{1 + (\tan\beta)^2} \tag{10-46}$$

그러므로 S의 단위 법선 벡터는

$$\vec{n}S = \frac{1}{\sqrt{1 + (\tan\beta)^2}}(\tan\beta\,\vec{j} + \vec{k}) \tag{10-47}$$

각 표면 방위각 α를 표현하는 벡터 $\vec{v}$는 벡터 $\vec{p}$는 면 S에서의 결과 벡터이고, k는 상수라는 점에서 다음의 공식에 의한 면 S로의 투영이다.

$$\vec{p} = \vec{v} - k\,\vec{n}S \tag{10-48}$$

상수 k를 찾기 위해 $[\cdot\vec{n}S]$를 방정식의 양측을 곱한다. 좌변의 벡터 $\vec{p}$와 $\vec{n}S$는 직각이므로 그들의 $[\,\cdot\,]$ 곱은 '0'이다. 그리고 벡터 $\vec{n}S$에 $[\cdot\vec{n}S]$은 불변이므로 방정식 (10-48)은 다음과 같은 k의 식으로 표현된다.

$$k = \vec{v}\cdot\vec{n}\,S \tag{10-49}$$

벡터 $\vec{v}$는 수평인 면에 존재하므로 이것은 단지 $X,\ Y$축 요소만을 갖는다. $\vec{v}$에 대한 공식은 우측 삼각형에서 탄젠트(tangent)의 정의로부터 직접 구할 수 있다.

$$\vec{v} = (\tan\alpha\,\vec{i} + \vec{j}) \tag{10-50}$$

k에 대하여 풀면

$$k = (\tan\alpha)(0) + (1)\left(\frac{\tan\beta}{\sqrt{1 + (\tan\beta)^2}}\right) + (0)(1) = \frac{\tan\beta}{\sqrt{1 + (\tan\beta)^2}} \tag{10-51}$$

이다. 여기서, 벡터 $\vec{p}$를 이용해 단순화시켜 다음과 같이 쓸 수 있다.

$$\vec{p} = (\tan\alpha\,\vec{i} + \vec{j}) - \left(\frac{\tan\beta}{\sqrt{1 + (\tan\beta)^2}}\right)\left(\frac{1}{\sqrt{1 + (\tan\beta)^2}}\right)(\tan\beta\,\vec{j} + \vec{k}) \tag{10-52}$$

$$\vec{p} = (\tan\alpha\,\vec{i} + \vec{j}) - \left(\frac{\tan\beta}{1 + (\tan\beta)^2}\right)(\tan\beta\,\vec{j} + \vec{k}) \tag{10-53}$$

$$\vec{p} = \tan\alpha\,\vec{i} + \left(1 - \frac{(\tan\beta)^2}{1 + (\tan\beta)^2}\right)\vec{j} + \frac{\tan\beta}{1 + (\tan\beta)^2}\,\vec{k} \tag{10-54}$$

다음 단계는 투영 벡터 $\vec{p}$가 수평한 면과 이루는 각도를 찾는 것이다. 이 각도는 양변에 수평면의 단위 법선 벡터와 벡터 $\vec{p}$의 [·] 곱으로 얻을 수 있다.

수평면의 단위 법선 벡터는 {0, 0, 1}이다.

$$\vec{nH} \cdot \vec{p} = |\vec{nH}||\vec{p}| \cos\sigma \tag{10-55}$$

이것을 확장하여 나타내면,

$$\{0,\, 0,\, 1\} \cdot \left\{ \tan\alpha,\, 1 - \frac{(\tan\beta)^2}{1 + (\tan\beta)^2},\, \frac{\tan\beta}{1 + (\tan\beta)^2} \right\}$$

$$= \sqrt{0^2 + 0^2 + 1^2}\; \sqrt{(\tan\alpha)^2 + \left(1 - \frac{(\tan\beta)^2}{1 + (\tan\beta)^2}\right)^2 + \left(\frac{\tan\beta}{1 + (\tan\beta)^2}\right)^2}\; \cos\sigma$$

$$\tag{10-56}$$

이다. 그리고 이 식을 단순화시켜 나타내면,

$$\frac{\tan\beta}{1 + (\tan\beta)^2} = \sqrt{(\tan\alpha)^2 + \left(1 - \frac{(\tan\beta)^2}{1 + (\tan\beta)^2}\right)^2 + \left(\frac{\tan\beta}{1 + (\tan\beta)^2}\right)^2}\; \cos\sigma \tag{10-57}$$

방정식 (10-57)은 면 S에 표면 방위각 α를 투영한 것과 수평면에 법선 방향인 수직선과의 각도로 해석될 수 있다. 각도 σ는 90°에서 투영이 수평면과 이루는 각도를 빼줌으로써 얻어진다. 그 결과는 θ라 불린다. 이 상태에서 개구부의 평면에 대한 일련의 명백한 장애물 높이 각도를 얻는다. 이 각도는 각 표면 방위각 α에 대한 파일에 제공되는 데이터와 비교된다.

물론 하나 이상의 복잡함이 있다.

간단히 이 2개의 장애물 높이를 비교하고 각 표면 각도(surface angle)는 쐐기꼴의 천공을 실질적으로 표현하는 사실을 고려하지 않은 표면 각도에 의해 시야가 확보된 천공의 비(fraction of sky)를 찾기 위해 이들을 나눈다.

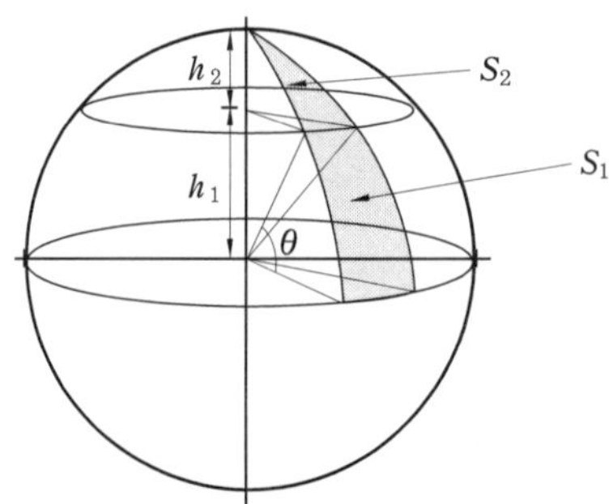

[그림 10-8] Segment Areas

$\theta = 45$인 장애물 높이 각도는 주어진 α에 대하여 천공이 50% 보임을 의미하는 것은 아니다. 대신에 [그림 10-8]에 나타난 것과 같이 두 표면적 S_1과 S_2를 비교할 필요가 있다.

주어진 α에 대하여 보이는 천공의 비율은 다음과 같다.

$$f = \frac{S_2}{S_2 + S_1} \tag{10-58}$$

이것은 구면에서 분석을 진행하고 있기 때문이며 다음 값을 읽을 수 있다.

$$h_1 + h_2 = r \tag{10-59}$$

게다가, 우측 삼각형이 구의 수직 축과 면 S_2를 포함하는 평면 그리고 반지름에 의해 형성된다. 결론적으로 이것은 다음과 같이 표현될 수 있다.

$$h_1 = r \cos (2\pi - \theta) \tag{10-60}$$

여기서, θ는 라디안값이다.

두 표면적 S_1과 S_2는 동일한 기초 공식을 가지며, γ는 라디안값으로 측정된다.

$$S_1 = \gamma \cdot r \cdot h_1 \tag{10-61}$$

$$S_2 = \gamma \cdot r \cdot h_2 \tag{10-62}$$

방정식 (10-59), 방정식 (10-60), 방정식 (10-61) 그리고 방정식 (10-62)를 통해, 방정식 (10-58)은 다음과 같이 표현된다.

$$f = 1 - \cos (2\pi - \theta) \tag{10-63}$$

여기서, θ도 라디안값이다.

이제 모든 방정식들이 정리되었으며, 표면 방위각 모음인 α에 대한 두 θ의 합이 수행되어 나누어진다. 분자는 방정식 (10-63)에 적용함으로써 데이터 파일로부터 전체 θ각도를 포함하고, 분모는 방정식 (10-63)을 방정식 (10-57)에 적용시켜 이를 통해 전체 θ각도를 얻을 수 있으며 이 값을 모두 포함한다.

$$f = \frac{\displaystyle\sum_{\alpha = -\pi}^{\pi} 1 - \cos (2\pi - \theta_{shaded})_\alpha}{\displaystyle\sum_{\alpha = -\pi}^{\pi} 1 - \cos (2\pi - \theta_{unshaded})_\alpha} \tag{10-64}$$

(2) Calculation of Visible Beam Radiation

직달 일사가 장애물 뒤쪽에 위치하는지를 판단하기 위해 Type 68은 태양의 위치 (태양 방위각과 태양 고도각)를 가져오며, 이들은 데이터 파일 내의 정보와 비교한다. α가 주어진 경우 태양 고도각이 대응하는 장애물 각높이보다 작게 되면 직달 일사는 완전 차단됨을 나타낸다.

Type 68은 개구부에 의해 보이는 장애물의 각높이(θ)를 포함한 데이터 파일을 중심으로 한다. 이 Type은 TRNSYS Data Reading 서브루틴을 호출하는 데 이용되며 그러므로 Type이 위치하는 데 일정한 제약이 있다. ; 즉, 기구부 ID 번호의 전체 목록, 개구부 경사에 대한 전체 목록, 개구부 방위각의 전체 목록 그리고 표면 방위각의 전체 목록이 외부 데이터 파일의 그 자신의 행에 정확히 위치해야 한다.

Input 파일 또는 외부 파일로 TRNSYS에 의해 읽을 수 있는 한 행에 포함되는 전체 문자의 개수는 TRNSYS Source Code Kernel 디렉토리에 위치한 ‘Trnsys-Constants.f90’ 파일에 설정된다. 기본 행의 길이는 1000개의 문자이다. 이 값의 수정이 필요한 경우 ‘TRNDll.dll’ 파일을 재컴파일하고 다시 링크시켜야 한다.

발생될 수 있는 문제점을 해결하기 위해 도움이 되는 파일 형식에 대한 몇 가지 사항은 다음과 같다.

- 장애물 각높이(θ)에 대한 표면 방위각들은 절대 방위각에 대응하여 제공되어야 한다. 즉, 개구부에 대한 상대적인 값으로 지정되면 안된다.
- 데이터 파일 내의 표면 방위각들은 가능한 표면 방위각 전체의 범위를 취급해야 한다. 바꿔 말하면, 첫 번째 표면 방위각은 항상 ‘-80’가 되어야 한다. 또한, 표면 방위각은 이들 상호간에 동일한 크기를 가져야 한다. 즉, 특정 부분을 강조하기 위해 일부분을 보다 정확하게 세분화하는 것은 불가능하다.
- 개구부 ID 번호들은 점차로 증가하는 값을 가져야 한다.

그리고 파일의 형식은 다음과 같이 되어야 한다.

```
OPEN_ID1 OPEN_ID2 … OPEN_Idn
SLP1  SLP2 … SLPn
AZ1  AZ2  … Azn
Alpha1 Alpha2 alpha3 … AlphaN     (equally spaced, must cover whole range)
θ for OPEN_ID1 at α = Alpha1      (Alpha 1 is ALWAYS -180)
θ for OPEN_ID1 at α = Alpha2

…
θ for OPEN_ID1 at α = AlphaN      (AlphaN is ALWAYS 180-step where step is the
θ for OPEN_ID2 at α = Alpha1       increment used between Alpha values)
θ for OPEN_ID2 at α = Alpha2

θ for OPEN_ID2 at α = AlphaN

θ for OPEN_IDn at α = Alpha1
θ for OPEN_IDn at α = Alpha2
…
θ for OPEN_IDn at α = AlphaN
```

(3) Example

많은 개구부를 갖는 완전한 예제를 보기 위해서는 [Examples \ Data Files \ Type 68 *.*]에 위치한 파일을 보면 된다.

다음의 예제에서 네 번째 행의 '…'는 몇 가지 실제 값들을 생략하여 간단히 나타 낸 것으로 실제 파일에는 모든 값들이 지정되어야 할 필요가 있다.

```
001     002     ! Opening (or "orientation") unique ID
090     045     ! Opening slope
0.0    -45.0    ! Opening azimuth (0 = facing Equator, East is negative)
-180.0 -157.5 -135.0 … -22.5 0.0 22.5 … 112.5 135.0 157.5 ! View angles - ALWAYS (-180:step:180-step)
10.000     ! Obstruction height for opening 1, view angle  1 (i.e. between -180   and -157.5)
30.000     ! Obstruction height for opening 1, view angle  2 (i.e. between -157.5 and -135 )
20.000     ! Obstruction height for opening 1, view angle  3 (i.e. between -135   and -112.5)

…
50.000     ! Obstruction height for opening 1, view angle 15 (i.e. between  135   and  157.5)
10.000     ! Obstruction height for opening 1, view angle 16 (i.e. between  157.5 and  180 )
10.000     ! Obstruction height for opening 2, view angle  1 (i.e. between -180   and -157.5)
60.000     ! Obstruction height for opening 2, view angle  2 (i.e. between -157.5 and -135 )

…
30.000     ! Obstruction height for opening 2, view angle 15 (i.e. between  135   and  157.5)
20.000     ! Obstruction height for opening 2, view angle 16 (i.e. between  157.5 and  180 )
```

10-7 Type 69 : Effective Sky Temperature

이 컴포넌트는 유효 천공온도를 결정한다. 이 유효 천공온도는 건물의 외표면으로부 터 대기로의 장파장 복사 열교환을 계산하는 데 이용될 수 있다.

1. 기호 설명

C_{Cover} (0~1) : 천공의 운량(cloudiness factor)

E_{Dif} [kJ/m^2·h] : 수평면 확산 일사량

E_{Dir} [kJ/m^2·h] : 수평면 직달 일사량

$E_{Glob,h}$ [kJ/m^2·h] : 수평면 전일사량

g [m/s^2] : 중력 가속도

h [m] : 해수면으로부터의 고도

p_{atm} [atm] : 대기 압력

ρ_0 [atm] : 높이 h_0 에서의 대기 압력

ρ_0 [kg/m^3] : 높이 h_0 에서의 공기 밀도

ε_0 (0~1) : 청천공의 방사율

T_{amb} [℃] : 외기온도

T_{sat} [℃] : 외기 조건에서의 노점온도

T_{sky} [℃] : 천공온도

2. 수학적 설명

유효 천공온도 계산을 위해 천공은 이상적인 흑체 표면으로 가정되며 맑은 날과 구름 낀 날의 실제 방사율값은 기지의 값이어야 한다. 따라서, 유효 천공온도는 외기온도 (ambient temperature), 습도(air humidity), 천공의 운량(cloudiness factor of the sky) 그리고 대기압(local air pressure)의 함수이다. 만약 기상 데이터가 운량을 포함하지 않으면 이 값은 다음 방정식에 의해 결정된다 (2).

$$C_{Cover} = \left(1.4286 \frac{E_{Dif}}{E_{Glob,\,H}} - 0.3\right)^{0.5} \tag{10-65}$$

야간 운량의 경우에는 주간의 평균값이 사용된다.

대기 압력은 해당 지역의 해발 고도에 따라 다음 식에 의해 결정된다.

$$p_{atm} = p_0 \, e^{\frac{g\,\rho_0\,h}{p_0}} \tag{10-66}$$

맑은 날의 방사율은 외기조건(온도와 습도)에 대응한 T_{sat} 에 의해 유도될 수 있으며 다음 방정식과 같다 (1).

$$\varepsilon_0 = 0.711 + 0.005\,T_{sat} + 7.3 \times 10^{-5}\,T_{sat}^2$$

$$+ 0.013 \cos\left(2\pi\,\frac{time}{24}\right) + 12 \times 10^{-5}\,(p_{atm} - p_0) \tag{10-67}$$

여기서, 변수 'time'은 일일 시간에 해당한다.

따라서, 이상의 방정식들을 이용하여 유효 천공온도는 다음 방정식을 통해 결정된다 (1).

$$T_{sky} = T_{amb}\left(\varepsilon_0 + 0.8\,(1 - \varepsilon_0)\,C_{Cover}\right)^{0.25} \tag{10-68}$$

3. 참고 문헌

1. M. Martin, P. Berdahl, 『Characteristics of Infrared Sky Radiation in the United States』, Lawrence Berkeley Laboratory, University of California - Berkeley, Solar Energy Vol. 33, No. 3/4, pp. 321-336, 1984.
2. Kasten Czeplak, 『Solar Energy Vol. 24, S.』, pp. 177-189, Pergamon Press Ltd.

10-8 Type 77 : Simple Ground Temperature Profile

이 서브루틴은 주어진 일년치의 평균 지표면온도와 지표면온도의 변동폭, 달력의 시작과 최소 표면온도 발생 사이의 시차 그리고 토양의 열확산율로부터 수직 온도 분포를 모델화한다. 이들 값들은 ASHRAE Handbook(soil temperature)에 포함된 다양한 방식들에서 찾을 수 있다.

1. 기호 설명

T [℃] : 온도

T_{mean} [℃] : 평균 지표면온도

T_{amp} [℃] : 지표면온도의 진폭(maximum air temperature minus minimum air temperature)

$Depth$ [m] : 지표면 아래로의 깊이

α [kJ/m·hr·℃K] : 지표면(토양)의 열확산율

t_{now} (1~365) : 해당 연도의 현재 일수

t_{shift} (1~365) : 최소 지표면온도에 대응하는 일수

$T_{initial}$ [℃] : 초기 온도

2. 수학적 설명

Kusuda은 일수와 지표면 깊이의 함수로써 변동이 없는 지표면의 온도 분포를 발견하였으며 다음의 상관 관계에 의해 설명될 수 있다.

$$T = \ T_{mean} - T_{amp} \times \exp\left[-depth \times \left(\frac{\pi\,\alpha}{365}\right)^{0.5}\right]$$

$$\times \cos\left\{\frac{2\,\pi}{365} \times \left[t_{now} - t_{shift} - \frac{depth}{2} \times \left(\frac{365\,\alpha}{\pi}\right)^{0.5}\right]\right\} \tag{10-69}$$

측정 데이터가 없는 경우 T_{mean} 은 평균 연간 외기온도로부터 얻을 수 있다.

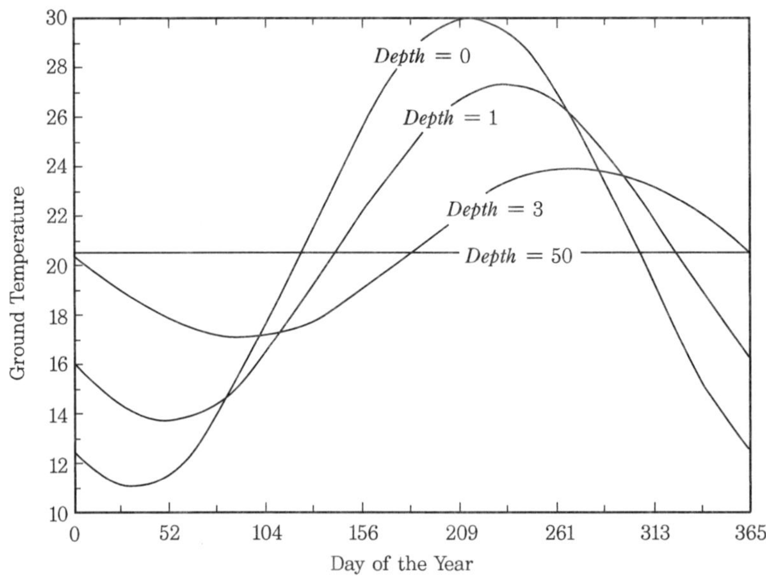

[그림 10-9] Temperature Profiles as a Function of Depth

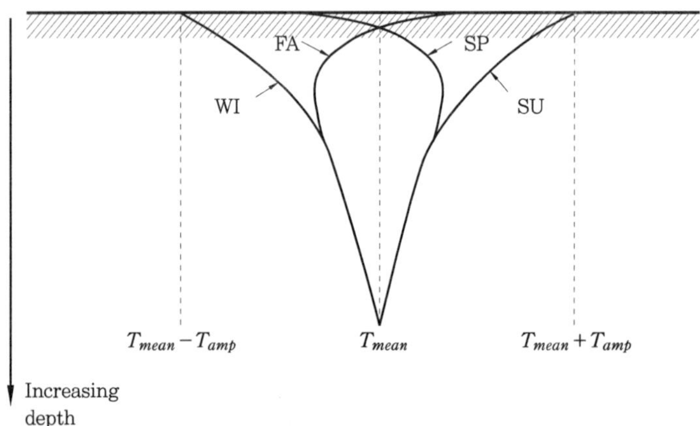

[그림 10-10] Seasonal Temperature Distributions as a
Function of Depth

Kusuda equation은 다음 [그림 10-10]에서 보이는 것 같이 시간에 대한 온도 분포의 경우 주어진 기후와 토양의 깊이의 서로 다른 값을 통해 얻을 수 있다.

이 방정식에 의해 생성되는 온도의 범위는 다음 [그림 10-10]과 같다. WI선은 겨울철 동안 온도 프로파일로 가정하는 하나의 극단적인 예를 보여준다. SU선은 여름철의 예이다. 여름철과 겨울철의 극단적인 경우를 제외하면 지중 온도 프로파일은 이 극단적인 예 사이에 놓일 것이며 봄철의 경우에는 SP선, 가을철의 경우에는 FA선을 나타내게 될 것이다.

3. 참고 문헌

1. Kusuda, T., and Archenbach, P. R. 『Earth Temperature and Thermal Diffu-sivity at Selected Stations in the United States』, ASHRAE Transactions, Vol. 71, Part 1, 1965.

10-9 : Type 80 : Calculation of Convective Heat Transfer Coefficients

이 루틴은 최대 10개의 표면들에 대한 대류 열전달 계수를 계산한다. 이들 표면들은 수평면 또는 수직면이 되어야 한다. Type 80은 표면의 온도가 일정한 계수들이 수용할 수 있는 일반적인 범위를 넘어서 변화할 경우에 부분적으로 사용된다. 즉, 일반적으로 바닥 난방 또는 복사 냉·난방이 그것이다. 또한, 여러 개의 Type 80이 사용될 수 있다.

> In TRNSYS 16, Type 56(the multi-zone building model) includes an option to automatically calculate the inside convection coefficients. That function essentially performs the same calculations as Type 80. It is a more user-friendly solution, since you will not have to configure the convection coefficients as Inputs and connect them to Type 80. Please check Volume 06 for more information on Type 56 radiant cooling/heating options and on the automatic calculation of convection coefficients. Type 80 is available for backwards compatibility reasons and for use with other building (or slab) models than Type 56.

1. 기호 설명

α_{conv} : 대류 열전달 계수

T_{surf} : 표면온도

T_{air} : 공기온도

K : correlation coefficient

e : correlation exponent

2. 수학적 설명

수평면의 경우 이 표면온도와 매우 인접한 공기의 온도 사이의 차에 기인한 대류 열전달 계수는 방정식 (10-70)에 의해 계산된다.

$$\alpha_{conv} = 2.11(T_{surf} - T_{air})^{0.31} \tag{10-70}$$

위의 상관 관계는 표면온도가 주변의 공기 온도보다 매우 큰 경우라고 가정할 경우에 유효한다. 만약 그렇지 않은 경우 방정식 (10-71)에 의해 주어지는 상관 관계를 이용한다.

$$\alpha_{conv} = 1.87(T_{surf} - T_{air})^{0.25} \tag{10-71}$$

물론, 대류 열전달 계수를 계산하기 위해 사용할 수 있는 많은 다른 상관 관계들이 있다. 사용자는 Parameter 1을 '-1'로 설정함으로써 이러한 상관 관계식 가운데 하나를 선택할 수 있다.

이 경우 방정식 (10-72)를 지정하기 위해 8개의 추가적인 Parameters가 요구된다.

$$\alpha_{conv} = K_1(T_{surf} - T_{air})^{e1} \tag{10-72}$$

다시, 이 온도차가 (−)이면 방정식 (10-73)이 사용될 수 있다.

$$\alpha_{conv} = K_2(T_{surf} - T_{air})^{e2} \tag{10-73}$$

수직면의 경우 이 루틴은 다음의 기본 방정식을 사용한다.

$$\alpha_{conv,\,vertical} = 1.5(T_{surf,\,vertical} - T_{air,\,vertical})^{0.25} \tag{10-74}$$

그러나, 만약 PAR(1)이 '-2'로 설정되면 방정식 (10-75)를 사용하기 위해 2개의 추가적인 Parameters가 지정되어야 한다.

$$\alpha_{conv,\,vertical} = K_{v1}(T_{surf,\,vertical} - T_{air,\,vertical})^{ev1} \tag{10-75}$$

사용자는 문헌이나 측정값으로부터 얻어진 계수들을 사용할 수 있다.

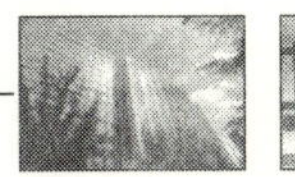

11. Solar Thermal Collectors & Thermal Storage

11-1 Solar Thermal Collectors

여기에 컴포넌트는 다양한 종류의 태양열 집열기를 모델화한 것으로 다음과 같은 것들이 있고 이에 대한 설명은 생략하였으며, TRNSYS 16 사용자 매뉴얼을 참고하기 바란다.

Type 1 : Flat-plate Collector(Quadratic efficiency)

Type 45 : Thermosyphon Collector with Integral Collector Storage

Type 71 : Evacuated Tube Solar Collector

Type 72 : Performance Map Solar Collector

Type 73 : Theoretical Flat-plate Collector

Type 74 : Compound Parabolic Concentrating Collector

끝으로 본 권은 이 영역에 관한 내용을 생략하였으며, TRNSYS 사용자 매뉴얼을 참고하기 바란다.

11-2 Thermal Storage

Type 4 : Stratified Fluid Storage Tank

Type 10 : Rock Bed Storage

Type 38 : Algebraic Tank(Plug-flow)

Type 39 : Variable Volume Tank

Type 60 : Stratified Fluid Storage Tank with Internal Heat Exchangers

끝으로 본 권은 이 영역에 관한 내용을 생략하였으며, TRNSYS 사용자 매뉴얼을 참고하기 바란다.

12. Utility

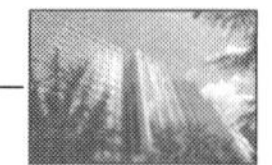

이 섹션은 다음 범주의 내용들을 조직화할 수 있는 몇 가지 유틸리티 컴포넌트들을 포함한다.

Data Readers, Forcing Functions와 Schedulers, Links with other Programs, Integrators 그리고 Specialized functions.

이 컴포넌트들의 종류 및 특징은 다음과 같다.

(1) Data Readers

- Type 9 Data Reader는 다양한 양식의 텍스트 파일을 읽어 들일 수 있다. 이것은 데이터를 보간할 수도 있으며 초기값을 조작하기 위해 몇 가지 운용 모드를 갖는다.

- Type 89 Data Reader for Standard Weather Files은 표준 TMY, TRNSYS TMY, 표준 TMY2, IWEC, EPW, CWEC 등과 같은 가장 일반적으로 이용 가능한 표준 양식에 대하여 전문화된 기상 데이터 파일 판독기이다.

(2) Forcing Functions and Schedulers

- Type 14 Forcing Function는 시간 의존 프로파일들을 지정한다. 이 프로파일은 하루 또는 일주일과 같은 일정 기간에 대하여 지정될 수 있으며 반복하여 사용된다.

- Type 41 Forcing Function Scheduler는 Type 14로부터 다른 프로파일들을 긴 기간으로 조직화하며 일반적으로 일별 스케줄과 주간 스케줄을 일년치 프로파일로 조합한다.

- Type 95 Holiday Calculator는 시뮬레이션의 시작과 종료 시간에 기초하여 많은 연중 행사 목록 계산을 수행한다. 출력값은 일별 시간, 주간별 요일 등을 포함하고, 또한 공휴일이나 주말 동안 이 시간 간격을 중단할 것인지를 표시하여 전환한다.

- Type 96 Utility Rate Scheduler는 'grid-tied' 시스템들에 대한 전기 요금(electric bill)을 계산한다. 이것은 다른 프로그램들과 링크를 통해 사용량과 요

금을 고려할 수 있으며 순수 계기 측정값만을 추정한다.

- Type 62는 스프레드시트 프로그램인 Microsoft Excel을 호출한다. 표준 Excel 함수들은 물론 고급 VBA 매크로까지 컴포넌트의 입력값과 출력값 상호간의 상관 관계를 지정하는 데 사용될 수 있다.
- Type 66은 Engineering Equation Solver인 EES 프로그램을 호출하며 컴포넌트 입력값에 기초하여 해석된 복잡한 방정식들의 결과를 TRNSYS로 되돌려 보낸다.
- Type 97은 NIST에서 개발된 Bulk Airflow Modeling Program인 CONTAM을 호출한다.
- Type 155는 이 컴포넌트의 입력값을 Matlab으로 보내며 여기서 표준 M-files 또는 Simulink Simulations이 수행되어 TRNSYS로 출력값을 되돌려 보낸다.
- Type 157은 Airflow Network Solver인 COMIS를 호출한다.

(3) Integrators

- Type 24 Quantity integrator는 변수들을 Optional Intermediate Reset으로 적분한다.
- Type 55 Periodic Integrator는 어떤 통계값을 주어진 기간 동안의 컴포넌트 입력값으로 계산하며 전문화된 함수들의 설정 간격에 따라 반복 처리될 수 있다.
- Type 57 Unit Conversion은 다양한 단위 조작을 수행한다.
- Type 70 Parameter rEplacement는 민감도 분석에 사용된다. 이것은 일련의 매개변수들을 데이터 파일로부터 읽은 값들과 함께 또 다른 Type으로 대체한다.
- Type 93 Input Value Recall은 시간 간격의 주어진 횟수에 대하여 컴포넌트의 입력값을 기억할 수 있다. 이것은 프로그램의 발산을 방지하기 위해 과거값에 기초하여 제어 전략을 수행하고자 할 때 유용하다.

한편, 각 컴포넌트에 대한 자세한 설명을 생략하였으며, TRNSYS 16 사용자 매뉴얼을 통해 이것들에 대한 사용법을 익히기 바란다.

12-1 　Type 9 : Data Reader(Generic Data Files)

이 컴포넌트는 Logical unit으로부터 일정한 시간 간격에 대하여 데이터를 읽는 목적을 제공한다. 그리고 이것을 원하는 단위 체계로 전환하고 다른 TRNSYS 유닛들에서 이용 가능한 형태로 만들어준다.

Data Reader의 이 데이터 파일은 두 가지 방법 중 하나로 지정될 수 있다. 이 컴포넌트는 바로 데이터 파일을 읽거나 데이터 파일에 하나 또는 그 이상의 변수명을 포함한 목록 파일을 먼저 읽을 수 있다. 그럼 이 데이터 파일들은 목록 파일에 주어진 순서대로 읽는 것이다. 사용자는 행당 하나의 변수명을 갖는 데이터 파일의 하나 또는 그 이상의 변수명 다음의 첫 번째 행에 키워드 'Files'를 갖는 파일을 생성함으로써 목록 파일을 생성한다.

Type 9는 'free' 또는 'formatted' 판독 모드에서 사용된다. 'Free-formatted' 판독의 경우 데이터 행들은 정확히 동일한 형식이 될 필요는 없으나, 각 값들은 여백이나 콤마를 이용한 이전 값들과 구분되어야 한다. 대신에 'Formatted' 판독의 경우 F 또는 E FORTRAN 형식으로 지정되어야 한다. 선택 매개변수 FRMT를 양수로 설정하고 매개변수값들을 포함한 행 다음에 FORTRAN FORMAT 설명을 제공하면 이것을 행한다. 모든 데이터 행들은 이 형식으로 읽는 것이다.

1. 운용 모드

TRNSYS 16의 경우 시뮬레이션 시작 시간의 지정이 바뀌었다. TRNSYS 15와 그 이전 버전에서는 시뮬레이션 시간 간격은 실질적으로 첫 번째 시간 간격의 끝이었다. 그러나 TRNSYS 16에서는 시뮬레이션 시작 시간은 정확히 시뮬레이션이 시작되어야 할 바로 그 시간이다.

다른 시간 간격들은 여전히 시간 간격의 끝에서의 시간을 사용하고 있다. 예를 들어 일 년에 걸쳐 1시간 산격으로 시뮬레이션을 할 경우 1에서 시삭하고 8760에서 끝나는 것이 사용되었다. 그러나 TRNSYS 16에서는 0에서 시작하고 8760에서 끝난다.

Type 9에 많은 융통성을 제공하고 새로운 정의에 대처하기 위해 새로운 운용 모드가 추가되었다.

(1) Mode 1

데이터 파일의 첫 번째 행은 시뮬레이션 시작 시간이다. 초기 조건들이 모든 변수들에 대한 순간값들로 제공된다.

(2) Mode 2

데이터 파일의 첫 번째 행은 시뮬레이션 시작 시간이다. 초기 조건들이 각 변수들에 대한 선택적인 설정에 따라 하나의 시간 간격에 걸친 순간값 또는 평균된 값들로 제공된다.

(3) Mode 3

데이터 파일의 첫 번째 행은 시뮬레이션의 첫 번째 시간 간격에 상응한다. 어떠한 초기값들도 파일에 제공되지 않는다.

(4) Mode 4

데이터 파일의 첫 번째 행은 time = 0에 상응한다. 만약 시뮬레이션 시작이 '0'이 아니면 행들은 데이터 파일에서 그에 맞게 건너뛰게 된다. 초기 조건들은 모든 변수들에 대하여 순간값들로 제공된다.

(5) Mode 5

데이터 파일의 첫 번째 행은 time = 0에 상응한다. 만약 시뮬레이션 시작이 '0'이 아니면 행들은 데이터 파일에서 그에 맞게 건너뛰게 된다. 초기 조건들이 각 변수들에 대한 선택적인 설정에 따라 하나의 시간 간격에 걸친 순간값 또는 평균된 값들로 제공된다.

(6) Mode 6

데이터 파일의 첫 번째 행은 일 년의 첫 번째 시간 간격에 상응한다. 만약 시뮬레이션이 그 해의 시작되는 시점에서 출발하지 않으면 행들은 데이터 파일에서 건너뛰게 된다. 어떠한 초기 값들도 이 파일에 제공되지 않는다.

2. 변수들에 수행된 조작

각 변수는 TRNSYS에 이 데이터를 보간할 것인지, 해당 열이 순간적인 또는 보간된 데이터인지 그리고 간단한 단위 조작을 지정하는지를 알리는 4개의 매개변수들과 관련된다.

(1) 평균 또는 순간값들

Type 9에 의해 읽는 각 변수는 데이터 시간 간격에 걸친 평균 또는 순간값이 될 수 있다. TRNSYS는 항상 Type 9로부터 평균값을 예상해 순간값들로 전환된다. 일사량은 일반적으로 시간 간격에 걸쳐 평균값으로써 제공되는 반면에 온도와 습도는 종종 순간값들로 주어진다.

(2) 보간과 단위 조작

각 변수는 보간되거나 순간 또는 평균값으로써 제공될 수 있다. 이것은 평균값들은 절대 보간되지 않았던 반면에 순간값들은 항상 보간되었던 TRNSYS 15와는 다른 점이다.

시뮬레이션 시간 간격에 걸쳐 평균값을 보간 그리고/또는 변환을 한 후에 이 변수는 필요할 경우 다음의 간단한 선형 관계에 의해 다른 단위 체계로 전환될 수 있다.

$$V_i'(n) = m_i \, V_i(n) + a_i \tag{12-1}$$

3. 특이 사항

(1) 최대 98개의 값을 각 행으로부터 읽을 수 있다. 'Formatted' 판독의 경우 값들은 지정된 정확한 형식으로 제공되어야 한다.

　'Free-formatted' 판독의 경우 값들은 콤마 또는 여백에 의해 분리된 순서대로 읽을 필요가 있다.

(2) 행에서 행으로의 데이터는 일정한 시간 간격이 되어야 한다.

(3) 'Free-formatted'의 경우 값들은 데이터 행들에 나타나는 동일한 순서로 출력값이 된다. 즉, 만약 각 데이터 행의 세 번째 값이 일사량이라면 이 세 번째 출력값은 일사량 값이 될 것이다.

　'Formatted'의 경우 첫 번째 출력값은 지정된 형식으로 읽어 들인 첫 번째 값이 될 것이다.

(4) Format문 지정 : TRNSYS 15에서 Type 9는 함축된 Format문을 사용하였다. 그러나 TRNSYS 16의 경우 Format문은 TRNSYS 사용자 매뉴얼에 제시된 것과 같이 일정한 법칙에 따라야 한다. TRNSYS에 의해 읽는 이 변수들이 실수형 변수가 될 것이기 때문에 이 형식은 F 또는 E 형식이 되어야 한다.

(5) 출력값들은 매개변수에서 지정된 것에 의존하여 데이터 시간 간격 사이에 보간되거나 그렇지 않게 된다. 예를 들어, 만약 월, 일, 년이 읽힌다면 이들은 보간되지 않아야 한다.

(6) 99와 100번째 출력값은 현 데이터 간격의 시작 t_{d1}과 끝 t_{d2}에서의 시간으로 일사량의 보간을 위해 Type 16 Radiation Processor에 의해 요구된다.

(7) 이 Type 9는 추가적인 100개의 출력값을 포함한다. $(100 + i)$번째 출력값은 만약 이 값이 보간되면 다음 시뮬레이션 시간 간격에서 (i)번째 출력값을 나타내며, 만약 이 값이 보간되지 않으면 그 다음 데이터 시간 간격에서의 (i)번째 출력값

(8) 첫 번째 매개변수를 (−)로 지정함으로써 데이터 판독기는 이 파일의 상당한 행들을 건너뛰게 될 것이다. 특히 이 특징은 시뮬레이션 시작 시간이 1이 아닌 다른 시간일 때 유용하다.

12-2 Type 14 : Time Dependent Forcing Function

Transient simulation의 경우 반복되는 패턴에 의해 특징짓는 거동을 갖는 시간 의존 강제 함수를 채택하는 것은 종종 매우 편리하다. 이 루틴의 목적은 이 Type의 강제 함수를 생성하는 수단을 제공하기 위함이다. 강제 함수의 패턴은 하나의 사이클을 통해 다양한 시간에서의 이 값들을 나타내는 독립된 데이터 위치 모음에 의해 확립된다. 이 독립된 데이터로부터 연속적인 강제 함수를 생성하기 위해 선형 보간(linear interpolation)이 제공된다.

1. 기호 설명

$TIME$: current value of time in simulation

C_T : the cycle time(the time span after which the pattern repeats itself, which may be the total simulation time)

N : the number of segments defining the function($N+1$ points must be specified)

V_o : the initial value of the forcing function(occurs at TIME = 0, C_t, $2C_t$, $3C_t$ etc.)

V_i : the value of the forcing function at point i

t_i : the elapsed time from the start of the cycle at which point i and V_i are reached

V : the linearly interpolated average value of the function over the timestep to the initial value of time. Must be zero if the function repeats itself. If C_t is the total simulation time, to can be less than or equal to the initial simulation time

Δt : the simulation timestep

2. 수학적 설명

이 사이클은 t_N이 C_T와 같거나 크게 될 것을 요구하도록 완벽하게 지정되어야 한다. 이 함수의 평균값 $\overline{V}$ 는 다음과 같이 계산된다.

$$t_c = MOD(TIME,\ C_T) - \Delta t/2 \tag{12-2}$$

그리고 $t_{i-1} < t_c < t_i$를 만족하는 i가 발견되면,

$$R = \frac{t_c - t_{i-1}}{t_i - t_{i-1}} \tag{12-3}$$

$$\overline{V} = V_{i-1} + R \cdot (V_i - V_{i-1})$$

3. 특이 사항

강제 함수의 순간값은 입력값으로써 이용 가능하다. 간격이 같은 함수들이 지정되기 위해서는 2개의 서로 다른 V 값을 갖는 매 시간 값을 반복하여 함수를 지정할 것을 권장하고 있으며, 시뮬레이션에는 평균값[Output(1)]을 사용한다. 이것은 해당 시간 간격의 어떤 값에 대한 정확히 일치하는 프로파일을 사용하는 이점을 제공할 것이다.

즉, 하루 단위의 오전 8시에서 오후 5시 사이에 건물의 재실 스케줄을 지정하기 위해,

- $(time = 0,\ V = 0)$을 시점으로 지정한다.
- 재실자가 발생하는 시간($time = 8$)을 지정하고, 이때 값은 '$V = 0$'이다.
- 반복하여 재실자가 발생하는 시간($time = 8$)을 지정하고, 이때 값을 '$V = 1$'로 한다.
- 재실자가 없어지는 시간($time = 17$)을 지정하고, 이때 값은 '$V = 1$'이다.
- 반복하여 재실자가 없어지는 시간($time = 17$)을 지정하고, 이때 값을 '$V = 0$'로 한다.
- 이 사이클이 반복되는 기간 t_c이 끝나는 시간($time = 24$)을 지정하고, 이때 값은 '$V = 0$'이다.
- 이 시간 간격에 걸친 평균값인 Output(1)을 사용한다.

12-3 Type 24 : Quantity Integrator

이 컴포넌트 모델은 일정 기간에 걸친 양을 적분하는 물리적 시스템을 갖는 기기와 유사하다. 예를 들면, [kWh] 미터기는 소비되는 전기 에너지를 연속적으로 합계한다.

시스템 시뮬레이션에서 하나의 양이 시뮬레이션 기간에 걸쳐 통합될 필요가 있을 경우에는 언제나 이 컴포넌트를 이용하여 요구되는 함수를 수행할 것이다.

Types 25, 27, 28, 29 그리고 65에서 처럼 이 컴포넌트는 kernel routine으로써 수행되어졌으나 TRNSYS 16에서는 이것은 하나의 표준 Type으로써 수행된다.

Type 24는 최대 250개의 변수까지 적분할 수 있으며, 시뮬레이션에서 사용될 수 있

는 Type 24 유닛의 개수에 대한 특별한 제한 사항은 없다.

1. 기호 설명

X_i : 적분되는 i번째 양(quantity) 또는 비율(rate)

Y_i : X_i의 시간 적분

2. 수학적 설명

$$Y_i = \int_{time} X_i\, dt \tag{12-4}$$

12-4 Type 41 : Forcing Function Sequencer

이 컴포넌트는 Type 14 Forcing Functions에 의해 생성된 일별 프로파일들을 연간 프로파일로 순차적으로 체계화할 경우에 유용하다. 최대 20개의 다른 스케줄들이 표준 주간(standard week)의 각 일별로 고려될 수 있다. 프로파일의 추가적인 모음이 연간에 걸쳐 비표준 일별로 허용된다. 이들은 공휴일이나 플랜트 정지 스케줄을 표현할 것이다.

12-5 Type 55 : Periodic Integrator

Transient Simulation 과정에 있어 지정된 시간 범위에 걸친 입력값의 몇 가지 기본적인 통계값을 알 필요가 종종 있다. 이 컴포넌트는 사용자에 의해 지정된 일정 범위의 기간에 걸친 최대 10개의 입력값의 개수, 평균, 샘플 표준편차, 최대값, 최대값이 발생하는 시간, 최소값, 최소값이 발생하는 시간 등을 계산한다.

게다가, 이 컴포넌트는 시간에 관하여 입력값의 적분을 계산할 것이며, 지정된 시간 범위에 걸쳐 입력값의 합계를 계산할 것이다. 이 컴포넌트는 실제 하드웨어에 아무런 물리적 대응물은 없으나 다른 컴포넌트와 같이 Information Flow Diagram이 포함되어 있다.

특히, 이 컴포넌트가 유익한 점은 상당수의 사용자 지정 시간 범위(user-specified time range)에 걸친 주기적 요약(periodic summary)을 수행하는 능력이다. 예를 들어, 이 컴포넌트를 이용하면 오전 8~9시까지 경사면에 입사되는 일사량값의 월평균을 결정하는 것이 가능하다. 이 컴포넌트가 유용하게 제공될 수 있는 또 다른 예로는 금요일 오후 5시부터 일요일 밤 12시까지 냉동 시스템에 의해 사용되는 연간 압축기 소요 동력을 결정하는 것이 될 수 있을 것이다.

최대 10개의 각 입력값의 경우 사용자는 이 입력값이 적분되는지 또는 합계되는지, 주기적 요약에 대한 일별 시작 시간, 각 요약 기간에 대한 시간 길이, 요약 기간 사이의 반복 시간 그리고 이 요약에 대한 절대 시작 및 종료 시간을 지정해야 한다.

1. 기호 설명

$Length_i$: duration of period for Input i(hours)

Max_i : maximum value of Input i over the time range

$Mean_i$: mean value of Input i

Min_i : minimum value of Input i over the time range

N_i : number of values of Input i per reset time

$Repeat_i$: time interval between periods for Input i(hours)

$Reset_i$: time interval over which Input i should be investigated(hours)

$Start_i$: absolute starting time for summary of Input i(hour of year)

SSD_i : sample standard deviation of Input i

SSQ_i : sum of squares of Input i

$Stop_i$: absolute stopping time for summary of Input i(hour of year)

Ton_i : relative starting hour of period for each summary of Input i

VAL_i : variable taking either the value of the Input or 0

Var_i : variance of Input i over time period of interest

Y_i : integral or sum of Input i over time period of interest

Δt : simulation timestep

2. 수학적 설명

사용자는 입력값 i가 중요한 특정 기간에 걸쳐 합산될 것인지 적분될 것인지를 지정하기 위한 옵션을 갖는다. 만약 이 입력값이 적분된다면 다음 관계식과 같다.

$$Y_i = \int_{Start_i}^{Stop_i} VAL_i \, dt \tag{12-5}$$

대신에 이 입력값이 합산된다면 다음과 같다.

$$Y_i = \sum_{Start_i}^{Stop_i} VAL_i \tag{12-6}$$

여기서,

$$VAL_i = INPUT_i$$

$$\mathrm{if} \ \ [Ton_i + n(Repeat_i)] \leq TIME \leq [Ton_i + length_i \, n(Repeat_i)] \ \ n = 1, 2, 3, \cdots$$

$$VAL_i = 0 \ : \ \text{그 외의 경우}$$

재설정 시간(reset time)당 평가되는 입력값 i의 총 개수는 입력값 i를 카운트함으로써 지정된다. 주기적 적분기의 경우 입력값 i의 카운트는 다음과 같이 표현된다.

$$N_i = \left(\frac{Length_i \, (hrs)}{\Delta t \, (hrs)} \right) \left(\frac{Reset_i \, (hrs)}{Repeat_i \, (hrs)} \right) \tag{12-7}$$

입력값 i의 평균값은 해당 기간에 걸쳐 입력값 i의 평균값으로써 지정되며 다음과 같다.

$$Mean_i = \frac{\displaystyle\sum_{Start_i}^{Stop_i} VAL_i}{N_i} \tag{12-8}$$

입력값 i의 평균값으로부터 벗어나는 방법을 결정하기 위해 입력값 i의 표준 편차 (standard deviation)가 계산된다. 입력값 i의 표준 편차는 입력값 i가 평균값으로부터 변경된 정도를 측정한다. 표준 편차가 작으면 작을수록 입력값 i이 점점 더 평균값에 가깝다는 것을 의미한다.

주기 적분기(periodic integrator)는 주어진 기간에 걸쳐 입력값 i의 샘플 표준편차 (sample standard deviation ; SSD)를 계산한다.

$$SSD_i = \sqrt{\frac{\displaystyle\sum_{Start_i}^{Stop_i} (VAL_i - Mean_i)^2}{N_i - 1}} \tag{12-9}$$

입력값 i의 평균값 주위로의 모여진 정도를 평가하는 또 다른 수단은 분산(variance)

이다. 분산은 입력값 i와 입력값 i의 평균값 사이의 차를 제곱한 것의 합이다. 표준 편차와 유사하게 분산이 작으면 작을수록 각 입력값 i는 평균으로부터 덜 변경된다. 또한, 분산이 작으면 평균값이 전체 샘플의 보다 신뢰성 있는 평가라는 것을 암시한다.

$$VAR_i = \frac{\sum_{Start_i}^{Stop_i} (VAL_i - Mean_i)^2}{N_i - 1} \tag{12-10}$$

한편, 분산은 SSD의 제곱으로 간단히 계산된다.

입력값 i의 제곱의 합과 입력값 i의 평균값의 편차에 대한 또 다른 수단은 주기 적분기에 의해 다음과 같이 정의된다.

$$SSQ_i = \sum_{Start_i}^{Stop_i} (VAL_i - Mean_i)^2 \tag{12-11}$$

3. 특이 사항

최대 10개의 입력값이 요약을 위해 지정될 수 있다. 요구되는 매개변수의 개수는 제공되는 입력값 개수에 7을 곱한 것과 같다.

출력값의 개수는 입력값 개수에 10을 곱한 것과 같다.

출력값 1, 11, 21, …은 시간에 관한 입력값 i의 적분이거나 지정된 시간 범위에 걸친 입력값 i의 합계이다. 이들 입력값을 평가하는 정확한 방법을 선택할 때 세심한 주의가 필요하다.

12-6 Type 57 : Unit Conversion Routine

Type 57은 TRNSYS 입력 파일 내부에서 단위 조작을 수행하기 위한 손쉬운 방법을 제공한다. 사용자는 예를 들어 'temperature'와 '℃'와 같이 들어오는 변수 유형과 단위와 이 컴포넌트 설명의 끝에 제공되는 도표를 이용하여 '°F'와 같이 원하는 출력 변수 단위를 기술해야 한다. 이 루틴은 입력값이 정확한 변수 유형과 단위인지를 확인하기 위한 검토를 하고 단위 조작을 수행한다. 그리고 이 새로운 출력값 유형과 단위에 이 출력값에 의존하는 모든 단위들을 제공한다.

또한, 이 루틴은 앞에서 기술되지 않은 방정식 또는 상수명의 변수 유형과 단위를 할

당하는 데 사용될 수 있다. 이렇게 하면 방정식은 알려진 변수 유형과 단위를 가지고 다른 컴포넌트에 전달될 수 있다.

사용자는 [TRNSYS16\Exe] 폴더에 위치한 [Units.lab] 파일에 제공되는 동일한 형식을 유지한 채 추가함으로써 Type 57 루틴에 사용자 지정 단위 조작 및 유형을 추가할 수 있으며, 만약 새로운 변수 유형이 [Units.lab] 파일에 추가되면 Type 57 Source Code는 이 새로운 유형을 받아들이기 위해 변경되어야 한다.

- Type 변수를 re-dimension한다.
- 이 변수 유형의 2개의 문자 명칭(two-letter designation)을 Type Data문에 제공한다.

1. 기호 설명

a_i : 입력 단위를 표준 단위로 변환하기 위한 덧셈 인자

a_o : 표준 단위를 원하는 출력 단위로 변환하기 위한 덧셈 인자

m_i : 입력 단위를 표준 단위로 변환하기 위한 곱셈 인자

m_o : 표준 단위를 원하는 출력 단위로 변환하기 위한 곱셈 인자

$N_{table, i}$: 입력 변수 유형에 대응하는 도표 번호 (12-6-4절 참조)

$V_{in, i}$: 지정된 도표로부터 입력변수의 단위를 지정하는 변수 유형 번호

$V_{out, i}$: 지정된 도표로부터 출력변수의 원하는 단위를 지정하는 변수 유형 번호

X_{st} : 표준 단위로 전환한 후의 입력변수

X_i : i 번째 입력변수

Y_i : 원하는 출력 단위로 전환된 후의 출력변수

2. 수학적 설명

입력 유형을 출력 유형으로 변환시키기 위한 단계는 다음과 같다.

(1) 매개변수 목록으로부터 입력변수 유형을 읽는다($N_{table, i}$).

(2) 입력변수 단위를 읽는다($V_{in, i}$).

(3) 입력변수에 대한 덧셈 및 곱셈 인자를 [Units.lab] 파일로부터 읽는다.

(4) 다음 식과 같이 입력 단위를 표준 단위로 변환한다.

$$X_{st} = (X_i - a_i) / m_i \tag{12-12}$$

(5) 원하는 출력 단위를 매개변수 목록으로부터 읽는다$(V_{out,\ i})$.

(6) 원하는 출력 변수에 대한 덧셈 및 곱셈 인자를 [Units.lab] 파일로부터 읽는다.

(7) 다음 식과 같이 원하는 출력 단위로 표준 단위를 변환한다.

$$Y_i = X_{st} \times m_o + a_o \tag{12-13}$$

3. 특이 사항

- 매개변수의 요구되는 개수는 제공되는 입력값의 개수에 3을 곱한 값과 같다.
- 출력값의 개수는 입력값의 개수와 같다.
- 유닛당 최대 입력값의 개수는 20개이다.

4. 단위 조작표

〈표 12-1〉　Table#1 : Temperature

Var. Type #	Var. Units	Var. Type	Mult. Factor	Add. Factor
1	°C	TE1	1.0	0
2	°F	TE2	1.8	32
3	°K	TE3	1.0	273.15
4	°R	TE4	1.8	492

〈표 12-2〉　Table#2 : Length

Var. Type #	Var. Units	Var. Type	Mult. Factor	Add. Factor
1	m	LE1	1	0
2	cm	LE2	100	0
3	km	LE3	1000	0
4	in	LE4	39.3701	0
5	ft	LE5	3.28084	0
6	miles	LE6	6.21371 E − 04	0

〈표 12-3〉 Table#3 : Area

Var. Type #	Var. Units	Var. Type	Mult. Factor	Add. Factor
1	m^2	AR1	1	0
2	cm^2	AR2	1 E + 04	0
3	km^2	AR3	1 E − 06	0
4	in^2	AR4	1550	0
5	ft^2	AR5	10.7639	0
6	mi^2	AR6	3.86102 E − 07	0

〈표 12-4〉 Table#4 : Volume

Var. Type #	Var. Units	Var. Type	Mult. Factor	Add. Factor
1	m^3	VL1	1	0
2	L	VL2	1000	0
3	mL	VL3	1 E + 06	0
4	in^3	VL4	6.10237 E + 04	0
5	ft^3	VL5	35.3147	0
6	gal	VL6	264.172	0

〈표 12-5〉 Table#5 : Specific Volume

Var. Type #	Var. Units	Var. Type	Mult. Factor	Add. Factor
1	m^3/kg	SV1	1	0
2	L/kg	SV2	1000	0
3	ft^3/lbm	SV3	16.0185	0
4	in^3/lbm	SV4	2.76799 E + 04	0

〈표 12-6〉 Table#6 : Velocity

Var. Type #	Var. Units	Var. Type	Mult. Factor	Add. Factor
1	m/s	VE1	1.0	0
2	km/hr	VE2	3.6	0
3	ft/s	VE3	3.28084	0
4	ft/min	VE4	196.85	0
5	mph	VE5	2.23694	0

〈표 12-7〉 Table#7 : Mass

Var. Type #	Var. Units	Var. Type	Mult. Factor	Add. Factor
1	kg	MA1	1	0
2	g	MA2	1000	0
3	lbm	MA3	2.20462	0
4	ounces	MA4	35.274	0
5	toh	MA5	$1.10231 \; E-03$	0

〈표 12-8〉 Table#8 : Density

Var. Type #	Var. Units	Var. Type	Mult. Factor	Add. Factor
1	kg/m^3	DN1	1.0	0
2	kg/L	DN2	0.001	0
3	lbm/ft^3	DN3	$6.2428 \; E-02$	0
4	lbm/gal	DN4	$8.3454 \; 3-03$	0

〈표 12-9〉 Table#9 : Force

Var. Type #	Var. Units	Var. Type	Mult. Factor	Add. Factor
1	N	FR1	1.0	0
2	lbf	FR2	0.224809	0
3	ounce	FR3	3.59694	0

〈표 12-10〉 Table#10 : Pressure

Var. Type #	Var. Units	Var. Type	Mult. Factor	Add. Factor
1	bar	PR1	1	0
2	kPa	PR2	100	0
3	Pa	PR3	$1 \; E+05$	0
4	ATM	PR4	0.986923	0
5	psi	PR5	14.5038	0
6	lbf/ft^2	PR6	$2.08854 \; E+03$	0
7	$in \cdot H_2O$	PR7	401.463	0
8	$in \cdot Hg$	PR8	29.53	0

〈표 12-11〉 Table#11 : Energy

Var. Type #	Var. Units	Var. Type	Mult. Factor	Add. Factor
1	kJ	EN1	1	0
2	kWh	EN2	2.77778 E − 04	0
3	Cal	EN3	238.846	0
4	ft·bf	EN4	737.562	0
5	hp·hr	EN5	3.72506 E − 04	0
6	BTU	EN6	0.947817	0

〈표 12-12〉 Table#12 : Power

Var. Type #	Var. Units	Var. Type	Mult. Factor	Add. Factor
1	kJ/hr	PW1	1	0
2	W	PW2	0.277778	0
3	kW	PW3	2.77778 E − 04	0
4	hp	PW4	3.72505 E − 04	0
5	BTU/hr	PW5	0.947817	0
6	BTU/min	PW6	1.57969 E − 02	0
7	Tons	PW7	7.89847 E − 05	0

〈표 12-13〉 Table#13 : Specific Energy

Var. Type #	Var. Units	Var. Type	Mult. Factor	Add. Factor
1	kJ/kg	SE1	1	0
2	BTU/lbm	SE2	0.429923	0
3	ft·lbf/lbm	SE3	334.553	0

〈표 12-14〉 Table#14 : Specific Heat

Var. Type #	Var. Units	Var. Type	Mult. Factor	Add. Factor
1	kJ/kg·°K	CP1	1	0
2	W·hr/kg·°K	CP2	0.277778	0
3	BTU/lbm·°R	CP3	0.238846	0

〈표 12-15〉 Table#15 : Flow Rate

Var. Type #	Var. Units	Var. Type	Mult. Factor	Add. Factor
1	kg/hr	MF1	1	0
2	kg/s	MF2	2.77778 E − 04	0
3	lbm/hr	MF3	2.20462	0
4	lbm/s	MF4	6.12395 E − 04	0

〈표 12-16〉 Table#16 : Volumetric Flow Rate

Var. Type #	Var. Units	Var. Type	Mult. Factor	Add. Factor
1	m^3/hr	VF1	1	0
2	m^3/s	VF2	2.77778 E − 04	0
3	L/hr	VF3	1000	0
4	L/s	VF4	0.277778	0
5	ft^3/s	VF5	9.80958 E − 03	0
6	ft^3/hr	VF6	35.3144	0
7	gpm	VF7	4.40286	0

〈표 12-17〉 Table#17 : Flux

Var. Type #	Var. Units	Var. Type	Mult. Factor	Add. Factor
1	$kJ/m^2 \cdot hr$	IR1	1	0
2	W/m^2	IR2	0.277778	0
3	$BTU/ft^2 \cdot hr$	IR3	8.8055 E − 02	0

〈표 12-18〉 Table#18 : Thermal Conductivity

Var. Type #	Var. Units	Var. Type	Mult. Factor	Add. Factor
1	$kJ/m \cdot hr \cdot °K$	KT1	1	0
2	$W/m \cdot °K$	KT2	0.277778	0
3	$BTU/hr \cdot ft \cdot °R$	KT3	0.160497	0

〈표 12-19〉 Table#19 : Heat Transfer Coefficients

Var. Type #	Var. Units	Var. Type	Mult. Factor	Add. Factor
1	$kJ/m^2 \cdot hr \cdot °K$	HT1	1	0
2	$W/m^2 \cdot °K$	HT2	0.277778	0
3	$BTU/hr \cdot ft^2 \cdot °R$	HT3	4.89194 E − 02	0

〈표 12-20〉 Table#20 : Dynamic Viscosity

Var. Type #	Var. Units	Var. Type	Mult. Factor	Add. Factor
1	$N \cdot s/m^2$	VS1	1	0
2	$kg/m \cdot s$	VS2	1	0
3	poise	VS3	10	0
4	$lbf \cdot s/ft^2$	VS4	2.08854 E − 02	0
5	$lbf \cdot hr/ft^2$	VS5	5.80151 E − 06	0
6	$lbm/ft \cdot hr$	VS6	2419.08	0

〈표 12-21〉 Table#21 : Kinematc Viscosity

Var. Type #	Var. Units	Var. Type	Mult. Factor	Add. Factor
1	m^2/s	KV1	1	0
2	m^2/hr	KV2	3600	0
3	ft^2/s	KV3	10.7639	0
4	ft/hr	KV4	3.87501 E + 04	0

〈표 12-22〉 Miscellaneous

	Var. Type
Dimensionless	DM1
Degrees	DG1
Percentage	PC1
Month	MN1
Day	DY1
Hour	TD1
Control function	CF1

12-7 Type 62 : Calling Excel

외부 프로그램 Excel을 호출하는 Type 62는 본래 'Lehrstuhl für Technische Ther-modynamik, RWTH Aachen'의 Jochen Wriske & Markus Oertker에 의해 프로그램화되었다. 그리고 이것은 무료 컴포넌트 TRNLIB의 TRNSYS 15 Library의 일부분이었으나 이것이 TRNSYS 16의 표준 라이브러리로 통합되었다.

1. 개 요

Type 62는 Excel과의 링크를 수행한다. 이 Fortran 루틴은 빠른 데이터 전달을 위해 Component Object Model(COM) 인터페이스를 통해 Excel과 정보교류를 한다. 최대 10개의 입력값을 Excel로 보내고, 이들 입력값들은 Excel Worksheet의 셀들로 보내며 Inp1, Inp2, …, Inp10으로 명명된다. 사용자는 사용자 Excel 파일에 이들 셀들을 지정해야 한다. Excel에서 출력값들은 표준 함수나 고급 VBA 매크로를 이용하여 입력값으로부터 계산된다. 예제 파일 [TRNSYS16\Examples\Calling Excel]을 참고하기 바란다.

최대 10개의 출력값은 Out 1~Out 10으로 불리는 셀들에 할당될 수 있다. 하나의 시뮬레이션에 최대 20개까지의 Type 62 유닛이 사용될 수 있다.

2. 컴포넌트 구성

매개변수 1은 나중에 사용되기 위해 비축된 Mode이다.
입력값과 출력값의 개수는 매개변수 2와 3에 의해 설정된다.
매개변수 4는 Excel이 이면에서 실행될지 여부를 결정할 것이다.
사용자 Excel 파일의 경로와 파일명은 LABEL문에서 제공된다. Type 62는 다음과 같은 경로명을 인식할 것이다.
- 만약 어떠한 경로도 지정되지 않으면, DECK 파일과 관련된다.
  예) "My Excel File.xls"
- 만약 경로가 '\'로 시작되거나 두 번째 문자가 ':'이면, 확실하다(absolute).
  예) "C:\Program Files\Examples\Data Files\Type62-CallingExcel.xls"
- 만약 경로가 '.\'로 시작하면, TRNSYS root directory와 관련된다.
  예) ".\Examples\Data Files\Type62-CallingExcel.xls", 이것은 만약 TRNSYS 프로그램이 "C:\Program Files\Trnsys16"에 설치되었다면, 위의 두 번째 예와 동일하다.

12-8 Type 66 : Calling EES Routines

EES(Engineering Equation Solver)는 비선형 방정식 해석기로 Fortran 또는 C++과 같은 프로그래밍 언어들에 의지하지 않고 일련의 방정식을 해석하는 데 이용될 수 있다. EES의 장점은 프로그래밍 언어 형식 대신에 대수 형식으로 방정식들을 표현할 수 있다는 점이다. 1998년 이후의 최신 버전의 경우 EES는 다른 프로그램들에 대한 정보를 교환하기 위하여 'Dynamic Data Exchange'(DDE) 명령을 지원한다. 이 DDE는 MS 윈도우 운용 체제를 통해 다른 프로그램으로 메시지를 전달하는 방법이다. DDE는 MS Office 내의 응용 기법들을 포함한 많은 프로그램들에 의해 제공된다. Type 66은 EES를 시작하고 매개변수와 입력 정보를 EES에 제공하여 EES를 통해 해석하고, 해석된 출력 정보를 가져오기 위해 DDE 명령을 이용하며, 이러한 EES의 출력값(output)은 어떠한 TRNSYS 컴포넌트로부터의 출력값인 것처럼 취급된다.

Type 66은 DDE 기능을 활용하는 것이므로 이 기능이 포함된 EES Professional version을 필요로 한다. 따라서, 이 컴포넌트를 이용하기 위해서는 EES Professional version을 구매해야 한다.

1. 수학적 설명

(1) The EES File

Type 66을 사용하기 위한 첫 번째 단계는 EES에서 컴포넌트의 수학적 계산 과정을 전개하는 것이다.

불행히도 TRNSYS와 Type 66으로부터 직접 사용될 수 없는 EES만의 많은 특징들이 있다. ; Parametric Tables와 Diagram Windows가 그것이다.

TRNSYS가 쉽게 접근할 수 있는 것은 Simultaneous Equations, Procedures, Functions 등의 블록이다. 이 의사 소통 과정이 가장 잘 설명되는 것이 예제를 통한 방법이므로 다음은 EES로 해석하기 위해 작성된 간단한 'Air Compressor Model'을 보여준다. EES 파일은 온도는 [°K], 압력은 [Pa]을 사용하도록 설정되었다.

```
m_dot = m_dot_TRNSYS*convert(kg/hr,kg/s)
p_1 = p_1_TRNSYS*convert(atm, Pa)
p_2 = p2_TRNSYS*convert(atm, Pa)
T_1 = convertTemp(C, K, T1_TRNSYS)
w1 = w1_TRNSYS
"! Compressor performance"
```

```
"calculate specific heat of air"
C_p = SPECHEAT(AirH2O, T = T_1, P = p_1, w = w1)
"pressure ratio"
r_p = p_2/p_1
"calculate isothermal work"
W_isothermal = m_dot*R*T_1*ln(p_2/p_1)
"calculate actual work"
W_actual = m_dot*(n/(n-1))*R*T_1*((p_2/p_1)^((n-1)/n)-1)
"calculate isothermal efficiency"
eta_isothermal = W_isothermal/W_actual
"calculate outlet temperature"
T_2 = T_1*r_p^((n-1)/n)
"calculate heat transferred"
Q = m_dot*c_p*(T_2-T_1) - W_actual
"! TRNSYS outputs"
out1 = p_2*convert(Pa, atm)
out2 = convertTemp(K, C, T_2)
out3 = eta_isothermal
out4 = Q*convert(kJ/s, MJ/hr)
out5 = W_actual*convert(kJ/s, MJ/hr)
out6 = W_isothermal*convert(kJ/s, MJ/hr)
```

이 점에서 EES 파일에 대한 특별한 어떠한 점도 발견되지 않는다. ; TRNSYS를 위한 특별한 형식으로 작성된 어떠한 것도 없다. out1, out2 등과 같이 명명된 출력 변수는 단순한 변수명들이다.

EES 파일의 유일한 사소한 특징은 여기에 TRNSYS에 의해 제공되는 다양한 입력 변수들의 단위를 조작하기 위한 많은 'convert' 문이 있다는 점이다. 이것은 EES 설정에 따른 단위 체계를 통해 해석하고, 해석된 결과, 즉 출력 측면에서는 다시 TRNSYS의 단위 체계로 전환하기 위해 포함된다.

일단 EES 모델이 개발되면 두 개의 명령문이 추가된다. 하나는 EES 모델 방정식의 앞이며 다른 하나는 뒤이다. 이들은 DDE 명령으로 방정식들이 해석되기 이전에 Windows clipboard로부터 EES가 입력 변수들을 읽도록 명령한 후 다시 계산된 결과를 clipboard로 보내는 것이다. 삽입되는 DDE 명령은 다음의 형식이다.

```
$ Import 'CLIPBOARD' InputVariable1, InputVariable2, InputVariable3, ···
그리고
$ Import 'CLIPBOARD' OutputVariable1, OutputVariable2, OutputVariable3, ···
```

위의 예제의 경우 DDE 명령은 다음과 같다.

```
$Import 'CLIPBOARD' p_1_TRNSYS,T1_TRNSYS,w1_TRNSYS,p2_TRNSYS,m_dot_TRNSYS,R,n

m_dot = m_dot_TRNSYS*convert(kg/hr,kg/s)
p_1 = p_1_TRNSYS*convert(atm,Pa)
... remainder of EES File removed ...
out5 = W_actual*convert(kJ/s,MJ/hr)
out6 = W_isothermal*convert(kJ/s,MJ/hr)

$Export 'CLIPBOARD' out1,out2,out3,out4,out5,out6
```

바꿔 말하면, EES 파일은 Type 66을 통해 TRNSYS로부터 clipboard에 7개의 변수를 받기를 기대하고 EES 자신의 방정식으로 이것을 해석한 후 TRNSYS에 알리기 전에 clipboard로 다시 6개의 변수를 보낸다. 그리고 이것은 현재의 시간 간격에서의 반복 과정에서 성공적으로 해석된다.

(2) The TRNSYS Input File

일반적으로 Type 66은 4개의 매개변수를 갖는다. 첫 번째 매개변수는 Type 66의 Input mode이다. 이것이 '1'로 설정되면 Type 66의 모든 Inputs는 EES로 보내진다. 이것이 '2'로 설정되면 첫 번째 Input은 '0 ; Off' 또는 '1 ; On'의 값을 갖는 제어 신호로써 가정되고 EES에 보내지 않는다. 이것이 Off이면 모델의 출력값들은 두 번째 매개변수의 값에 의해 설정된다.

EES에서 시스템 컴포넌트의 성능을 시뮬레이션할 때의 차이점 가운데 하나가 시스템 제어기가 'Off'일 때 장치 성능의 평가가 시작된다는 점이다. 예를 들어, EES는 정상 상태의 냉동 사이클의 성능을 자체적으로 매우 잘 시뮬레이션한다. 만약 시간의 어떤 시점에서 냉동 사이클이 꺼지게 되면, 이를 대체하기 위해 EES 방정식의 모음이 개발되어야 한다.

종종 EES는 "If Type 66 Input 1 is 0 then solve system of equations A whereas if Type 66 Input 1 is 1 then solve system of equations B."의 로직을 수행하기 위해 필요하다. EES에서 컴포넌트 개발의 장점들은 재빨리 소실된다. 이러한 문제를 경감하기 위해 Type 66에는 다음의 값들 중 하나를 갖는 Mode 매개변수가 장치되어 있다.

Type 66의 세 번째 매개변수는 EES가 방정식 시스템을 해석할 수 없거나 응답하지 않는 것을 TRNSYS가 결정하기 이전에 EES로 가져오도록 허락된(EES is allowed to take) 시간의 양(amount of time)을 조절하기 위한 의도이다.

허용되는 대기 시간(allowable wait time)은 밀리세컨드(milliseconds)로 지정된다. 초기 TRNSYS 16 버전에서는 이 매개변수는 효력이 없었다. 사용자는 원할 경

<표 12-23>

Value of Parameter 2	Output Value Calculation Method When the Device is Off
1	The performance of the EES component will be calculated at each iteration based exclusively on the contents of the EES file. Outputs are set based on the results of the EES calculations.
2	When the device is Off(control signal set to 0) EES will not be called. The Type 66 outputs will be held at their last calculated values until the control signal switches to On (1) and EES is called again. The control signal Input is NOT sent to EES.
3	When the device is Off(control signal set to 0) EES will not be called. The Type 66 outputs will be set to values predefined amongst the Type 66 parameter list until the control signal switches to On (1) and EES is called again. The control signal Input is NOT sent to EES.
4	When the device is Off(control signal set to 0) EES will not be called. The Type 66 outputs will be set to 0 until the control signal switches to On (1) and EES is called again. The control signal Input is NOT sent to EES.

우 어떤 값을 입력해야 하며 TRNSYS는 영원히 EES로부터의 응답을 기다려야 하며 어떤 순간에 결정을 보류하게 될 것이다.

Type 66의 네 번째 매개변수는 출력의 개수로 EES에 의해 설정되거나 제어 신호가 '0'으로 설정된 경우 Type 66 자체에 의해 설정될 수 있다.

만약 두 번째 매개변수가 '2'로 설정되면, 모델 출력은 4개의 표준 매개변수들을 뒤따르는 매개변수들로써 나열되는 미리 지정된 값들로 설정된다. 이 예는 다음과 같다.

```
UNIT 7 TYPE 66 Call EES (Predefined Output Values)
PARAMETERS 10
2               ! 1 Input mode
2               ! 2 Output mode
10000           ! 3 Allowable wait
6               ! 4 Number of outputs
2               ! 5 Value when OFF for output-1
100             ! 6 Value when OFF for output-2
0.8             ! 7 Value when OFF for output-3
-9              ! 8 Value when OFF for output-4
40              ! 9 Value when OFF for output-5
40              ! 10 Value when OFF for output-6
...
```

입력 모드 1의 경우 Type 66은 EES 모델에 의해 예상되는 수만큼의 입력이 필요하다. 입력 모드 2의 경우 Type 66은 EES 모델로 보내게 될 입력 목록 앞에 제공되는 제어 신호 입력(control signal Inpu)을 필요로 한다. 또한, Type 66은 두 개의 라벨을 필요로 한다. 첫 번째 라벨은 Type 66에 EES 실행 프로그램이 어디에 위치하는지를 알려주며, 두 번째 라벨은 Type 66에 실행될 EES 파일이 어디에 있는지를 알려준다. 다른 TRNSYS 레벨 명령과 같이 경로명은 " " 안에 있는 한 공백을 포함할 수 있으며 그 예는 다음과 같다.

```
...
LABELS 2
c:\EES32\ees.exe
"c:\Program Files\Trnsys16\Examples\Calling EES\compressor.ees"
```

2. 참고 문헌

1. Klein, S.A., Alvarado, F.L., 『EES—Engineering Equation Solver』, F- Chart Software, Middleton, WI., 2004
2. Bradley, D.E. and Blair, N.J., 『imulation Synergy, Interconnecting Simulation Programs』, Proceedings of ASES Annual Meeting 1999, Portland ME, 1999.

12-9 Type 70 : Parameter Replacement

Type 70은 지정된 텍스트 파일을 읽고 여기서 발견되는 변수의 값을 가져오며 이들은 시뮬레이션의 정확한 위치에 삽입한다. Type 70은 다른 프로그램에 의해 배후에 남겨질 수 있는 파일의 내용에 따라 TRNSYS 입력 파일을 수정하는 데 사용될 수 있다.

1. 컴포넌트 구성

Type 70은 첫 번째 시간 간격에 한 번 호출된다. 이것은 Logical unit number가 주어진 텍스트 파일로부터 일련의 숫자를 읽고 그들 숫자들을 Parameter 3에 주어진 Unit number에 의해 지정된 위치의 메인 TRNSYS PAR Array에 삽입한다.

(1) Example

스케줄 설정을 위해 많은 슬라이더 바(slider bar)가 TRNSYS 사용자에게 제공되도록 프로그램이 작성되었다고 가정하자. 이 프로그램은 이 슬라이더의 선택된 값들을 포함한 텍스트 파일로 출력할 수 있도록 고안될 수 있다.

시뮬레이션이 실행되면 Type 70은 이 프로그램에 의해 뒤에 남겨진 텍스트 파일을 찾고 이 값들을 읽은 후 적절한 위치의 PARS 배열에 이들을 삽입한다. PARS 배열은 시뮬레이션 내의 모든 다른 Types로부터의 모든 매개변수들의 값들을 포함하는 TRNSYS 배열이다. Type 70은 단지 첫 번째 시간 간격에서만 호출된다. 그러므로 새롭게 수정된 매개변수들은 시뮬레이션이 진행되는 동안 다시 변경되지는 않을 것이다.

이 예제의 경우 값들은 Type 14에 대한 매개변수들로써 삽입되는 것이다.

12-10   Type 89 : Weather Data Reader(표준 형식)

이 컴포넌트는 Logical unit 번호로부터 일정한 시간 간격에서 기상 데이터를 읽고 원하는 단위 체계로 전환하고 다른 TRNSYS 유닛들에 이용 가능하도록 하는 목적을 제공한다. 이것은 모든 유형의 데이터 형식들이 일반적으로 될 수 있도록 확대될 수 있고 또한 추가될 수 있도록 고안되었다.

시뮬레이션에 사용될 수 있는 Type 89 유닛의 개수에 대한 제한은 없다.

1. 운용 모드와 허용 파일 형식

TRNSYS 16에서는 Type 89에 의해 다음의 표준 기상 데이터 형식들을 읽을 수 있다.

- 만약 Mode > 0이면 Type 89는 첫 번째 데이터 행은 시뮬레이션에 대하여 초기값에 대응한다고 가정한다. 이것은 만약 해당 연도의 주어진 기간에 대하여 유틸리티 프로그램에 의해 파일이 생성된 경우에 발생할 수 있다.
- 만약 Mode < 0이면 Type 89는 첫 번째 데이터 행은 해당 연도의 첫 번째 시간이라고 가정한다.

〈표 12-24〉

Mode	Format	Description & References
1, -1	TRNSYS TMY	Special TRNSYS format derived from US-TMY format(see the below)
2, -2	TMY2	TMY2 format originally used for the US NSRDB database. Also used by all Meteonorm-generated weather files distributed with TRNSYS 16 (1).
3, -3	EPW	EnergyPlus/ESP-r weather format (2). A large database of weather files is available on the EnergyPlus website : http://www.eere.energy.go/buildings/energyplus/weatherdata.html
4, -4	IWEC	ASHRAE'S Internation Weather for Energy Calculation dat format (3)
5, -5	TMY (TMY1)	Original TMY format used by the NSRDB(National Solar Radiation Data Base) (4)
6, -6	CWEC	Canadian Weather for energy Calculation (5)

2. Type 16 구성

대부분의 데이터 파일 형식들의 경우 Type 89는 Type 16을 구성하기 위한 지시를 포함한 목록 파일(Listing file)에 대한 메시지를 출력할 것이다. 다음의 예제는 벨기에 브뤼셀 지역의 TMY2 파일[.\Weather\Meteonorm\Europe\BE-Uccle-64470.tm2]을 읽은 후에 출력된 것이다.

```
UNIT   1 TYPE  89 DATA READER (TMY2 WEATHER FILE)
LOCATION: Uccle
TIME ZONE:   1. HR FROM UTC
LATITUDE:  50.80 DEG  LONGITUDE: 355.65 DEG W (  -4.35 DEG W)
ELEVATION:     105. M
HOURS OF TMY2 DATA ARE IN LOCAL STANDARD TIME, NOT SOLAR TIME.
BE SURE TO PERFORM RADIATION PROCESSING APPROPRIATELY.
SHIFT IN SOLAR TIME HOUR ANGLE (L_STANDARD - L_LOCAL): -10.65 DEG
```

3. The TRNSYS TMY data format

그 외 다른 형식들에 대한 내용은 참고 문헌을 참고하기 바란다.

〈표 12-25〉

Field #	COL. #	Field
1	2~3	Month of the year
2	5~7	Hour of the month
3	10~13	Direct normal solar radiation integrated over previous hour, kJ/m^2
4	15~18	Global solar radiation on horizontal surface, integrated over previous hour, kJ/m^{2}[1]
5	20~23	Dry bulb temperature, degrees*10℃
…	25~30	Humidity ratio *10000
6	32~33	Wind velocity, m/s
7	35~36	Wind direction, degrees/10[2]

(1) Note that this is not horizontal surface beam radiation.
(2) Wind direction expressed as O for wind from north, 9 for east, 18 for south etc.

4. 참고 문헌

1. National Renewable Energy Laboratory. 1995. 『User's Manual for TMY2s (Typical Meteorological Years)』, NREL/SP-463-7668, and TMY2s, Typical Meteorological Years Derived from the 1961-1990 National Solar Radiation Data Base, June 1995, CD-ROM. Golden : NREL.

2. Crawley, Drury B., Jon W. Hand, Linda K. Lawrie. 1999. 『Improving the Weather Information Available to Simulation Programs, in Proceedings of Building Simulation '9, Volume II』, pp. 529-536, Kyoto, Japan, September 1999. IBPSA.

3. ASHRAE. 2001. 『International Weather for Energy Calculations(IWEC Weather Files) Users Manual and CD-ROM』, Atlanta : ASHRAE.

4. National Climatic Data Center. 1981. 『Typical Meteorological Year User's Manual』, TD-9734, Hourly Solar Radiation−urface Meteorological Observations, May 1981. Asheville : National Climatic Data Center, U.S. Department of Commerce.

5. Numerical Logics. 1999. 『Canadian Weather for Energy Calculations, Users Manual and CD-ROM』. Downsview, Ontario : Environment Canada.

12-11 Type 93 : Input Value Recall

입력값을 재호출하는 컴포넌트의 함수는 매우 단순하다. 이것은 가장 최근의 시간 간격으로부터 최대 10개의 입력값들을 기억한다. 이것은 TRNSYS 입력 파일에서 EQUA-TIONS을 사용할 때의 보다 복잡한 제어 전략에 대하여 매우 유용하다.

1. 컴포넌트 구성

(1) Parameters
- 첫 번째 매개변수는 입력변수의 개수로 10보다 같거나 작아야 한다.
- 두 번째 매개변수는 시간 간격의 개수로 반드시 지정되어야 하며 현재의 시간 스텝에서 1로 간주된다.

(2) Outputs
- Outputs 1 : Nts는 현재, 다음 시간 간격, …, $(Nts - 1)$ 시간 간격에서의 Input 1의 값이다.
- Outputs $Nts + 1$: 2 Nts는 현재, 다음 시간 간격, …, $(Nts - 1)$ 시간 간격에서의 Input 2의 값이다.
- 기타

12-12 Type 95 : Holiday Calculator

Type 95 Holiday Calculator는 TRNSYS 시뮬레이션의 시작 날짜와 경과 시간에 기초한 많은 '달력 계산'을 수행한다. 이들 결과는 시간 의존 부하 패턴이나 공공 요금 스케줄(utility rate schedules)을 다룰 때 유용하다. 이 컴포넌트는 본래 Type 96 Rate Schedule Processor의 이용을 위해 개발되었으나 다른 응용 기법에도 매우 유용하게 이용될 수 있음이 증명되었다(Note that Type 96 requires Inputs from Type 95).

Type 95의 출력값은 연도, 월, 일, 요일, 시간을 포함한다. Type 95는 특정 시간 간격이 정확히 bank holiday인지를 결정한다. Christmas와 같은 몇몇 휴일들은 항상 특정 날짜에 지정된다. 그러나 President' Day 등과 같은 휴일은 해당 월의 몇 번째 주의 어떤 날 또는 요일로 지정되므로 해당 연도와 다음 연도에서의 휴일 날짜가 달라지게 된다. Type 95는 모든 휴일을 다룰 것이다. 기본 목록이 표준 미국 공휴일에 대하여 포함되어 있으나 사용자가 추가적으로 휴일을 지정할 수 있다. Type 95는 윤년과 일광 절약 시간(summer time)을 계산한다. 그리고 이 컴포넌트는 Y2K와 관련된 어떠한 문제도 없다.

1. 기호 설명

$D_{hol,\,j}$: 사용자 지정 공휴일의 날짜

DOW : 주간별 누적 일수(0 = 일요일, 1 = 월요일, …, 6 = 토요일)

DOY : 통상일(누적 일수)(1~366 ; 윤년기준)

$FLAG_{DS}$: 일광 절약 시간 가능 여부를 나타내는 flag

$FLAG_{HOL}$: 공휴일에 시간 간격이 멈추는지를 나타내는 Output flag

$FLAG_{WE}$: 주말에 시간 간격이 멈추는지를 나타내는 Output flag

HOD : 일별 시간(0~23)

HOY : 연간 누적 시간(0~8783 ; 366일 기준)

$M_{hol,\,j}$: 사용자 지정 공휴일의 해당 월(1~12)

$YEAR_{start}$: 시작 연도

2. 공휴일 지정

Type 95의 경우 세 가지 휴일 운전 모드가 이용 가능하다. 이 모드 선택의 유일한 효과는 해당 연도의 무슨 요일을 공휴일로 고려할 것인지를 지정하기 위한 것이다. 모든 다른 계산들(date, day of week 등)은 영향을 받지 않을 것이다. 그러므로 모드의 선택은 공휴일이 아무런 역할을 하지 않는 응용에 대해서는 아무 관련이 없다. 매개변수 1의 값은 다음과 같은 모드를 지정한다.

- Mode = 0 : Standard American bank holiday 목록만을 이용한다.
- Mode = 1 : Standard American bank holiday 목록과 추가적인 사용자 지정 공휴일을 이용한다.
- Mode = 2 : 사용자 지정 공휴일만 이용한다.

기본적인 미국의 공휴일과 우리나라의 공휴일 목록은 〈표 12-26〉과 같다.

〈표 12-26〉 미국과 우리나라 공휴일

(1) 미국의 공휴일	(2) 우리나라의 공휴일
New Year' Day : 1월 1일 Martin Luther King Jr. Day : 1월 3번째 월요일 President' Days : 2월 3번째 월요일 Memorial Day : 5월 마지막 월요일 Independence Day : 7월 4일 Labor Day : 9월 1번째 월요일 Columbus Day : 10월 2번째 월요일 Veterans' Day : 11월 11일 Thanksgiving Day : 11월 4번째 목요일 Christmas Day : 12월 25일	1월 1일 : 신정 12월 30일~1월 2일 : 설날(음력) 3월 1일 : 삼일절 4월 8일 : 석가탄신일(음력) 5월 5일 : 어린이날 6월 6일 : 현충일 7월 17일 : 제헌절 8월 15일 : 광복절 8월 14일~8월 16일 : 추석(음력) 10월 3일 : 개천절 12월 25일 : 크리스마스

 미국의 공휴일 모두는 모드 0과 1에 포함된다. 독립기념일과 같은 지정된 날짜를 갖는 공휴일은 종종 토요일이나 일요일이 될 수 있다. 만약 이러할 경우 이 공휴일은 자동적으로 금요일이나 월요일로 이동하게 될 것이다. 목록에 부활절이 포함되지 않은 것은 항상 일요일이기 때문이다.

 모드 1, 2를 사용할 때 사용자는 매개변수 목록의 끝에 값을 추가함으로써 추가적인 공휴일을 지정할 수 있다. 모든 사용자 지정 공휴일은 크리스마스와 같이 특정 날짜로 주어져야 한다. Type 95는 4월의 첫 번째 월요일과 같은 특정한 날로 지정되는 공휴일을 지원할 것이다. 2개의 숫자가 각 추가되는 사용자 지정 공휴일에 대한 매개변수 목록에 추가된다. 이들 값들은 이 공휴일의 해당 월(1~12)과 해당 날짜(1~31)이다.

예 제

사용자 지정 공휴일 2개(3월 1일과 6월 6일)를 지정하고자 한다. 표준 4개의 매개변수 대신에 8개가 사용된다. 추가적인 4개의 매개변수들은 3, 1, 6, 6이다.

3. 윤년과 일광 절약 시간

 Type 95는 해당 연도가 4의 양의 배수(2000년 등)이면 2월이 29일이 되도록 자동적으로 가정한다. 그리고 매개변수 4의 값이 1이 되면 선택적인 일광 절약 시간이 활성화된다. 그 외의 값에 대해서는 일광 절약 시간을 이용할 수 없게 된다. 만약 이 값이 1이면 일광 절약은 4월 첫 번째 일요일에 시작되어 10월 마지막 주 일요일까지 확대된다.

이 일광 절약이 효력이 있으면 Type 95에 의해 계산된 시간 HOD는 시뮬레이션 시간보다 1시간 앞으로 이동된다.

4. 수학적 설명

각 월의 길이에 따른 모듈화된 분할에 의존하여 월/년/시간의 계산은 매우 간단하다. Montes (1998)는 전자식 달력에 대한 계산법을 상세히 설명하였다. 각 주간별 요일에 대한 계산은 다음 방정식으로 주어진다.

$$DOW = \left(36 + DOY + \frac{5y}{4}\right) \bmod 7 \tag{12-14}$$

여기서,

$$DOY = Day - of - Year$$

$$y = year - \frac{14 - month}{12} \tag{12-15}$$

한편, President' Day와 같이 2월 세 번째 월요일에 발생하는 이러한 'moving' 공휴일을 찾는 방정식은 다음과 같다.

$$Date = 1 + 7(N-1) + \left[(DOW_{hol} - DOW_{ref})\bmod 7\right] \tag{12-16}$$

여기서,

$$DOW_{ref} = DOW\{Year,\ Month,\ Date = 1 + 7(N-1)\} \tag{12-17}$$

DOW_{hol}는 월요일은 1, 화요일은 2와 같은 공휴일에 대한 주간의 해당 요일이며, N은 해당 월에서 이 요일이 나타나는 횟수로 해당 월의 세 번째 월요일에 대하여 해석하고자 할 경우 이 값을 3으로 설정한다.

12-13 Type 96 : Utility Rate Schedule Processor

Type 96 Utility Rate Schedule Processor는 grid-tied buildings에 대한 전기 요금(electric bills)을 계산한다. 이것은 electric parallel generation을 채택한 건물에서의 절감량을 결정하는 데 사용될 수 있다. 이 컴포넌트는 시뮬레이션 전 과정에 걸친 전기 사용량(usage-\$/kWh)과 청구 요금(demand charges-\$/kW)을 동시에 계산한다.

Type 96은 지역 공급업체(area utility)는 '순 계측값(net metering)' 정책을 채택하므로 순간적인 부하를 초과하여 생산된 전력은 소매 가격으로 utility에 되팔 수 있다고 가정한다. Photovoltaic arrays, wind turbines 또는 gas-fired micro_turbines 등과 같은 유사한 발전원이 사용될 수 있다. 공급업체 청구 요금을 비교하기 위해 2개의 Type 96 컴포넌트가 시뮬레이션에 채택될 수 있다. Type 96은 Type 95 Holiday Calculator 로부터의 입력값에 의존하므로 Type 95 컴포넌트는 올바르게 기능하기 위해 시뮬레이션에 반드시 포함되어야 한다. Type 96 컴포넌트는 경제성 평가를 수행하지만 건물의 전력 시스템의 물리적 부분까지 표현하지는 않는다. 이것은 인버터 또는 축전기 등의 기능에 대한 어떤 것도 수행하지 않는다.

Utility Rate Schedule Processor는 건물 부하에 대한 값은 물론 매 시간 간격에서의 대응하는 발전량에 대한 전력 입력값이 필요하다. 또한, 이것은 Type 95 Utility Rate Schedule Calendar로부터의 월/일/시간과 같은 몇 가지 시간 의존 입력값들을 요구한다. 이 정보는 공급 업체 청구 요금을 계산하기 위해 특정 형식의 텍스트 파일로부터 읽은 공급 업체 요금 스케줄과 결합된다.

Type 96은 에너지 사용 요금 [\$/kWh]과 순간 전력 청구 요금 [\$/kW]을 지원한다. 월간 청구 요금(monthly demand charges)은 해당 월의 전기간에 걸친 순간 최대 전력 소비량에 기초한다. 지난 12개월에 걸친 순간 최대 전력 소비량에 기초한 변동 청구 (Rolling demand) 또는 상승(ratchet) 요금 또한 포함될 수 있다. 요금 스케줄은 시간별 그리고/또는 계절별 변화는 물론 주말과 공휴일에 대한 감소된 요금을 포함할 수 있다.

1. 기호 설명

$BILL_{TOT}$: Total cumulative utility bill over whole simulation, updated monthly [\$]

Chg_{demand} : Monthly demand charge [\$]

$Chg_{ratchet}$: Ratchet charge based on greatest power consumption over last twelve months, assessed monthly [\$]

Chg_{usage} : Energy usage charge, assessed monthly [\$]

DIS_{OPHU} : Demand rate discount coefficient for low monthly on-peak hours of use [\$/kW]

$FLAG_{HOL}$: Holiday flag : 1 indicates bank holiday, 0 indicates no holiday

$FLAG_{WK}$: Weekend flag : 1 indicates Saturday or Sunday, 0 indicates weekday

$FRAC_{par}$: Fraction of building load met by parallel generation

HOD : Hour-of-day

HOY : Hour-of-year

$LU_{bill, text}$: Logical unit number for utility bill output file(text-editor format)

$LU_{bill, spread}$: Logical unit number for utility bill output file(spreadsheet format)

LU_{sched} : Logical unit number for utility rate schedule input file

$OPHU$: On-peak hours of use: Ratio of on-peak energy consumption to maximum instantaneous on-peak load for a month

P_{buy} : Power purchased from utility [W]

P_{gen} : Parallel generation [W]

P_{load} : Electrical load of building [W]

P_{loss} : Total parallel generation losses [W]

$P_{maxsell}$: Maximum excess generation to be sold back to utility through net metering [W]

$P_{netload}$: Building load after subtracting parallel generation [W]

P_{sell} : Parallel generation exceeding load, sold back to utility through net metering [W]

P_{useful} : Parallel generation which goes to satisfy building load or is sold back to utility [W]

$Rate_{demand}$: Monthly demand rate [$/kW]

$Rate_{ratchet}$: Rate for twelve-month ratchet charge [$/kW]

$Rate_{usage}$: Energy usage rate [$/kWh]

SW_{HOL} : Switch to enable or disable off-peak rates for all holidays

SW_{WE} : Switch to enable or disable off-peak rates for all weekends

Val_{buy} : Value of purchased power at any timestep based on energy usage rate [$]

Val_{gen} : Value of parallel generation at any timestep based on energy usage rate [$]

Val_{load} : Value of building load based on energy usage rate [$]

Val_{sell} : Value of energy sold back to utility under net metering, based on energy usage rate [$]

2. 수학적 설명

매 시간 간격에서 Type 96은 건물의 에너지 소비량과 같은 목적의 발전량 사이의 차인 순수 건물 부하(net building load)를 결정한다. 만약 이 값이 (+)이면 소비자는 이 값과 동일한 전력을 전기 공급 업체로부터 구매한다.

$$P_{netload} = P_{load} - P_{\geq n} \tag{12-18}$$

$$P_{buy} = P_{netload} \qquad \text{for } P_{netload} > 0$$

$$P_{buy} = 0 \qquad \text{for } P_{netload} \leq 0$$

Type 96은 발전이 부하를 초과할 때, 이 전력을 업체로 되팔 수 있도록 하기 위해 순 계측값을 가정한다. 그러나 사용자는 최대 그리드 재판매 전력량(maximum grid resale power rate) $P_{\mathrm{max sell}}$ 설정하기 위한 옵션을 가지고 있다. 이 재판매 전력량은 다음과 같이 매 시간 간격에 대하여 계산된다.

$$P_{sell} = 0 \qquad \text{for } P_{netload} \geq 0$$

$$P_{sell} = |P_{netload}| \qquad \text{for } P_{netload} \leq 0 \text{ and } |P_{netload}| < P_{\mathrm{max sell}}$$

$$P_{sell} = P_{\mathrm{max sell}} \qquad \text{for } P_{netload} \leq 0 \text{ and } |P_{netload}| \geq P_{\mathrm{max sell}} \tag{12-19}$$

만약 $P_{\mathrm{max sell}}$ 이 '0'으로 설정되었다면 부하를 초과하여 생성된 모든 전력은 상실된다. Type 96은 총 전력 손실 P_{loss} 를 단위 전송망 재판매 한계(grid resale limit)인 $P_{\mathrm{max sell}}$ 을 벗어난 초과 발전량으로 설정한다.

$$P_{loss} = 0 \qquad \text{for } P_{sell} \leq P_{\mathrm{max sell}} \tag{12-20}$$

$$P_{loss} = P_{gen} - P_{load} - P_{\mathrm{max sell}} \qquad \text{for } P_{sell} > {}_{\mathrm{max sell}}$$

월별 사용 요금은 해당 월의 전 기간에 걸친 전력 구입량과 판매량의 차와 각 시간 간격에서의 사용량을 곱함으로써 계산된다.

$$Chg_{usage} = \Delta t \sum_{j=1}^{N} Rate_{usage,\, j} (P_{buy,\, j} - P_{sell,\, j}) \tag{12-21}$$

여기서, N은 해당 월의 시간 간격의 개수이며, Δt는 TRNSYS SIMULATION 문에 할당되는 시간에서의 시간 간격의 길이이다.

월별 요금은 해당 월의 전 기간에 걸친 수요량(demand rate)과 순 부하의 가장 큰 단일 순간 생산량에 기초하여 결정된다. 에너지 사용 요금과 같이 Type 96에서 수요 스케줄은 시간별 또는 계절별 변화를 포함할 수 있다. 이것은 전기 요금에서 만약 수요 요금이 어떤 다른 시간보다 크다면 가장 큰 단일 월별 부하와 동시에 일어남을 의미한다. N

번의 시간 간격을 갖는 달의 월별 요금은 다음과 같다.

$$Chg_{demond} = \max\left\{(Rate_{demond,\,1} * P_{buy,\,1}) \cdots (Rate_{demond,\,N} * P_{buy,\,N})\right\} \quad (12-22)$$

12개월 ratchet 요금은 N번의 시간 간격의 기간이 1개월이 아닌 12개월로 표현되는 것을 제외하고는 매우 유사하게 계산된다.

$$Chg_{ratchet} = \max\left\{(Rate_{ratchet,\,1} * P_{buy,\,1}) \cdots (Rate_{rachet,\,N} * P_{buy,\,N})\right\} \quad (12-23)$$

월별 수요 요금, 사용 요금 그리고 ratchet 요금은 자동적으로 매 시간 간격에 대하여 계산된다. 이 요금들은 특정 요금 스케줄 텍스트 파일의 내용과 Type 95의 TRNSYS Rate Schedule Calendar의 출력값에 기초한다. 이 Calendar는 일별 시간과 특정 시간 간격이 주말이나 공휴일인지를 나타내는 표식(flag)과 같은 필수적인 정보를 생성한다.

3. Type 95와 함께 Type 96의 사용

Type 96은 작동을 위해 Type 95 Holiday Calculator와 연결되어야 한다. 그러나 Type 95는 Type 96과 별도로 사용될 수 있다. 이 Type 95 컴포넌트는 TRNSYS 입력 파일에서 모든 Type 96 컴포넌트보다 선행되어야 한다. 〈표 12-27〉은 Type 95의 출력값이 어떻게 Type 96의 입력값과 링크되어야 하는지를 보여준다.

〈표 12-27〉 Linking Inputs and Outputs from Type 95 and Type 96

Quantity	Type 96 Input	Type 95 Output
Hour-of-Day	Input 1	Output 1
Hour-of-Year	Input 2	Output 2
Month	Input 3	Output 5
Year	Input 4	Output 7
Weekend Flag	Input 6	Output 8
Holiday Flag	Input 7	Output 9

4. Type 96 출력 파일과 특징

Type 95 Holiday Calculator는 매 시간 간격이 주말 또는 공휴일인지를 가리키는 표식을 생성한다. 대부분의 Utility Rate Schedule들은 주말이나 공휴일에 대한 절감된 사용 요금과 수요 요금을 포함한다. 이들 특정 'off-peak' 요금에 대한 값은 다음 절에서 소개되는 Rate Schedule 텍스트 파일에서 지정된다. Type 96에 대한 매개변수 목록의 2개의 스위치는 주말 그리고/또는 공휴일이 이 특정 요금에 대하여 청구되는지를 결정한다. 매개변수 4는 'weekend switch'이고, 매개변수 5는 'holiday switch'이다. 이들 매개변수값 '1'은 주말이나 공휴일에 'off-peak' 요금으로 청구되어야 함을 가리킨다. 그 외의 다른 값들은 Type 96은 주말이나 공휴일을 무시한다는 것을 가리킨다.

몇몇 공급업체는 'on-peak hours of use' 또는 $OPHU$에 대한 낮은 월별값들을 갖는 고객에 대하여 월별 청구 요금을 절감시켜 준다. 이 $OPHU$는 다음 식과 같이 정의된다.

$$OPHU \equiv \frac{Energy_{on-peak}}{Power_{\max,on-peak}} \tag{12-24}$$

만약 $OPHU$ 합이 사용자 지정값 $OPHU_{\max}$보다 작으면, 해당 월에 대한 청구 요금을 평가하는 데 사용되는 청구 요금이 $OPHU$ 값에 따라 절감되는 것이다. 이 청구 요금 절감 계수 DIS_{OPHU}는 다음 방정식에 보이는 것과 같이 청구 요금 절감에 대한 곱함수로 작용한다.

$$Rate_{Demond,\,disc} = Rate_{Demond} - [DIS_{OPHU}(OPHU_{\max} - OPHU)]] \tag{12-25}$$

매개변수 7은 수요 요금 할인 계수 $DIS_{OPHU}[\$/kW]$이다. 매개변수 8은 $OPHU_{\max}$로 수요 요금 할인에 대한 자격이 있는 소비자들에 대하여 피크 시간대의 최대 허용 시간값이다. 이 할인 기법은 생소한 것으로 대부분의 공급업체는 고정된 수요 요금을 채택한다. 매개변수 7이나 8 가운데 하나가 '0'으로 설정되면 수요 요금 할인은 이용할 수 없을 것이다.

Type 96은 시뮬레이션이 실행될 때 2개의 출력 파일을 생성한다. 이 2개의 파일들은 소비자의 월별 공급 업체의 청구 요금에 대한 동일한 정보를 포함한다. 이 파일들 중 하나는 Microsoft Wordpad와 같은 텍스트 에디터를 사용하여 읽을 수 있는 형식이다. 이 텍스트 에디터 파일에 대한 FORTRAN Logical unit number가 매개변수 2에 주어진다. 두 번째 파일은 여백 구분 문자화된 텍스트(space-delimited text)로써 스프레드시트로부터 열릴 수 있다. 매개변수 3은 이 스프레트시트 파일에 대한 Logical unit number를 할당한다.

[그림 12-1]은 텍스트 에디터 형식의 공급업체 청구서 파일의 예제를 보이고 있다. 여기서, 시뮬레이션된 건물은 매우 큰 전력 소비량을 갖는 고층 건물이다.

```
        Month: JANUARY  Year: 1990

        Total Energy Usage:                              684206.5 kW-hr
        Usage Charge:                            $    21124.22
        Maximum Load for Month:                          1654.28 kW
        Monthly Demand Charge:                   $ 15368.2480
        Twelve Month Rolling Demand Charge:      $    1124.91
        MONTHLY ELECTRICITY CHARGE:              $    37617.38


        Month: FEBRUARY   Year: 1990

        Total Energy Usage:                              627883.4 kW-hr
        Usage Charge:                            $    19317.23
        Maximum Load for Month:                          1585.91 kW
        Monthly Demand Charge:                   $ 14733.0674
        Twelve Month Rolling Demand Charge:      $    1124.91
        MONTHLY ELECTRICITY CHARGE:              $    35175.21
```

[그림 12-1] Type 96 Utility Bill Output File

5. 외부 데이터 파일

Type 96은 TRNSYS 시뮬레이션의 시작과 동시에 텍스트 파일로부터 다양한 시간에 대한 사용 요금과 수요 요금에 관한 공급 업체 요금 스케줄을 읽는다. 이 요금 스케줄 파일은 전체 시뮬레이션에 걸쳐 단지 한 번만 접근되며 포함된 모든 내용들은 Type 96에 저장된다.

매개변수 1은 이 파일에 대한 Logical unit number을 할당한다. 요금 스케줄 파일은 Type 96이 채택되어 TRNSYS 시뮬레이션이 수행되기 이전에 저장되어야 한다. 이 파일은 비록 스프레드시트 프로그램이 입력되는 정확한 수치를 보장하기 때문에 권장되지만 Microsoft Notepad와 같은 텍스트 에디터 프로그램을 이용하여 생성될 수도 있다. 이 경우 요금 스케줄 파일은 'tab-delimited' 텍스트로써 저장되어야 한다. 만약 텍스트 편집 응용이 채택되면 사용자는 파일의 마지막 행 다음에 반드시 엔터 키를 쳐야 한다. TRNSYS 16의 Examples\Data Files 디렉토리에 포함된 [Type 96 -UtilityRateScheduler.dat] 샘플 파일이 있다. 이 파일은 맞춤 요금 스케줄 생성을 위한 하나의 샘플로 사용될 수 있다.

[Type 96 - UtilityRateScheduler.dat] 파일의 본래 형식은 다음과 같다.

```
1
0    8783    0.025….  [x10]     0.1….[x7]     0.025…[x7]     0.02     3.5….[x10]
5…[x7]    3.5…[x7]    3
1.55
```

첫 번째 행의 '1'은 스케줄에서 'annual rate divisions'의 개수를 가리킨다. 이러한 구획(division)의 하나가 전 기간에 걸쳐 변경되는 매 시간 요금 스케줄에 요구된다.

일별 시간 변화는 이 개수에 의해 고려되지 않는다. 파일 [UtilityRateScheduler.dat]의 스케줄은 전 기간에 걸쳐 변경되지 않으므로 단지 하나의 'annual rate divisions'만이 있다.

반면에 요금은 여름철에는 증가하고 가을철에 다시 내려갈 수 있으며, 이 경우 3개의 연간 요금 구획을 요구한다. 첫 번째는 1월 1일부터 5월 31일까지가 되며, 두 번째는 6월 1일부터 8월 31일까지가 될 것이다. 그리고 마지막은 9월 1일부터 12월 31일까지가 된다.

두 번째 행은 일별 요금 스케줄 정보를 지정하는 52개의 숫자로 구성된다. 각 연간 요금 구획에 대하여 유사한 긴 행이 필요하다.

이 긴 행의 첫 번째 숫자는 요금 구획이 시작되는 연도의 시간(1월 1일 am 12 : 00)이고, 두 번째는 이 구획이 끝나는 시간이다. 이 경우 '8783'은 윤년의 12월 31일 밤 11시의 값이다.

Type 95는 윤년을 다루며 사용자가 연간 336일로 가정해야 한다. 사용자는 해당 연도의 각 시간에 대하여 설명하기 위한 충분히 긴 행을 포함해야 한다.

다음의 숫자 24는 주간에 대한 시간별 사용 요금 [$/kW·hr]이다. 첫 번째 시간은 한밤 중~새벽 1시, 두 번째 시간은 새벽 1~2시 등과 같다. 25번째 숫자는 공휴일이나 주말에 대한 사용 요금이다. 그러나 이 값은 매개변수 4가 1로 설정되면 주말에 대해서만 사용된다. 그리고 매개변수 5가 1로 설정되면 공휴일에만 사용된다.

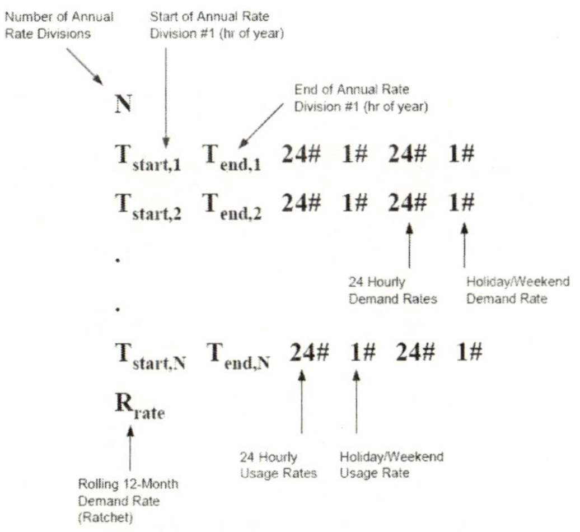

[그림 12-2] Type 96 Utility Bill Output File
(Formatted for Text Editor)

다음은 시간별 수요 스케줄[$/kW] 지정을 위한 숫자 24이다. 이 긴 행의 마지막 숫자는 주말이나 공휴일에 대한 수요 요금이다.

이 파일의 마지막 숫자는 '12-month rolling demand' 요금[$/kW]이다. 만약 이것이 '0'이 아니면, 두 번째 수요 요금(ratchet charge)은 최근 12개월 기간에 걸친 최대 순간 순부하에 기초하여 매달 평가되는 것이다. [그림 12-2]는 이상의 내용을 요약하여 나타낸 것이다.

12-14   Type 97 : Calling CONTAM

이 컴포넌트는 TRNSYS Type 56의 Detailed Multizone Building과 미국 NIST (National Institute of Standards and Technology)에서 개발한 CONTAM이라 불리는 공기 유동 모델링 프로그램 사이의 링크를 제공한다.

CONTAM 프로그램은 NIST 웹사이트의 'Indoor Air Quality and Ventilation Group'으로부터 무료로 다운로드할 수 있다[http://www.bfrl.nist.gov/IAQanalysis/index.htm].

1. 수학적 설명

Type 56 사이의 링크를 생성하는 세 가지 단계가 있다. 첫 번째는 적절한 입력값과 출력값을 갖는 건물 열적 모델을 TRNBuild를 이용하여 생성한다. 다음으로 동일한 건물의 공기 유동 모델을 CONTAM을 이용하여 생성한다. 끝으로 CONTAM building model과 TRNBuild building model을 TRNSYS Simulation Studio 또는 TRNSHELL을 이용하여 서로 링크시킨다.

(1) The Thermal Model

TRNBuild thermal model의 생성은 보통 건물을 생성하는 방법과 동일한 규칙을 따른다. 유일한 차이점은 각 존의 침기량(infiltration)과 존 사이의 연계된 공기 유동이 Type 56에 입력값으로 지정되어야 한다는 점이다.

명심해야 할 한 가지 유의할 점은 TRNBuild와 Type 56에서 존 A에서 존 B로의 연계된 공기 유동은 존 B에서 존 A로의 공기 유동을 자동적으로 포함하지 않는다는 점이다. 이들 두 가지 공기 유동은 각각 독립해 지정되어야 하며, 그래야 CONTAM이 이들 값들을 계산할 것이다.

(2) The CONTAM Model

CONTAM online 문서는 공기 유동 모델을 설정에 관한 매우 자세한 설명을 제공한다. 이 과정은 존들을 지정하고, 지정된 존들을 서로서로 연결하는 공기 유동 링크를 지정하고 존들과 외부 조건들을 연결하는 것과 관련이 있다. 일단 이 모델이 완료되면 CONTAM (1, 2) 메뉴는 TRNSYS 입력 파일 생성을 위한 옵션을 포함한다. Type 56과 TRNBuild [* .inf] 파일과 매우 유사한, 확장자 [* .air]을 갖는 이 파일은 CONTAM이 제공하게 될 요구되는 입력값과 출력값 항목들을 포함한 공기 유동 모델에 대한 모든 정보를 포함한다. 다시 Type 56의 경우와 같이 TRNSYS Simulation Studio는 [* .air] 파일에 포함된 정보에 기초하여 분주하게(on the fly) Type 97 proforma를 채운다.

(3) Input and Output Connections

매우 일반적인 항목들에서 Type 56은 Type 97로부터 침기 및 내부 존 상호간의 공기 유동을 가져와 존의 온도를 계산한다. Type 97은 이들 존 온도를 가져와 향상된 정보에 기초하여 내부 존 상호간의 공기 유동을 재계산한다. 반복 계산 과정은 존 온도와 내부 존 상호간의 공기 유동 모두가 해에 수렴할 때까지 지속된다.

2. 참고 문헌

1. W. Stuart Dols, George N. Walton, 『CONTAMW 2.0 User Manual』, Multizone Airflow and Contaminant Transport Analysis Software, National Institute of Standards and Technology, Report NISTIR 6921, 2002.
2. http://www.bfrl.nist.gov/IAQanalysis/index.htm
3. George N. Walton and W. Stuart Dols, 『CONTAM 2.1 Supplemental User Guide and Program Documentation』, National Institute of Standards and Technology. Report NISTIR 7049, 2003.
4. http://www.bfrl.nist.gov/IAQanalysis/index.htm

12-15 Type 155 : Calling Matlab

이 TRNSYS Type은 Matlab과의 링크를 수행한다. 이 연결은 독립된 프로세스로 실행되는 Matlab 엔진을 사용한다. Fortran routine은 Component Object Model(COM) 인터페이스를 통해 Matlab 엔진과 서로 정보를 주고받는다. Type 155는 서로 다른 호출 유형들(즉, iterative component 또는 real-time controller)을 가질 수 있다.

사용자는 이 컴포넌트를 사용하기 위해 먼저 Matlab을 설치해야 하고, Matlab의 "bin\win32" 폴더가 윈도우즈 찾기 경로에 위치되어야 한다. 그리고 Matlab 버전 13 또는 14로 작성된 프로그램을 지원한다.

시뮬레이션에서 Type 155의 Inputs, Outputs 또는 Instances의 개수에 대한 특별한 제한은 없다.

1. 컴포넌트 구성

(1) Parameters

- Parameter 1은 미래에 사용하기 위해 예비된 Mode이다.
- Inputs과 outputs의 개수는 Parameters 2와 3에서 설정된다.
- Parameter 4(Calling Mode)는 이 컴포넌트의 반복적인 거동(iterative behavior)을 나타내며 0과 10의 값으로 지정된다.
- 0 : 표준 반복적인 컴포넌트(called at each call of each time step). 이 경우 Type 155는 INFO(9)를 1로 설정한다.
- 10 : 각 시간 간격의 마지막에 호출되는 비-반복적인 컴포넌트로 이것은 이전 시간 간격에서의 수렴된 값들에 기초한 현 시간 간격에서의 출력값을 계산하는 제어기에 대하여 적합하다. 이 경우 Type 155는 INFO(9)를 2로 설정한다.

(2) Matlab M-File

사용자의 Matlab 파일의 경로와 파일명이 LABEL문에 제공된다. Type 155는 다음과 같은 경로명을 이행할 수 있으며 Matlab m-files는 파일명에 특수 문자나 여백을 갖지 못한다.

- Relative to the deck(default if no path is specified)
  예) "My_M_File.m"
- Absolute(if the path starts with "\" or if the second character is ":")
  예) "C:\Program Files\Examples\Data Files\Type155_CallingMatlab.m"
- Relative to the TRNSYS root directory(if the path starts with ".\")
  예) ".\Examples\Data Files\Type155_CallingMatlab.m", TRNSYS의 설치 경로가 "C:\Program Files\Trnsys16"이면 위의 예와 동일하다.

2. M-File의 구조

동일한 m-file이 Matlab의 각 호출에 의해 호출되는 것이다. 그러므로 m-file은 다른 TRNSYS 호출들과 같이 취급되어야 한다. 다음에 [.\Examples\Data Files\Calling Matlab] 예제에 관하여 설명된다.

다음은 주목해야 할 몇 가지 점이다.
- Type 155에 의해 호출되는 m-file은 Matlab 'batch file'로 함수가 아니다(변수들은 메인 워크 스페이스에서 TRNSYS에 의해 생성된다).
- Matlab은 'trnInputs'에서 입력값을 받을 뿐만 아니라 시뮬레이션에 대한 다른 정보들도 받는다.
- trnInfo(a copy of the INFO array)
- trnTime(simulation time)
- trnStartTime(simulation start time)
- trnStopTime(simulation stop time)
- trnTimeStep(simulation time step)
- mFileErrorCode(see here below)
- Matlab은 'trnOutputs'으로 출력값을 보내야만 한다. m-file 실패의 경우 'memory access violations'을 예방하기 위해 TRNSYS는 m-file을 실행하기 전에 정확한 크기의 'output array(trnOutputs)'를 생성한다.

  사용자가 크기를 줄이지 않거나 사용자의 m-file에서 output array를 삭제하지 않는 한, all errors will result in nice error handling and not a memory access violation.
- TRNSYS가 m-file이 실패한 경우에 시뮬레이션을 계속 수행하는 것을 방지하기 위한 또 다른 메커니즘이 실행된다.
- m-file이 실행되기 이전에 TRNSYS는 1로 초기화되는 'mFileErrorCode'라 불리는 변수를 생성한다.
- Matlab이 응답했을 때 이 변수의 값이 0이 아니면 시뮬레이션은 멈출 것이고, TRNSYS는 mFileErrorCode의 값에 따른 오류 메시지를 표시할 것이다. 이것은 만약 m-file에서 mFileErrorCode의 값이 서로 다른 위치에서 증가되어 무슨 일이 발생하는지에 대한 힌트를 주기 위하여 m-file에 의해 사용될 수 있다. 이 다음의 예제에서 만약 m-file이 오류 코드 '200'으로 응답하면, post-convergence 호출을 하는 동안에 어떠한 일이 발생되었다는 것이다.

EXAMPLE (".\EXAMPLES\ DATA FILES\TYPE155_CALLINGMATLAB.M")

```matlab
% Type155_CallingMatlab.m
% ---------------------------------------------------------------------------
%
% Example M-file called by TRNSYS Type 155
%
% Data passed from / to TRNSYS
% ------------------------------
%
% trnTime (1x1) : simulation time
% trnInfo (15x1) : TRNSYS info array
% trnInputs (nIx1) : TRNSYS inputs
% trnStartTime (1x1) : TRNSYS Simulation Start time
% trnStopTime (1x1) : TRNSYS Simulation Stop time
% trnTimeStep (1x1) : TRNSYS Simulation time step
% mFileErrorCode (1x1) : Error code for this m-file. It is set to 1 by TRNSYS
% and the m-file should set it to 0 at the
% end to indicate that the call was successful. Any non-
% zero value will stop the simulation
% trnOutputs (nOx1) : TRNSYS outputs
%
%
% Notes:
% ------
%
% You can use the values of trnInfo(7), trnInfo(8) and trnInfo(13) to identify
% the call(e.g. first iteration, etc.)
% Real-time controllers (callingMode = 10) will only be called once per time
% step with trnInfo(13) = 1 (after convergence)
%
% The number of inputs is given by the size of trnInputs and by trnInfo(3)
% The number of expected outputs is given by trnInfo(6)
% ---------------------------------------------------------------------------
% This example implements a very simple component. The component is iterative
% (should be called at each TRNSYS call)
% ---------------------------------------------------------------------------
% TRNSYS sets mFileErrorCode = 1 at the beginning of the M-File for error
% detection. This file increments mFileErrorCode at different places. If an
% error occurs in the m-file the last succesful step will be indicated by
% mFileErrorCode, which is displayed in the TRNSYS error message
% At the very end, the m-file sets mFileErrorCode to 0 to indicate that
% everything was OK
mFileErrorCode = 100; % Beginning of the m-file
% --- Process Inputs and global parameters ------------------------
% ---------------------------------------------------------------------------
nI = trnInfo(3);
nO = trnInfo(6);
```

```matlab
MyInput = trnInputs(1);
mFileErrorCode = 110; % After processing inputs
% --- First call of the simulation: initial time step(no iterations) ----------
% -------------------------------------------------------------------------
% (note that Matlab is initialized before this at the info(7) = -1 call, but
% the m-file is not called)
if ((trnInfo(7) == 0) & (trnTime-trnStartTime < 1e-6))
% This is the first call (Counter will be incremented later for this very
% first call)
iCall = 0;
% This is the first time step
iStep = 1;
% Do some initialization stuff, e.g. initialize history of the variables
% for plotting at the end of the simulation
% (uncomment lines if you wish to store variables)
nTimeSteps = (trnStopTime-trnStartTime)/trnTimeStep + 1;
history.inputs = zeros(nTimeSteps,nI);
% No return, normal calculations are also performed during this call
mFileErrorCode = 120 % After initialization call
end
% --- Very last call of the simulation (after the user clicks "OK") ------------
% -------------------------------------------------------------------------
if (trnInfo(8) == -1)
mFileErrorCode = 1000;
% Do stuff at the end of the simulation, e.g. calculate stats, draw plots,
% etc...
mFileErrorCode = 0; % Tell TRNSYS that we reached the end of the m-file
% without errors
return
end
% --- Post convergence calls: store values ---------------------------------
% -------------------------------------------------------------------------
if (trnInfo(13) == 1)
mFileErrorCode = 200; % Beginning of a post-convergence call
% This is the extra call that indicates that all Units have converged. You
% should do things like:
% - calculate control signal that should be applied at next time step
% - Store history of variables
history.inputs(iStep) = MyInput;
% Note: If Calling Mode is set to 10, Matlab will not be called during
% iterative calls.
% In that case only this loop will be executed and things like incrementing
% the "iStep" counter should be done here
mFileErrorCode = 0; % Tell TRNSYS that we reached the end of the m-file
% without errors
return % Do not update outputs at this call
end
```

```
% --- All iterative calls ----------------------------------------------
% ---------------------------------------------------------------------
% --- If this is a first call in the time step, increment counter ---
if (trnInfo(7) == 0)
iStep = iStep+1;
end
% --- Process Inputs ---
mFileErrorCode = 130; % Beginning of iterative call
% Do calculations here
MyResult = MyInput*2;
% --- Set outputs ---
trnOutputs(1) = MyResult;
mFileErrorCode = 0; % Tell TRNSYS that we reached the end of the m-file without
% errors
return
```

12-16 Type 157 : Calling COMIS

이 시뮬레이션 코드 COMIS(COMVEN)는 TRNSYS에서 공기 유동을 모델링하기 위해 독립적으로 채택된 Type이다. COMIS는 [http://software.cstb.fr]에서 다운로드할 수 있다.

13. Weather Data Reading and Processing

이 범주는 Data Reader와 Solar Radiation Processor가 결합된 Type 109만을 포함한다.

Type 109는 다양한 표준 형식(TMY2, TRY)과 사용자 지정 형식의 기상 데이터를 읽는다. TRNSYS Studio plug-in은 Japanese AMeDAS weather data files을 Type 109에 의해 인식될 수 있는 형식으로 전환하는 것을 허락한다.

13-1 Type 109 : Combined Data Reader and Solar Radiation Processor

이 컴포넌트는 데이터 파일로부터 일정한 시간 간격으로 기상 데이터를 읽는 것이 주목적이며, 이것을 원하는 단위 체계로 전환하고 임의의 방위와 경사를 갖는 임의의 개수의 표면들에 대한 직달 및 확산 일사량을 계산한다.

Type 109는 몇 가지 표준 기상 데이터 파일 형식은 물론 다음에 설명된 양식에 따라 작성된 사용자 지정 형식을 읽는다.

1. 기호 설명

A_I : 이방성 지수(anisotropy index)

a_i : i번째 값에 대한 가산 인자(addition factor for the ith value)

a/c : 가중된 태양 주변의 입체각(weighted circumsolar solid angle)

f : Reindl 경사면 모델에 대한 modulating factor

F_1' : 감소된 휘도 계수(circumsolar)

F_2' : 감소된 휘도 계수(horizon brightening)

I_o : 대기권 밖 일사량

I_{on} : 대기권 밖 법선면 일사량

I_b : 수평면 직달 일사량

I_{bn} : 법선면 직달 일사량

I_{bT} : 경사면 직달 일사량

I_d : 수평면 확산 일사량

I_{dn} : Direct normal beam radiation

I_{dT} : 경사면 확산 일사량

I : 수평면 전일사량

I_T : 경사면 전일사량

I_{gT} : 경사면 지표면 반사 일사량

k_T : [수평면 전일사량/대기권 밖 일사량]의 비

L_{loc} : 주어진 위치의 경도

L_{unit} : 데이터 행에서 읽게 되는 Logical unit number

m_i : i번째 값의 곱셈 인자(multiplication factor)

R_b : [경사면 직달 일사량/수평면 직달 일사량]의 비

R_d : [경사면 확산 일사량/수평면 확산 일사량]의 비

R_r : [경사면 반사 일사량/수평면 전일사량]의 비

rh : 상대습도(%)

T_a : 외기온도

$V_i(n)$: n행으로부터 읽혀지는 i번째 값

$V_i'(n)$: $(+, \times)$된 후 n행의 i번째 값

Y_i : i번째 시간 보간된 값

α : 태양 고도각$(90 - \theta_Z)$

β : 표면 경사각

β' : 추적 축의 경사각

δ : 태양 적위

Δ_{td} : 데이터가 제공되는 시간 간격(time interval)(예 : Δ_{td}= 1이면 1시간 데이터)

Δ : 천공 휘도 매개변수(sky brightness parameter)

ε : 천공 청정도 매개변수(sky clearness parameter)

γ : 표면의 방위각(facing equator = 0, west positive, east negative)

γ' : 축의 방위각

γ_s : 태양 방위각

θ : 표면의 직달 일사의 입사각

θ_Z : 태양의 천공각

ρ_g : 지표면 반사율

ϕ : 위도

2. 운용 모드

여기에는 기상 데이터 형식을 조율하는 서로 다른 4개의 모드가 있다.
- Mode 1 : 임의의 기상 데이터에 대한 사용자 지정 모드
- Mode 2 : TMY2 기상 데이터 형식
- Mode 3 : 독일의 TRY 기상 데이터 형식
- VDI – Modes 91x and 92x according to the german standard VDI 2078.

이 데이터 리더는 또한 일반적인 데이터를 읽을 수 있으며, 바람직한 단위 체계로 전환시킨 후 시간 변화 강제 함수처럼 다른 TRNSYS Units에서 이용 가능하게 만든다.
　Type 109는 사용자 지정 데이터에 대한 자유 형식의 판단을 이용한다. 각 값은 Mode 0이나 Mode 1에 대하여 공백 또는 콤마(,)에 의해 앞의 값들과 구분되어야 한다.

3. 특이 사항

- Type 109는 최대 5개까지 지정될 수 있다.
- 행에서 행으로의 데이터는 일정한 시간 간격으로 지정되어야 한다.
- Mode 0의 경우 값들은 데이터 행들에 나타나는 것과 동일한 순서로서 출력된다. 즉, 각 데이터 행의 3번째 값이 CO_2 농도라면, 3번째 출력은 CO_2 농도 값이 될 것이다.
- 모든 기상 데이터 모드의 경우 출력값은 연결된 프로세스를 쉽게 하기 위하여 동일한 지정된 순서를 갖는다.
- Mode 0의 경우 최대 20개의 주석 행이 데이터 행들에 선행될 수 있다. 그리고 주석 행들은 숫자로 시작되어서는 안된다.
- 출력은 매개변수 내역에 의존하여 데이터 시간 간격 간에 보간되거나 그렇지 않을 수

있다. 예를 들어, 만약 실내의 거주자의 수가 읽혀진다면 이들은 보간되지 않는다.

● 만약 시뮬레이션이 일사량이 0인 아닌 것을 포함한 기상데이터로 끝나면, 일사량 데이터의 출력은 시뮬레이션의 마지막 시간에 대하여 0으로 설정된다.

4. 수학적 설명

Type 109는 경사면에 대한 일사량을 계산하고 이들의 위치를 계산하기 위한 Type 16과 동일한 알고리즘을 사용한다.

일사량 데이터는 일출 전이나 일몰 후에 일사량값이 0보다 큰지를 검토하고, 두 데이터 행들 사이의 시간차보다 크거나 작은 시간 간격에 대하여 보간된다.

내부 일사량 프로세서는 특정 방위각과 경사를 갖는 임의의 개수의 표면들에 대한 출력으로 직달 및 확산 일사량을 생성한다. 게다가, 표준 출력으로 온도, 상대습도, 풍속, 풍향이 있다. 최대 4개의 추가 데이터 열이 Mode 1의 사용자 지정 기상 데이터를 사용할 때 처리될 수 있다.

(1) Horizontal Radiation Modes

Type 109는 경사면에 대한 일사량을 계산하기 위하여 수평면 직달 및 확산 일사량일 필요로 한다.

이것은 다음의 조합을 이용할 수 있다.

I_b와 I_d

I와 I_d

I와 I_{bn}

I, T_a와 rh. 확산 일사는 Reindl's full correlation을 이용하여 평가된다.

I. 확산 일사는 Reindl's reduced correlation을 이용하여 평가된다.

5. Mode 1의 데이터 파일 문법

(1) Header Syntax

머리말은 각 값들에 선행한 키워드를 포함한다. 키워드는 '〈　〉' 사이에 포함된다. 다음에 위치하는 것은 독일의 Würzburg 지역의 예를 보여준다.

```
<userdefined>
 <longitude>        -9.9         ! East of greenwich: negative
 <latitude>         49.8
 <gmt>              1            !time shift from GMT, east: positive (hours)
 <interval>         1            !Data file time interval between consecutive lines (hours)
 <firsttime>        1            !Time corresponding to first data line (hours)
 <var>   IBEAM_H <col>    5 <interp> 0 <add> 0 <mult>    1 <samp> -1 !...to get radiation in W/m²
 <var>   IBEAM_N <col>    0 <interp> 0 <add> 0 <mult>    1 <samp>  0 !...to get radiation in W/m²
 <var>   IDIFF_H <col>    6 <interp> 0 <add> 0 <mult>    1 <samp> -1 !...to get radiation in W/m²
 <var>   IGLOB_H <col>    0 <interp> 0 <add> 0 <mult>    1 <samp>  0 !...to get radiation in W/m²
 <var>   TAMB    <col>    3 <interp> 2 <add> 0 <mult>    1 <samp>  0 !...to get °C
 <var>   RHUM    <col>    4 <interp> 1 <add> 0 <mult>  100 <samp>  0 !...to get rel. hum. in %
 <var>   WSPEED  <col>    2 <interp> 1 <add> 0 <mult>    1 <samp>  0 !...to get wind speed in m/s
 <var>   WDIR    <col>    1 <interp> 1 <add> 0 <mult>    1 <samp>  0 !...to get wind dir. in degr.
 <var>   udef1   <col>   12 <interp> 0 <add> 0 <mult>  100 <samp>  0 !...to get ... in ...
 <var>   test    <col>    9 <interp> 1 <add> 0 <mult>  100 <samp>  0 !...to get ... in ...
 <var>   idefix  <col>    8 <interp> 2 <add> 0 <mult>  100 <samp>  0 !...to get ... in ...
 <var>   udef4   <col>   11 <interp> 0 <add> 0 <mult>  100 <samp>  0 !...to get ... in ...
 <data>
 270   2.6   .7   .93   0   0   -10   3.2   1e3   .2   8     0   1
 330   1.5   .6   .94   0   0   -11   3.2   2e3   .2   8.1   0   1
```

전체 머리말은 〈userdefined〉와 〈data〉 내에 위치하며 머리말 부분의 처음과 끝을 나타낸다.

```
<userdefined>
   .
   .
   .
 <data>
```

이 머리말 내에는 다음의 키워드가 반드시 나타나야 한다.

〈표 13-1〉

Keyword		Units	Description
〈longitude〉	Value	(degrees)	East of greenwich : negative
〈latitude〉	Value	(degrees)	
〈gmt〉	Value	(hours)	Time shift from GMT, east : positive If solar time → write "solar"
〈interval〉	Value	(hours)	Data file time interval Δ_{td} between consecutive lines
〈firsttime〉	Value	(hours)	Time corresponding to first data line

정확한 값으로 이것을 지정하는 것은 매우 중요하다. 해당 지역의 위치 정보 또는 시간의 조그만 차이도 인위적인 시간 이동을 야기할 것이기 때문이다. 일사량 데이터의 경우 이것은 경사면에 대한 직달 및 확산 일사량의 잘못된 결과를 낳기 때문이다. 이것은 목록 파일에서 경고의 원인이 된다.

```
***** WARNING  FROM UNIT 12 TYPE 109 DATA READER
            RADIATION AT TIME  6.25  HAS A VALUE OF  23  BUT SUN IS DOWN
            IN DATA COLUMN  5  -- SUNRISE AT  6.67, SUNSET AT 17.21
```

기상 데이터 변수들은 키워드 〈var〉에 의해 지시되며 지정된 이름이 뒤따른다.

〈표 13-2〉

Specific Name	Description
IBEAM_H	Beam radiation on horizontal
IBEAM_N	Beam radiation at normal incidence
IDIFF−H	Sky diffuse radiation on horizontal
IGLOB−H	Global radiation on horizontal
TAMB	Ambient temperature
RHUM	Relative humidity of ambient air
WSPEED	Wind speed
WDIR	Wind direction

이들 변수 중 하나 또는 그 이상이 사용자 지정 데이터 머리말에 나타나야 한다. 관련된 물리적 변수가 이용될 때 위의 목록에 지시된 것과 같은 변수명을 사용하기를 권장하고 있다. 일사량 데이터의 보간에 대한 사용자에 의해 변경될 수 없는 특별한 유형이 있으며, 이것은 일출과 일몰 때의 거동을 고려해야만 하기 때문이다. 그래서 키워드 〈interp〉의 값들은 일사량 데이터에 대하여 무시된다.

최대 4개의 초과 양들이 Würzbur 예제의 경우 'def1'과 같이 읽을 수 있다.

만약 열의 숫자가 〈var〉 정의 행(definition line) 내에 '0'이면 이것은 정보를 건너뛰라고 지시하는 것이다.

더욱이 각각의 값들을 포함하는 열에 대한 정보, 보간 모드, 연산 인자의 추가를 통한 데이터 조작의 능력은 물론 시간 간격에 대응하는 데이터를 결정하는 값이 추가적인 키워드에 의해 지시된다. 키워드는 특정변수에 속하며 하나의 행과 정해진 순서대로 나타나야 한다.

```
<var> NAME <col> VALUE <interp> VALUE <add> VALUE <mult> VALUE <samp> VALUE
```

〈표 13-3〉

Keyword	Value	Description
〈col〉		Number of the column for variable NAME. If value = 0, the variable will be skipped and the respective output set to zero
〈interp〉	0	No interpolation
	1	Linear interpolation
	2	Five point spline interpolation(Akima)
〈add〉		Addition factor aj
〈mult〉		Multiplication factor mj
〈samp〉	−1	Column value is a mean value related to the time interval Δ_{td} ending at the time corresponding to actual data line
	0	Column value is a mean value related to the time interval $\Delta_{td}/2$ before and after the time corresponding to actual data line
	1	Column value is a mean value related to the time interval Δ_{td} starting at the time corresponding to actual data line

사칙 연산 인자들은 값이 다음의 단위를 갖는 방법 내에서 선택되어야 한다.

〈표 13-4〉

Variable	Unit
Radiation	W/m^2
Temperature	℃
Relative humidity	%
Wind speed	m/s
Wind direction	degrees

　상대습도 데이터의 경우 spline 보간을 피할 것을 권장하며, 이것은 데이터 smoothing이 90%에서 99%로 갑자기 증가할 경우 상대습도는 100% 이상을 갖게 될 수 있기 때문이다.
　같은 이유로 풍속은 (−) 값을 피하기 위해 spline 보간을 사용하지 말아야 한다. 그리고 spline 보간은 온도나 추가적인 사용자 지정 데이터 열의 경우에 적용될 수 있다.

6. 참고 문헌

1. SOLMET, Volume 2 – Final Report, 『Hourly Solar Radiation Surface Meteorological Observations』, TD-9724, 1979.

2. Randall, C.M. and Whitson, M.E., Final Report, 『Hourly Insolation and Meteorological Data Bases Including Improved Direct Insolation Estimates』, Aerospace Report No. ATR-78(7592)-1, 1977.

3. Duffie, J.A. and Beckman, W.A., 『Solar Energy Thermal Processes』, Wiley, New York, 1974.

4. 『ASHRAE Handbook of Fundamentals』, American Society of Heating, Refrigerating, and Air-Conditioning Engineers, 1972.

5. Braun, J.E. and Mitchell, J.C., 『Solar Geometry for Fixed and Tracking Surfaces』, Solar Energy, vol. 31, No. 5, October, 1983.

6. (a) Reindl, D. T., Beckman, W. A., Duffie, J. A., 『Diffuse Fraction Correlations』, Solar Energy, Vol. 45, No. 1, 1990, pp. 1-7.

7. (b) Reindl, D. T., Beckman, W. A., Duffie, J. A., 『Evaluation of Hourly Tilted Surface Radiation Models』, Solar Energy, Vol. 45, No. 1, 1990, pp. 9-17.

8. Hay, J.E., Davies, J.A., 『Calculation of The Solar Radiation Incident on An Inclined Surface』, Proceedings First Canadian Solar Radiation Workshop, pp. 59-72, 1980.

9. Perez, R., Stewart, R., Seals, R., Guertin, T., 『The Development and Verification of The Perez Diffuse Radiation Model』, Sandia Report SAND88 -7030, (Sandia National Laboratories, Albuquerque, New Mexico, 87185, USA) October, 1988.

TRNSYS 16 사용자 가이드북
트랜시스 컴포넌트 설명

2009년 1월 20일 인쇄
2009년 1월 25일 발행

저　자 : 서승직·최원기
펴낸이 : 이정일

펴낸곳 : 도서출판 **일진사**
www.iljinsa.com
140-896 서울시 용산구 효창동 5-104
전화 : 704-1616 / 팩스 : 715-3536
등록 : 1979.4.2. 제3-40호

값 20,000 원

ISBN : 978-89-429-1073-1